U0159314

国 家 电 网 公 司
电力科技著作出版项目

基于机器学习的电力系统安全评估及控制技术

田 芳 王晓茹 史东宇 陈继林 黄彦浩 著

中国电力出版社
CHINA ELECTRIC POWER PRESS

内 容 提 要

新型电力系统具有高比例可再生能源广泛接入、高比例电力电子装备大规模应用等特征，其运行方式剧烈、快速变化，传统的安全稳定分析和控制技术难以适用。随着大数据、人工智能等技术的发展，以机器学习为代表的人工智能技术，为电力系统安全稳定分析和控制技术的发展引入了新的思路。

本书依托国家自然科学基金面上项目和国家电网有限公司科技项目的研究成果，全面系统地阐述了机器学习技术应用于电力系统安全稳定分析及控制中的难点和解决方案。本书共分 8 章，第 1 章概括了机器学习在电力系统安全稳定分析与控制中的应用；第 2 章主要介绍了机器学习的基本概念、基础知识，以及深度学习模型与算法；第 3 章主要介绍了电网分析样本生成技术和样本压缩方法；第 4 章详细介绍了基于支持向量机/支持向量回归和卷积神经网路的暂态稳定评估方法；第 5 章主要介绍了基于电网层级网络模型和图卷积的小干扰稳定评估；第 6 章介绍了基于电网层级网络模型的静态电压稳定裕度评估和暂态电压稳定评估方法；第 7 章介绍了频率稳定评估深度学习模型；第 8 章介绍了基于机器学习的暂态稳定和小干扰稳定预防控制方法，以及基于机器学习的频率稳定紧急控制方法。

本书适合从事电力系统安全稳定分析领域研究的科研和技术人员，以及高等院校电力系统专业的教师和研究生，也适合从事调度运行实际生产的工作人员。

图书在版编目（CIP）数据

基于机器学习的电力系统安全评估及控制技术 / 田芳等著. —北京：中国电力出版社，2023.6
ISBN 978-7-5198-7585-5

Ⅰ. ①基… Ⅱ. ①田… Ⅲ. ①电力系统稳定–系统安全分析②电力系统稳定–稳定控制 Ⅳ. ①TM712

中国国家版本馆 CIP 数据核字（2023）第 031092 号

出版发行：中国电力出版社
地　　址：北京市东城区北京站西街 19 号（邮政编码 100005）
网　　址：http://www.cepp.sgcc.com.cn
责任编辑：邓　春　刘　薇（010-63412787）
责任校对：黄　蓓　朱丽芳
装帧设计：郝晓燕
责任印制：石　雷

印　　刷：北京九天鸿程印刷有限责任公司
版　　次：2023 年 6 月第一版
印　　次：2023 年 6 月北京第一次印刷
开　　本：787 毫米×1092 毫米　16 开本
印　　张：13
字　　数：305 千字
印　　数：0001—1000 册
定　　价：78.00 元

序

很高兴为即将出版的《基于机器学习的电力系统安全评估及控制技术》作序。为减少碳排放，抑制全球变暖，建设一个可持续发展的未来，中国提出了“2030 年前碳达峰、2060 年前碳中和”的战略目标；提出了“构建清洁低碳安全高效的能源体系、构建新型电力系统”的“双碳”目标实施路径。新型电力系统具有高比例可再生能源广泛接入、高比例电力电子装备大规模应用、综合能源利用、智慧能源发展、清洁高效低碳零碳转型等特征。安全评估及决策技术是新型电力系统建设的核心内容。

电力系统可靠运行的前提是安全性，而安全的前提是稳定。随着高比例新能源的接入，电网动态特性将发生很大变化，例如惯量大幅度降低、新能源提供的短路电流受限等，由此带来的频率失稳、电力电子设备并入弱电网的宽频带振荡等问题将严重影响系统的安全性。电力系统稳定性问题通常是系统级问题，涉及含有大量动态元件的大规模网络复杂非线性动态特性，通常在机电暂态研究时用微分代数方程来描述，其求解十分耗时。以机器学习为代表的人工智能技术，为电力系统稳定性问题的研究引入了新的思路。基于机器学习的安全评估与控制是机器学习应用于电力系统的最具挑战同时又是最激发工业界和学术界兴趣的研究领域之一。本书就是这一领域部分研究成果的呈现。

本书分为 3 个部分共 8 章的内容：第一部分（第 1～3 章）从工程应用角度介绍了机器学习应用于大电网安全稳定分析和控制的研究现状及面临的挑战，概述了机器学习的基本概念、模型和算法，以及针对应用中小样本问题的样本生成技术；第二部分（第 4～7 章）阐述了作者针对暂态稳定、小干扰稳定、电压稳定和频率稳定，提出的机器学习评估方法；第三部分（第 8 章）阐述了作者提出的基于机器学习的稳定控制方法。

书中提出的模型和方法，既利用了机器学习的优势，又与实际应用充分结合，提高了机器学习模型应用的可靠性。例如，将机器学习方法和时域仿真法相结合，当评估的结果临近稳定边界时，进一步执行时域仿真；将机器学习评估结果和简化模型评估结果融合以得到性能更好的评估结果；在进行扰动后系统最低频率预测时，计及了新能源发电及其调频特性。在预防控制时，充分借鉴传统方法的研究思路，利用机器学习模型权重等参数获得灵敏度，进而求取控制量；此外，求得安全调度区间而不是单一的运行点，提高了方法的实用性。

书中不乏让人眼前一亮的新颖思路，相信该书的出版可以促进机器学习在电力系统分析与控制领域的应用。

中国科学院院士 周孝信

2022 年 8 月

前　言

我国力争在2030年前实现碳达峰、在2060年前实现碳中和。为实现“双碳”目标，我国将构建新型电力系统，新能源将成为我国的第一大电源，新能源的随机性、波动性、间歇性等特性给电网调控运行带来了巨大的困难，运行方式和潮流分布的变化愈加剧烈和快速，对电力系统的安全稳定分析和控制提出了新的挑战。

传统的安全稳定分析和控制都是以仿真计算为基础的，十分耗时，难以满足新型电力系统运行方式剧烈、快速变化情况下的分析要求，而以机器学习为代表的人工智能技术方兴未艾，在互联网、医学生物、自动化、金融等领域得到成功应用，为安全稳定分析和控制技术的发展引入了新的思路。

机器学习应用于电力系统安全稳定分析和控制时，面临着诸多问题和挑战，例如样本的多样性和均衡性问题，模型的准确度和可靠度问题，以及大电网的高维特征、运行方式多变等实际问题。

针对上述问题和挑战，中国电力科学研究院有限公司依托国家电网有限公司科技项目开展了大量的研究工作，形成了从样本生成、稳定评估到在线决策的一整套解决方案，研发了基于机器学习的电力系统安全评估系统，并已示范应用。西南交通大学依托国家自然科学基金面上项目，开展了基于机器学习的频率稳定评估与紧急控制的研究工作。

为了促进基于机器学习的安全稳定分析和控制技术的进一步发展、满足应用需要，本书作者遴选了上述研究项目的研究成果，组成了本书的主要内容。全书共分8章，系统全面地介绍了机器学习应用于电力系统安全稳定分析和控制中的难点和解决方案，并结合相关项目给出了具体的应用案例。其中第1章由史东宇和田芳共同撰写，第2、7章由王晓茹撰写，第3章由陈继林和黄彦浩共同撰写，第4章由田芳撰写，第5、6章由史东宇撰写，第8章由田芳、王晓茹和史东宇共同撰写；田芳负责全书统稿和其他人编写章节的审核，王晓茹负责田芳编写章节的审核。陈勇、于之虹、郭中华、刘娜娜、张璐璐、裘微江、胡益、林进钿、仉怡超、孟宪博、陈龙宇、陈晴悦、朱泓宇、孙谢力为科研项目的立项和研究作出了关键贡献。严剑峰教授级高级工程师、周二专特聘专家为第5章和第8章的编写提供了指导。本书撰写过程中得到王兵工程师的大力协助。在此谨代表本书作者对上述各位所作出的贡献表示衷心的感谢。对国家电力调度控制中心、国网辽宁省电力有限公司电力调度控制中心等单位对本书及相关科研项目提供的数据支持和研发建议表示衷心感谢。

本书若能给相关科研工作者带来一点启发，作者将深感欣慰。限于水平和实践经验，书中错误和不妥之处难免，尚希读者不吝指正。

作　者

2022 年 4 月

目录

绪　论

伴随着世界能源体系向清洁低碳、安全高效转型，我国能源和电力的发展迎来了重要的战略机遇期，能源供需格局持续快速发展。未来我国将构建新型电力系统，新能源发电的占比将持续大幅上升，逐渐成为我国的第一大电源。然而，新能源的随机性、波动性、间歇性等特性给电网调控运行带来了巨大的困难，运行方式和潮流分布的变化愈加剧烈和快速，实际运行中已经出现了一天之中缺电与弃风并存的情况，重要输电断面几小时之内的功率变化达到上千万千瓦，并且这个特点将随着新能源的发展而进一步加剧，这也对电力系统的安全稳定分析提出了新的挑战。

电力系统安全稳定分析是电网调控运行的重要技术支柱，尤其是在特高压交直流互联电网初步建成和新能源大发展的背景下，电网任何一个局部的改变，都有可能造成全网安全稳定特性的变化，因此做好电网安全稳定分析就显得更为重要。当前调度系统内的安全稳定分析工作主要有离线分析和在线分析两种工作模式，在线分析与离线分析从分析方法上来讲是保持一致的，最大的区别在于数据来源。离线分析是长期以来电网安全稳定分析的最主要的工作模式，也是保障电网安全稳定运行的重要技术手段，离线分析数据来源于历史积累并不断改进的离线运行方式数据，离线数据有着建模细致等优点。每年电网调度机构会以离线数据为基础，组织专家开展大量的分析计算，形成典型和极限运行方式，确定主要输电断面的极限传输功率值等电网调度运行规则，作为电网调控运行的依据。这些运行方式数据的生成、分析计算以及规则的提炼和总结过程完全依靠人工，并且高度依赖于专家经验，工作效率相对较低。在线分析是最近十几年兴起的电网安全稳定分析方式，在线分析的数据来源于在线系统，具体来说主要来源于实际量测数据经状态估计后的潮流结果，它可以真实地反映当时电网的运行状态，以此为基础生成的仿真分析结果是真实有效的。需要指出的是，在线数据目前并非完美无缺，它与离线数据相比，存在着电网建模较为粗糙等问题，但随着时间的推移，在线数据正在不断地向前发展、完善。

无论离线分析还是在线分析目前都是以仿真计算为基础的，工作量和计算量均非常大，比较耗时耗力。与之相对，有学者利用仿真计算所产生的数据，结合机器学习、人工智能等技术实现安全稳定的快速分析、决策分析、数据生成等应用，形成了数据驱动的电网安全稳定分析新思路，这个技术路线也已经过多年发展，有了丰富的研究成果。虽然数据驱动路线仍需要大量仿真数据和算力，但这一步可以利用并行机群同时对机器学习模型进行离线训练，训练好的模型在实际应用时速度极快，通常在毫秒级就可以完成，因此可以极大地提升应用时的响应速度和工作效率。近年来，云计算、大数据、机器学习等信息技术（information technology，IT）在诸多领域得到了大量的应用，这些成功经验也为电力系统稳定分析技术的提升提供了有益的参考和借鉴。

1.1 电力系统安全稳定分析

电力系统安全稳定分析是指运用数字仿真计算或模拟试验的方法，对电力系统的安全稳定特性进行考察的分析研究。对规划的电力系统，通过安全稳定分析，可制定合理的规划方案；对运行中的电力系统，借助安全稳定分析，可确定合理的运行方式、系统的稳定水平及主要输电断面的极限传输功率，亦可进行系统事故分析和预想，提出防止事故和处理事故的技术措施。

电力系统安全稳定分析的内容通常包括静态安全、静态功角稳定、暂态功角稳定、动态功角稳定、电压稳定、频率稳定、短路电流的计算和分析。对于某些场景，还需要进行次/超同步振荡分析。其中，动态功角稳定分析包括小扰动动态功角稳定分析和大扰动动态功角稳定分析，电压稳定分析包括静态电压稳定分析、暂态电压稳定分析和长期过程电压稳定分析，频率稳定分析包括小扰动频率稳定分析、大扰动短期过程频率稳定分析和大扰动长期过程频率稳定分析[1]。目前静态功角稳定分析常采用实用化的计算方法，利用暂态稳定计算（机电暂态仿真）程序来完成。暂态功角稳定、大扰动动态功角稳定、暂态电压稳定、大扰动短期过程频率稳定的分析计算常采用时域仿真法，利用暂态稳定计算程序来实现。小扰动动态功角稳定分析和小扰动频率稳定分析一般采用特征值分析法（频域仿真），利用小扰动（也称小干扰）计算程序完成。长期过程电压稳定分析和大扰动长期过程频率稳定分析采用中长期动态仿真程序。次/超同步振荡分析采用频率扫描法、机组作用系数法、特征值分析法和时域仿真法，其中时域仿真法采用电磁暂态仿真程序来实现。静态安全、静态电压稳定、短路电流的计算分析也分别有对应的计算程序。

根据数据来源，电力系统安全稳定分析可分为离线安全稳定分析和在线安全稳定分析。

离线安全稳定分析主要用于电力系统规划设计阶段和调度运行阶段。在规划设计阶段，安全稳定分析的重点是对规划方案进行具体的计算分析，开展多方案技术经济综合比选，提出能够满足电力系统安全稳定导则三级安全稳定标准的推荐方案，给出电网输电线路或重要断面的设计送电能力和电源并网的技术方案，研究提出电力系统安全稳定措施的配置建议。在调度运行阶段，安全稳定分析的重点是结合系统的具体情况，针对运行中可能出现的多种运行方式，进行全面的计算分析，找出系统中可能存在的薄弱环节，研究和提出改进措施；并按照三级安全稳定标准，确定电力系统的稳定水平及主要输电断面的极限传输功率值，为调度实时运行提供技术依据[2]。

在线安全稳定分析主要用于调度运行阶段，针对当前或某种可能发生的运行方式，来评估其稳态状态，发现其中的隐患，并通过调整运行方式来保障系统的安全稳定。

1.2 电力系统安全稳定控制

电力系统安全稳定控制是保障电力系统稳定运行的经济有效手段，主要包括预防控制、紧急控制、校正控制和恢复控制。

预防控制是指对于正常运行状态的电力系统，为提高电力系统安全运行裕度，防止系统越出正常运行状态而采取的控制措施。预防控制调整措施包括网络拓扑调整、开机方式调整、发电机出力调整、直流功率调整、负荷调整等。预防控制通常需要通过调度员下达调度命令来实施。

紧急控制是指电力系统由于扰动进入紧急状态或极端紧急状态后，为防止系统稳定破坏、运行参数严重超出规定范围，以及事故进一步的扩大引起大范围停电而进行的控制。电力系统紧急控制主要包括切除发电机、切除负荷、汽轮机快关汽门、高压直流功率调制、系统解列等措施。紧急控制通常通过安全稳定控制系统来实施。通常的做法是针对具体工况和特定故障预先算出紧急控制策略表，当电力系统发生故障可能导致稳定破坏时，根据当前运行状态、故障类型等信息搜索控制策略表，查找并执行对应的紧急控制措施。

校正控制是指在检测到系统失步、系统频率或母线电压越过安全规程的规定后实施的措施。校正控制主要包括失步解列、低频减载、高频切机、低压减载等。

恢复控制是指在系统解列或停电后，使系统重新恢复到正常运行状态的控制。恢复控制包括发电机再启动、投负荷、投联络线等。

1.3 在线安全稳定分析系统

2003 年 8 月 14 日美加大停电事故后，在线安全稳定分析技术受到各国调度机构的重视并快速发展。国外先后出现了美国电力科学研究院的 DSA（动态安全评估）系统、加拿大 HydroQuebec 的稳控系统、美国的 PJM（Pennsylvania-New Jersey-Maryland）系统、日本的 TEPCO-BCU 系统等。在国内，中国电力科学研究院于 2007 年研发了电力系统在线动态安全评估系统，并在国家电力调度控制中心（简称国调中心）等十余家省级及以上调度单位应用，是国内最早达到实用化水平的在线安全稳定分析系统[3]；国网电力科学研究院也研发了类似的系统。近年来，国家电网有限公司内省级及以上调度单位均已建设完成在线安全稳定分析应用，具备周期性对电网安全稳定进行评估的能力。经过不断地扩展和完善，在线安全稳定分析应用已具备三种主要工作模式：实时态、研究态和趋势态。

从功能模块看，在线安全稳定分析系统主要包括在线数据整合、在线安全稳定分析、辅助决策和稳定裕度评估等[3]，图 1－1 为在线安全稳定分析系统功能结构。通过电力系统状态估计获取在线运行方式，与电网的设备模型参数进行在线数据整合后形成完整的计算分析数据，并结合预想故障和运行限额等信息，调用在线安全稳定分析、辅助决策和稳定裕度评估模块完成在线计算分析。

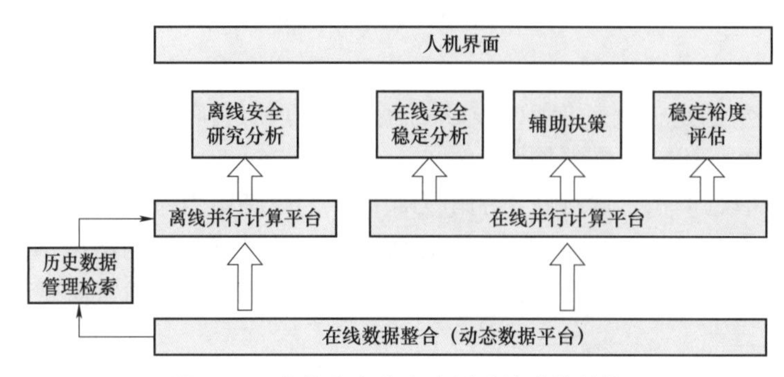

图1-1　在线安全稳定分析系统功能结构

（1）在线安全稳定分析。主要分析电力系统在线运行的潜在危险性，通过对电力系统在线特定运行方式下安全稳定性的计算，分析其保持或恢复稳定运行的能力。在线安全稳定分析中，同时进行暂态稳定（包括功角、电压和频率）评估、静态电压稳定评估、小干扰稳定评估、短路电流计算和静态安全分析计算。在发现系统安全稳定水平不足时，针对不同的安全稳定问题，即时启动相应的辅助决策支持计算，为调度运行人员提供运行方式调整的可行方案，保证系统的稳定运行。如果系统能稳定运行，则启动稳定裕度评估，给出当前运行点与稳定边界间的裕度。

（2）辅助决策。根据在线安全稳定分析模块的计算结论，针对危害系统安全稳定的隐患，通过分析计算选择调节对象，采用并行算法实现调节量的安全稳定校核，最终给出消除电力系统在线运行潜在危险的预防控制措施，供调度运行人员使用。控制措施包括改变发电机输出功率、调节变压器分接头、合上或断开母联断路器、投运或者切除线路、调节无功补偿设备以及切除负荷等。

（3）稳定裕度评估。以输电断面功率为考察对象，分析电力系统当前运行点与稳定运行边界之间的距离（表征系统当前的稳定程度）。

从上述功能描述可知，在线安全稳定分析系统涵盖了安全稳定分析的绝大部分内容，同时包含预防控制的一部分内容。

在线安全稳定分析最本质的研究对象是电力系统的运行方式，即针对当前或某种可能发生的运行方式，来评估其稳态状态，发现其中的隐患，并通过调整运行方式来保障系统的安全稳定。在线安全稳定分析系统在以下几个方面尚有待完善：① 响应速度需要进一步提升，以应对事故处置或因气象引起的电网状态快速变化情况；② 开展定量分析研究，例如安全稳定评估指标体系研究，给予运行人员更多有价值的信息，在系统由稳定向不稳定的转变过程中，提前关注整个系统的变化动态；③ 开展不同运行点间的关联分析，建立不同运行状态的综合分析模型，挖掘引起系统稳定特性变化的真正内在原因——哪些运行状态（稳定特征）的变化引起了系统稳定特性的变化；④ 提高辅助决策的实用性，例如，以稳定快速判别为基础，结合仿真计算进行校核，实现更大范围内运行方式的搜索，以区间的形式给出辅助决策结果。

1.4　机器学习在电力系统安全稳定分析和控制中的应用

机器学习是人工智能的一个核心研究领域，其工作方式是通过已有的训练样本，即已知数据或已知数据及其对应的输出，去训练得到在某评价标准下的最佳函数模型，再利用这个模型将所有的输入映射为相应的输出，对输出进行判断从而实现对未知数据的分类或回归等。

基于机器学习的电力系统安全稳定分析和控制具有非常好的发展趋势和应用前景，这是由科技发展的大趋势所决定的。国务院于 2017 年 7 月 8 日印发了《新一代人工智能发展规划》，拉开了新一代人工智能发展的序幕。我国正在建设新一代电力系统，传统电力系统技术受到很大挑战。新一代人工智能技术在电力系统中的应用是应对挑战的技术突破方向。深度学习，作为新一代人工智能技术的一种，正在各行业如火如荼地发展，在电力行业也将迎来大的发展机遇。

电力系统安全稳定分析和控制的发展趋势是速度更快、分析更准、控制措施更有效。要实现这一目的，需要传统电力系统分析和控制技术与人工智能技术的深度融合。

1.4.1　机器学习

机器学习是实现人工智能的一个重要的技术途径和研究分支，它所研究的主要内容是在计算机上从数据中产生模型（model）的算法，即学习算法（learning algorithm）[4]。模型的预测目标是离散值的学习任务称为分类（classification），预测目标是连续值的学习任务称为回归（regression）；对于训练数据中含有标签信息的学习任务称为监督学习（supervised learning），反之称为无监督学习（unsupervised learning）。机器学习主要算法包括：决策树（decision tree，DT）、人工神经网络（artificial neural network，ANN）、贝叶斯网络、支持向量机（support vector machines，SVM）、K-近邻（K-nearest neighbor，K-NN）等。机器学习的主要特点包括：① 通常训练速度慢，但预测速度快；② 面向数据，往往需要大量样本数据；③ 概率型，误差无法避免。

1.4.2　关键问题

（1）预测目标。电网稳定分析最主要的预测目标是稳定或不稳定的定性结论[5-6]，对应于机器学习中的分类问题。此外，有一些表示稳定程度的指标也是常见的预测目标，包括临界切除时间（critical clearing time，CCT）[7]、极限传输容量（total transfer capability，TTC）[8]、能量裕度、发电机最大摇摆角等，这些预测目标通常都是实数值，对应于机器学习中的回归问题。

（2）输入特征。采用机器学习方法进行稳定分析，其输入特征从时间上看主要有稳态特征和动态特征两类；从范围来看，又包括元件特征和系统特征（基于多个数值的统计量），元件特征的优点是信息充分，缺点是随系统增大而增多，可能出现维数灾，系统特征则正好与之相反[9]。

1）稳态特征。稳态特征主要指故障前系统处于稳态时的潮流信息，常用的元件稳态特征如表 1－1 所示。系统稳态特征则是在元件稳态特征的基础上，按全网、区域、电压等级、故障临近范围等设定进行统计，包括总数、最大值、最小值、平均值、偏度、峰度等。

表 1－1　　元件稳态特征

设备类型	稳态特征
节点	电压幅值、电压相位角（相对于参考节点）
线路	有功功率、无功功率、有功损耗、无功损耗
机组	有功功率、无功功率、转动惯量、原动机功率、初始转子角（相对于惯量中心）、有功储备、无功储备、功率因数
负荷	有功功率、无功功率、等值阻抗、功率因数

2）动态特征。针对动态特征的研究主要集中于机组，主要的元件动态特征包括有功功率、无功功率、初始转子角（相对于惯量中心）、角速度、角加速度、加速功率、加速能量、机端电压等；从时间角度看，包括故障发生时刻、故障结束时刻（或故障结束后的第 n 个周波），以及两者之间的变化量[9]。

（3）特征提取。稳定特征的提取有两种方式：一种是与稳定分析模型相结合，例如决策树的每一个分裂点都可以看作一个特征，而与根节点更近的特征则更为重要；另一种是单纯进行特征提取的方法，例如相关系数分析、主成分分析（principal component analysis，PCA）、遗传算法、Tabu 搜索算法、蚁群优化算法等。

（4）样本集。机器学习方法通常需要大量的样本数据，以往的研究多采用根据某种规则生成多个潮流运行方式，再经过仿真计算获取稳定结果来形成样本集。生成规则一般是设定一个区间，如全网总负荷设定为基准潮流的 80%～120%，从中随机或等间隔取数，然后再按照比例分配给每一个负荷，发电也需要相应调整，并且考虑总发电与总负荷间的平衡。可调变量包括发电、负荷、机端电压等，往往忽略网架及设备状态的变化。

1.4.3　研究现状

（1）决策树。决策树通过从根节点排列到某个叶子节点来分类实例，叶子节点即为实例所属的分类，树上的每一个节点指定了对实例的某个属性的测试，并且该节点的每一个后继分支对应于该属性的一个可能值。分类实例的方法是从这棵树的根节点开始，测试这个节点指定的属性，然后按照给定实例的该属性值对应的树枝向下移动，直至叶子节点[10]。决策树是一种逼近离散值目标函数的预测模型，主要算法包括 ID3、C4.5、C5.0 和 CART 等。有学者应用决策树以及与之类似的关联规则提取技术，进行电网暂态功角稳定、暂态电压稳定、静态电压稳定等方面的评估，以及暂态稳定预防控制技术研究。决策树应用技术已经比较成熟，因此研究焦点主要在于稳定特征选择和组合方式、网络结构特征的表达、人工经验的引入等方面，以及如何通过决策树结果来形成调控运行规则。

决策树方法的优点包括：① 构造简单，方法直观；② 白盒模型，容易形成稳定特征或关联规则，并作出解释；③ 便于给出可信度指标。缺点包括：① 对样本分布要求较高；② 对属性间的耦合无法充分考虑；③ 特征选取有偏向性。

（2）支持向量机。支持向量机通过构造最大间隔超平面的方法，在样本空间或将样本映射到的更高维空间中，来对样本进行划分，属于监督学习的一种。已有大量研究尝试采用支持向量机技术进行各类稳定分析及预防控制，由于支持向量机算法本身已经比较成熟，因此研究侧重于如何应用，包括稳定特征的选取和组合、核函数的选择以及如何与其他机器学习方法相结合等方面。

支持向量机优点包括：① 在小规模样本上性能表现非常好；② 属于凸二次优化问题，可以找到全局最优解；③ 少数“支持向量”决定了最终结果，结构风险小，鲁棒性较好。缺点包括：① 在大规模样本时训练效率低，难以实施；② 主要面向二分类问题，解决多分类问题存在困难；③ 难以选择合适的核函数。

（3）人工神经网络。人工神经网络是一种运算模型，由大量相互连接的节点（或称神经元）构成，每个节点代表一种特定的输出函数（激活函数），每两个节点间的连接代表两者间关联性的强弱（权重），网络的输出则是待预测的目标，它是网络连接方式、激活函数和权重值综合影响的结果，人工神经网络可以看作是对某种映射关系的逼近。最早引入人工神经网络是针对暂态功角稳定问题，后来逐步延伸到电压稳定、频率稳定等方面。神经网络的可塑性极强，先后出现了多层感知机、模糊神经网络、概率神经网络、广义回归神经网络、径向基函数神经网络、自组织竞争神经网络等结构，既可将仿真结果作为标签进行监督学习，也可单纯利用输入数据进行无监督聚类分析，形式多样，成果也较为丰富。

人工神经网络的优点包括：① 非线性表现能力强，在模型足够大和数据足够多的前提下，可拟合任意复杂的函数；② 既可面向分类问题，也可面向回归问题；③ 可自动提取数据间的关系和规律，鲁棒性强。缺点包括：① 需要的数据量大，训练时间长；② 黑箱模型，可解释性差；③ 模型搭建没有系统化的方法，大量超参数的选择需要靠尝试；④ 插值性能较好，但外推性能较差[11-12]。

（4）深度学习技术。深度学习技术[13-14]是引领第三次人工智能浪潮的核心技术，它的概念起源于人工神经网络，在本质上是指一类具有深层结构的神经网络模型及其有效的训练方法[15-16]。深度神经网络一般含有多个隐含层，结构也更加复杂，多层的非线性网络能有效提高模型的学习能力。与浅层神经网络相比，深度学习模型的表现能力更强，可以反映更复杂的映射关系，同时它也是一种端到端的学习模型，可以自动发掘数据间的联系，实现特征的提取。已有数种成熟的深度学习模型，如自动编码器、深度置信网络、卷积神经网络、循环神经网络、生成对抗网络等，在计算机视觉、语音识别、自然语言处理、生物信息学等领域得到应用，获得了极好的效果。深度学习的研究方向主要包括神经网络模型的构建、模型训练方法、交互式学习等。

利用深度学习进行稳定分析的研究已经较多，而进行稳定控制的研究尚处于起步阶段。稳定分析研究取得了较多成果，部分成果已经应用于实际系统，但仍存在以下不足：① 通常采用通用的深度学习模型结构，没有针对电网稳定分析的特点进行改造，即模型结构与目标问题不能完全匹配，增加了模型训练的难度；② 未能充分考虑电网运行方式的影响，当运行方式变化后模型的准确度下降，适应能力不强；③ 研究主要集中于稳定快速分析，对于辅助决策、与仿真计算相结合等其他问题的研究相对较少；④ 未充分考虑样本库与模型之间的相互影响，样本采用随机生成方式，生成效率较低，模型泛化能力不强。

（5）综合分析方法。电网稳定的快速分析是一个综合性问题，包括数据处理、特征提取、稳定分析模型等，采用单一方法往往只能针对问题的一个方面，而综合利用多种方法形成系统的解决方案，通常可以取得更好的效果。综合分析主要包含横向组合（装袋、提升、随机森林）和纵向组合（堆栈）两类，其中子算法包括 ANN、SVM、DT 和 K-NN 等。文献［17］针对暂态稳定评估进行了大量测试，主要结论为：① 几种组合方式在性能上均比单一模型有较大提高；② SVM + DT + K-NN 的堆栈方法是堆栈组合中效果最好的；③ 随机森林是横向组合中效果最好的。

1.5 问题与挑战

1.5.1 样本的多样性和均衡性不足

样本的数量和质量，对机器学习模型的性能至关重要。机器学习模型一定程度上是在“记忆”所有的训练样本，当模型没有“见过”类似样本时，显然很难作出准确的判别，而当相似样本过多、过于集中时又可能引起模型的过拟合，同样不利于应用。从应用的角度上说，表现能力强大的模型与充足、多样的样本数据结合时才能取得好的应用效果。

然而，电力系统安全稳定分析的样本主要来源于在线数据和离线数据，样本的多样性和均衡性不足。主要表现为：在线数据样本为采集的实际运行方式，样本数据量大，但通常都在系统正常运行点附近，相似样本多，典型性不强，尤其是失稳事件极少，导致稳定和失稳两类样本分布极度不均衡；离线数据样本为人工调整的极限运行方式，典型性强，大部分分布于电网稳定边界，但数据量小，难以覆盖电网所有的工况。如何将在线数据和离线数据相结合，构建满足多样性和均衡性要求的样本库，是机器学习模型应用于安全稳定分析时面临的挑战之一。

与图像识别、语音识别等领域不同，电网的样本数据易于通过仿真计算来获得稳定状态或指标，也就是对样本进行标注。利用这一优势，可以通过样本自动生成技术对样本库的质量进行评估和改进，向外扩展样本的覆盖范围，向内调整样本的均匀性，从而增加样本的多样性和均衡性，使之能训练出更优质的机器学习模型，为更有效地提取电网运行规律提供条件。

1.5.2 难以构建适用于大电网的机器学习模型

机器学习技术的应用是目标问题、模型构建和样本数据的统一，三者相匹配时才能达到最优效果。好的机器学习模型需要依据目标问题的特性进行建模，从而反映问题的本质，简化训练过程，提升模型的应用效果，因此如何依据电网安全稳定问题进行模型构建是面临的又一个挑战；同时，为了提升机器学习模型的精细化程度，就需要引入更多输入量，构建更大型的模型，而所需训练样本的数量也会大大上升，引起整体工作量急剧增加，甚至难以工程实现，也就是说需要在保证模型足够表现能力的前提下尽量控制模型的规模，使其具备实际应用的可能。

在实际应用中机器学习模型的选择和规模主要取决于样本的数量。对于样本积累困难的情况，例如获取样本的代价较高或样本有效时间短，建议采用浅层学习（shallow learning）模型，如逻辑回归、支持向量机等，若强行采用大型模型容易引起过拟合等问题，应用效果反而不好；反之对于样本数量较多的情况，则可以采用深度学习模型以提升准确率，同时也需要考虑模型大小与样本数量的匹配问题。

深度学习模型的选择，需结合所研究问题的特点。应用于大电网时，模型的规模较大，模型的参数也较多。这时可以采用卷积神经网络等可共享参数的模型，控制参数的总数；也可以充分考虑电力系统特点，把参数部署在对于稳定指标最有效的位置，提高参数的利用率，例如依据电网连接关系对神经网络进行化简，避免不必要的参数和连接，不能简单、机械地套用现有模型，一股脑地把数据塞给模型去学习、消化，那样势必会事倍功半。再例如，在进行发电机功角或频率响应的预测时，可以选用长短期记忆网络模型，因其适合处理与时间序列高度相关的问题。

1.5.3 机器学习模型的可靠度不高

提升机器学习模型的准确度是研究人员孜孜以求的目标。在进行稳定判别（简称判稳）时，较准确度更重要的一个指标是可靠度，其定义是模型识别出来的失稳样本占实际失稳样本的比例。可靠度用于衡量判稳模型对失稳样本的漏判（将失稳样本判定为稳定）情况。在电网实际运行中，要求漏判数越少越好，即可靠度越高越好。然而，受限于机器学习模型的原理，模型在训练集上的准确度都很难达到100%，更不用说在测试集上或实际应用时的准确度了，漏判或误判（将稳定样本判定为失稳）情况不可避免。由于漏判给电网运行带来的风险更大，人们更关注可靠度指标。如何将可靠度指标提升到接近100%，是机器学习判稳模型面临的极大挑战。

众所周知，传统的时域仿真法在数据准确的前提下，可以保证判稳结果准确可靠。为此可将机器学习模型与传统的时域仿真法相结合，来提升判稳的准确度和可靠度，其代价是牺牲一部分计算时间，但与完全采用时域仿真法相比，其总体计算时间仍会大幅度降低，因而也是可以接受的。

1.5.4 机器学习模型对运行方式的适应性不强

实际电网结构复杂、元件繁多、规模庞大、运行方式多变。现有研究在构建机器学习模型时很少考虑电网各元件之间的连接关系，因此当网络拓扑结构变化较大（元件投运状态变化较多）时，模型的准确度会降低，即模型对运行方式的适应性不强。

如何通过模型对电网的连接关系和运行方式进行描述，是模型构建面临的又一个挑战。可考虑采用能描述电网结构信息的网络模型，如图卷积网络，对电网结构和运行状态更精细地进行刻画，提高模型对电网不同运行方式的适应能力。

此外，电网元件投运状态对于系统稳定性的影响较大，尤其是支路元件，而电网元件众多，单纯采用 0 和 1 表示很容易引起稀疏问题，这种运行方式的变化如何表征也是需要解决的难题。其实电网的运行方式并不需要一个绝对的描述方法，而更应关注不同运行方式之间的相对关系或相似程度，因此可以借鉴词嵌入技术（word embedding），把高维、离散、稀疏的运行方式映射到低维、连续、紧密的嵌入空间之中，实现高效的运行方式表征。

1.6 本书内容简介

我国特高压交直流互联电网规模不断扩大，大电网运行方式和动态行为日趋复杂，对调度运行的安全稳定分析和决策控制能力提出了更高要求。随着电网仿真规模变大、仿真精细度提高，以及系统惯量评估、新能源短路比计算等新需求的增加，在线分析系统的计算量不断提升，传统单纯依靠仿真的计算模式难以满足要求。同时，近年来大数据、人工智能等技术的发展，也促使人们从数据驱动的角度出发，为在线分析系统的发展引入新的思路。机器学习是人工智能的重要技术分支，在语音识别、图像识别、自然语言处理、无人驾驶、医学诊断等领域的应用都取得了成功，但在应用于电力系统安全稳定分析和控制时，却面临着诸多挑战，例如样本的多样性和均衡性问题，模型的准确度和可靠度问题，以及大电网高维特征、运行方式多变等实际问题。

本书主要介绍机器学习技术应用于电力系统安全稳定分析和控制中的难点和解决方案，并结合相关项目在实际电网的应用成果给出具体的应用案例。

全书共分为8章，第1章为绪论，介绍电力系统安全稳定分析和控制的基本概念，机器学习应用于安全稳定分析和控制的研究现状，以及面临的挑战。

第2章主要介绍机器学习的基本概念、基础知识，以及深度学习模型与算法。首先简述了机器学习的基本概念和深度学习的发展。接下来简述了机器学习分类，介绍了前馈神经网络（多层感知器）、误差反向传播学习算法和支持向量机。重点介绍了常用的深度学习模型和算法，包括卷积神经网络、图卷积网络、长短期记忆网络和深度置信网络。

第3章主要介绍小样本问题解决方法。首先，介绍数据挖掘中小样本问题的解决方案，提出在机器学习领域解决小样本问题有效的方法是生成海量的有效样本数据，或者削减数据需求。其次，介绍了样本生成的通用方法，包括插值法、数据采样方法和生成对抗网络。然后，从实际应用出发分析了电网仿真样本的需求及解决方案，着重介绍了两种常用的电网分析样本生成技术：基于蓝噪声特性的潮流样本生成技术和基于长短期记忆网络的潮流样本生成技术。最后，结合电力系统快速判稳问题介绍了一种削减数据需求的方法——电网分析样本压缩方法。

第4章主要研究暂态（功角）稳定评估方法，以下行文均略去功角二字。首先，介绍了用于暂态稳定评估的特征量，以及利用机器学习方法进行暂态稳定评估的两种思路——基于稳态特征量输入的暂态稳定评估和基于动态特征量输入的暂态稳定评估。然后，以前一种思路为基础，详细介绍了暂态稳定评估的支持向量机/支持向量回归和卷积神经网络方法，以及机器学习方法和时域仿真相结合的暂态稳定评估方案。最后，以某省级电网系统为例，进行了方法验证和效果分析。

第5章主要介绍小干扰稳定评估方法。首先，简要介绍了传统的小干扰稳定评估特征值分析法，以及在线应用的小干扰模态分群算法和振荡模式辨识方法。然后，着重介绍了基于电网层级网络模型和基于图卷积的小干扰稳定评估方法。最后，用东北电网和国调中心在线数据进行了实例分析。

第6章主要研究电压稳定评估方法，包括静态电压稳定评估和暂态电压稳定评估。简要介绍了静态电压稳定评估指标，重点介绍了基于电网层级网络模型的静态电压稳定裕度评估方法和暂态电压稳定评估方法，并以东北电网和国调中心在线数据为例，进行了方法验证和效果分析。

第 7 章主要介绍频率稳定评估方法。首先，介绍了频率稳定评估深度学习模型的建模过程与评价标准，以及本章所应用的算例系统和样本组织方式。接着，介绍了频率稳定评估深度学习模型输入特征的构建方法，包括原始特征的选取、计及空间特性的三维张量输入特征图和计及时空特性的四维张量输入特征图的构建。然后，在此基础上，详细阐述了如何利用卷积神经网络模型，以及数学模型和机器学习模型的融合模型，来预测扰动后电网惯量中心最低频率，如何利用长短期网络模型来预测扰动后惯量中心频率响应曲线，以及如何利用卷积长短期网络模型来预测扰动后各发电机的最低频率。

第 8 章主要研究稳定控制方法。包括暂态稳定和小干扰稳定预防控制方法及频率稳定紧急控制方法。首先，以支持向量机/支持向量回归和卷积神经网络方法为例，介绍了基于机器学习的暂态稳定预防控制方法；然后，介绍了基于电网层级网络模型的小干扰稳定预防控制方法；最后，介绍了基于支持向量机/支持向量回归模型和卷积神经网络的频率稳定紧急控制方法。

本章参考文献

［1］ 国家市场监督管理总局，国家标准化管理委员会. 电力系统安全稳定导则：GB 38755—2019［S］. 北京：中国标准出版社，2019.

［2］ 全国电网运行与控制标准化技术委员会. 电力系统安全稳定导则条文释义与学习辅导［M］. 北京：中国电力出版社，2020.

［3］ 严剑峰，周孝信，史东宇，等. 电力系统在线动态安全监测与预警技术［M］. 北京：中国电力出版社，2015.

［4］ 周志华. 机器学习［M］. 北京：清华大学出版社，2016.

［5］ 孙宏斌，王康，张伯明，等. 采用线性决策树的暂态稳定规则提取［J］. 中国电机工程学报，2011，31（34）：61－67.

［6］ 于之虹，郭志忠. 基于数据挖掘理论的电力系统暂态稳定评估［J］. 电力系统自动化，2003，27（8）：45－48.

［7］ 王同文，管霖. 基于模式发现的电力系统稳定评估和规则提取［J］. 中国电机工程学报，2007，27（19）：25－31.

［8］ 蒋维勇，孙宏斌，张伯明，等. 电力系统精细规则的研究［J］. 中国电机工程学报，2009，29（4）：1－7.

［9］ 顾雪平，曹绍杰. 神经网络在暂态稳定评估中应用的研究述评［J］. 华北电力大学学报（自然科学版），2003，30（4）：11－16.

［10］ MITCHELL T M. 机器学习［M］. 曾华军，张银奎，译. 北京：机械工业出版社，2014.

［11］ BARNARD E，WESSELS L. Extrapolation and interpolation in neural network classifiers［J］. Control Systems IEEE，1992，12（5）：50－53.

[12] XU K，ZHANG M，LI J，et al. How neural networks extrapolate：from feedforward to graph neural networks［C］//International Conference on Learning Representations (ICLR 2021)，May 3－7，2021：1－52.

[13] HINTON G E，SALAKHUTDINOV R R. Reducing the dimensionality of data with neural networks［J］. Science，2006，313（5786）：504－507.

[14] HINTON G E，OSINDERO S，TEH Y W. A fast learning algorithm for deep belief nets［J］. Neural Computation，2006，18（7）：1527.

[15] BENGIO Y. Learning deep architectures for AI［J］. Foundations & Trends® in Machine Learning，2009，2（1）：1－55.

[16] DENG L，YU D. Deep learning：methods and applications［J］. Foundations & Trends® in Signal Processing，2013，7（3）：197－387.

[17] 叶圣永，王晓茹，刘志刚，等. 电力系统暂态稳定评估组合模型的比较［J］. 电网技术，2008，32（23）：19－23.

第2章

机器学习技术简介

2.1 概　　述

2.1.1 基本概念

机器学习是人工智能核心技术之一。在人工智能诞生之初，就有让机器自动学习的尝试，即机器学习。机器学习通过已知样本数据的学习来获得规律，并利用学习到的规律对未知数据进行预测，从而实现对未知数据的分类或回归等。

机器学习从数据中学习规律。为了提高学习能力，通常需要将数据表示为有效的特征，将这些特征量作为预测模型的输入，模型的输出则为预测结果。设输入特征向量为 $\boldsymbol{x}$，输出向量为 $\boldsymbol{y}$，函数 $\boldsymbol{y}=g(\boldsymbol{x})$ 表示 $\boldsymbol{x}$ 和 $\boldsymbol{y}$ 之间的映射关系，则机器学习的目标是找到一个能近似真实地映射函数 $g(\boldsymbol{x})$ 的模型 $\boldsymbol{\Phi}(\boldsymbol{x},\boldsymbol{\theta})$，其中，$\boldsymbol{\theta}$ 为权重等模型参数。寻找模型 $\boldsymbol{\Phi}(\boldsymbol{x},\boldsymbol{\theta})$ 的过程称为学习或训练。

一个标记好输入特征量或者标记好输入特征量及其输出标签的数据构成一个样本。一组样本构成的集合称为数据集或样本集。一般将数据集分为训练集和测试集，分别用来训练（学习）模型和测试模型。设 $(\boldsymbol{x}^{(i)},\boldsymbol{y}^{(i)})$ 构成一个样本，则机器学习通过学习 N 个样本组成的训练集 $D=\{\boldsymbol{x}^{(i)},\boldsymbol{y}^{(i)}\}_{i=1}^{N}$，学习到 $\boldsymbol{x}$ 和 $\boldsymbol{y}$ 之间的映射关系或模型 $\boldsymbol{\Phi}(\boldsymbol{x},\boldsymbol{\theta})$。这样对新的未知数据输入 $\boldsymbol{x}$，就可以用函数 $\boldsymbol{\Phi}(\boldsymbol{x},\boldsymbol{\theta})$ 进行 $\boldsymbol{y}$ 的预测。

传统浅层学习通常包含以下步骤：

（1）数据预处理：进行数据中可能包含的噪声去除、无用数据清洗、不完备数据填充等。

（2）特征提取：从原始数据中提取有效特征，以构建预测模型的输入特征量。常用的特征提取方法有主成分分析、线性判别分析、独立成分分析等。

（3）预测模型学习：构建训练集和测试集。通过训练集学习一个输入输出函数，并通过测试集进行模型测试。

传统浅层学习中，特征提取与预测模型学习一般是分开进行的。特征提取对预测模型的有效学习和预测性能起到关键作用，通常占据了系统建模的主要工作量。如果有一种算法能够自动地学习出有效的特征，这种学习就称为特征学习或表示学习[1]。

深度学习一开始是用来解决机器学习中的特征学习问题，即自动地从数据中学习出有效的特征，并最终提高预测模型的性能[1]。深度学习通过多层深度网络，从原始数据中逐层提取数据的抽象特征，构建具有一定深度的多层次特征表示。深度学习将特征学习和预测学习统一到一个模型，建立一个端到端的学习算法。

2.1.2 深度学习发展

深度学习可以采用神经网络，也可以采用其他模型，例如深度置信网络。但神经网络是深度学习的主要模型，通常将其最后的输出层作为预测学习，实现分类、回归等，其他层作为特征学习。

1958 年，Rosenblatt F 提出了一种可以模拟人类感知能力的神经网络，称为感知器[2]。感知器是最简单的人工神经网络，只有一个神经元，是最早具有机器学习思想的神经网络，但其学习方法无法扩展到多层神经网络。1974 年，Werbos P 提出了反向传播（back propagation，BP）算法[3]，有效地解决了多层神经网络的学习问题，使 BP 算法成为最为成功的神经网络学习算法。目前，BP 算法仍然是深度神经网络参数学习的主要方法[1]。

1986 年，Rumelhart D E 等人[4]提出了循环神经网络（recurrent neural network，RNN），使其具有短期记忆能力，其参数可以通过随时间反向传播算法进行学习。1997 年，Schmidhuber J 等人[5]提出了长短期记忆网络（long and short-term memory network，LSTM），通过引入门控机制来控制信息的保存与传输。LSTM 是目前为止最成功的 RNN 模型，谷歌公司将其用于智能手机上的语音识别以及翻译[6]。

虽然神经网络可以通过增加层数、神经元数量等来构建复杂的网络，但受限于数据规模、计算机支撑性能以及复杂神经网络学习的梯度消失等问题，神经网络研究在 1995～2005 年间陷入研究低潮。而统计学习理论和以支持向量机为代表的机器学习模型成为研究热点。Lecun Y 等人在 1998 年提出了卷积神经网络（convolution neural network，CNN）LeNet-5[7]，采用 BP 算法，成功用于手写数字识别。但由于 Sigmoid 激活函数的饱和性，当神经网络层数很多的时候，梯度就会衰减甚至消失，使得网络难以训练[8]。

2006 年开始，在强大计算能力和海量数据支持下，以神经网络为基础的深度学习取得成功应用。2006 年，Hinton G E 提出了逐层贪婪预训练受限玻尔兹曼机（restricted Boltzmann machine，RBM）的方法[9]，极大地提高了学习效率并改善了局部最优的问题。Hinton 将这种基于玻尔兹曼机预训练的结构称为深度置信网络（deep belief network，DBN）。2012 年，Krizhevsky A 等人提出了卷积神经网络 AlexNet[10]，被称为第一个现代深度卷积网络模型。该模型首次采用 ReLU 作为非线性激活函数，缓解了神经网络的梯度消失问题；使用 GPU 进行并行训练，使用 Dropout 防止过拟合，使用数据增强来提高模型准确率等[1]，使得卷积神经网络取得了历史性突破。2015 年，Shi X 等人提出了卷积长短期记忆网络（convolutional LSTM network，ConvLSTM）[11]。ConvLSTM 在 LSTM 基础上将每个门控单元的矩阵乘法替换为卷积运算，同时捕捉数据中的时空信息。2016 年，Kipf T N 等人将卷积神经网络运用到图拓扑上，提出了图卷积网络（graph convolutional network，GCN）[12]，实现了图数据的端对端学习。

深度学习在多个领域的应用取得了显著的成果，相关研究正如火如荼地进行。深度学习主要研究如何设计模型结构，如何有效地学习模型的参数，如何优化模型性能以及应用于不同的预测任务等。本章将以神经网络和支持向量机为例，介绍机器学习的基本概念、模型和学习方法；在此基础上，给出卷积神经网络、图卷积网络、长短期记忆网络和深度置信网络等典型深度学习模型和算法。

2.2 机器学习基础

2.2.1 机器学习分类

按照训练样本提供的信息及反馈方式的不同，机器学习可分为有监督学习、无监督学习、半监督学习和强化学习。

2.2.1.1 有监督学习

如果训练集中每个样本都有标签，而机器学习的目标是建立样本的特征向量 $\boldsymbol{x}$ 和标签向量 $\boldsymbol{y}$ 之间的关系，那么这类机器学习称为有监督学习。根据标签类型的不同，有监督学习又可以分为回归、分类和结构化学习。回归问题中的标签是连续值（实数或连续整数）；分类问题中的标签是离散的类别，学习到的模型也称为分类器；结构化学习是一种特殊的分类问题，在结构化学习中，标签通常是结构化的对象，如序列、树或图等。线性回归、逻辑回归、K-近邻、朴素贝叶斯、决策树、随机森林、感知器、支持向量机等均为有监督学习的算法或模型。有监督学习的深度模型包括卷积神经网络、深度堆叠网络（deep stacking network，DSN）、层级时间记忆模型（hierarchical temporal memory，HTM）、循环神经网络和长短期记忆网络等。

2.2.1.2 无监督学习

无监督学习是指从不包含标签的训练样本中自动学习到一些有价值的信息。典型的无监督学习包括聚类、特征学习、概率密度估计等。无监督学习中，所有数据只有特征量而没有标签，但本质上相似的数据会聚集在一起，就是聚类。概率密度估计简称密度估计，是通过训练样本来估计样本空间的概率密度。而特征学习是指从提供的无标签的数据中挖掘出能够有效表示数据的特征，一般用于无监督学习样本的特征提取或数据降维。无监督学习既能单独地用于找寻数据内在的性质，也可作为分类等其他学习任务的前驱过程。常见的聚类算法包括 K-平均算法、分层聚类分析、最大期望算法等；常见的特征学习算法包括主成分分析、稀疏编码、自编码器、局部线性嵌入、t-分布随机近临嵌入等；常见的密度估计算法包括直方图与核密度估计等。无监督学习深度模型包括受限玻尔兹曼机、深度置信网络、自编码器、生成对抗网络等。

深度模型可以采用混合学习的方式[13]，通常以无监督深度网络的结果作为辅助，优化和正则化有监督学习中的深度网络。例如，利用生成式深度置信网络去预训练深度卷积神经网络[14]，基于正则化的深度自编码器去预训练深度神经网络（deep neural network，DNN）[15]等。

2.2.1.3 半监督学习

很多实际问题中，完全对数据进行标签的代价有时很高，带有少量标签的数据的情况时常发生。同时包含有标签样本数据和无标签样本数据的学习称为半监督学习。半监督学习可以降低对标签样本数量的要求，在学习过程中，先采用带有标签的训练数据得到一个预学习模型，用于预测剩余无标签样本。常见的半监督学习方法包括自我训练、多视图学习和自我整合等。

2.2.1.4 强化学习

强化学习是智能系统或智能体从环境到行为映射的学习。强化学习的数学本质是一个智能体与所处的环境进行反复行为交互的马尔科夫决策过程。智能体根据环境状态进行动作的决策，然后根据环境状态或奖励的反馈对模型决策进行改进，最终使智能体学会执行一个预测任务。强化学习示意如图 2-1 所示[16]。

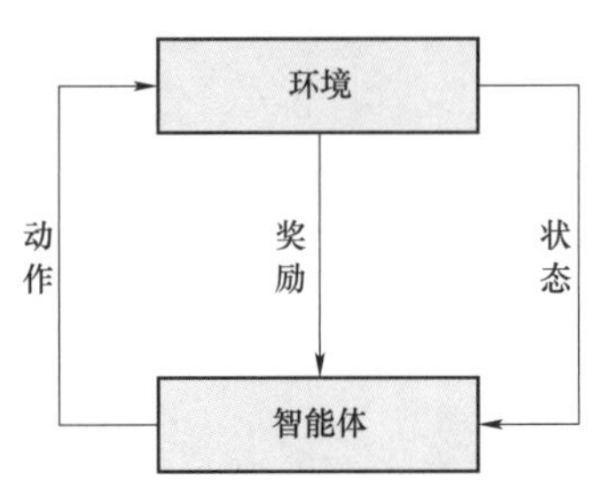

图 2-1 强化学习示意

强化学习依据智能体对于环境反馈进行动作的决策可以分为三类：基于价值的方法、基于策略的方法和执行者-评论者的方法。

基于价值的方法定义了环境状态或动作的价值函数，表示到达某种状态或执行某个动作后模型可以得到的回报，使得智能体倾向于选择价值最大的动作。常见的基于价值的方法包括 Q-learning、SARSA，以及与深度学习相结合的深度 Q 网络（deep Q-network，DQN）算法。

基于策略的方法定义了动作空间中不同动作的概率分布，并随着环境状态的改变根据奖励进行概率更新，使得智能体进行每一步动作时按照概率分布选取要执行的动作。基于策略的方法分为基于梯度的算法和无梯度算法。

执行者-评论者的方法将基于策略的方法与基于价值的方法相结合，同时学习策略和价值函数，具有估计方差小、算法整体训练速度快等优点。其代表性的算法包括确定性策略梯度算法及其深度改进版本（deep deterministic policy gradient，DDPG）。

在传统强化学习算法的基础上，结合多智能体系统理论、元学习、迁移学习等研究手段，延伸出众多前沿研究方向。

2.2.2 人工神经网络

人工神经网络是由神经元互相连接而构成的网络模型，简称神经网络。典型的神经元结构如图 2-2 所示。节点之间的连接被赋予了不同的权重 w，代表了一个节点对另一个节点的影响大小。来自节点的信息经过权重综合计算，加上偏置 b 后输入到一个激活函数中并得到一个新的值。神经网络中的权重等参数可通过学习获得。一个两层的神经网络可以逼近任意的函数[1]。理论上，只要有足够的训练样本和神经元数量，神经网络就可以学到任意复杂的输入和输出之间映射的函数。

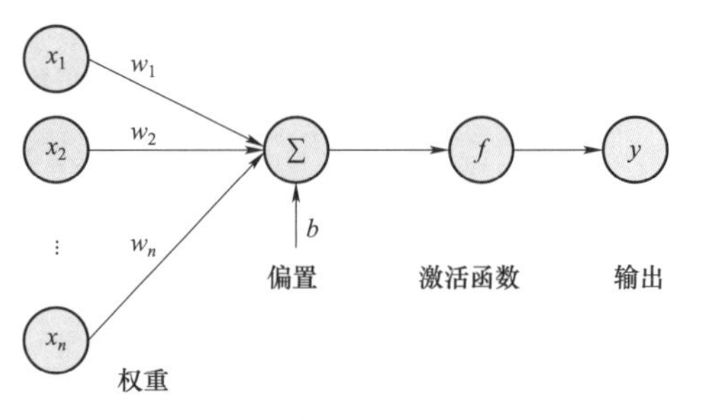

图 2-2 典型的神经元结构

具有非线性激活函数的大量神经元之间的连接，使得神经网络成为一种高度非线性的模型。神经网络中激活函数的选择非常重要。通常要求激活函数连续可导和尽可能简单，以提高网络计算效率和学习能力。常用的激活函数是 Sigmoid

型函数和 ReLU 函数。

常用的 Sigmoid 型函数有 Logistic 函数和 tanh 函数，分别由式（2－1）和式（2－2）定义。Logistic 函数 $\sigma(x)$ 取值范围为（0，1），它可以将一个实数映射到（0，1）的区间，使得神经元输出被看作为概率分布，从而更好地与统计学习模型相结合。tanh 函数可以看作放大并平移的 Logistic 函数，其值域是（−1，1）。

$$\sigma(x)=\frac{1}{1+\mathrm{e}^{-x}} \tag{2-1}$$

$$\tanh(x)=\frac{\mathrm{e}^{x}-\mathrm{e}^{-x}}{\mathrm{e}^{x}+\mathrm{e}^{-x}} \tag{2-2}$$

式（2－3）定义的 ReLU 函数是目前深度神经网络中最流行的一类激活函数，收敛速度远快于 Logistic 和 tanh 函数。

$$\mathrm{ReLU}(x)=\max(0,x)=\begin{cases} x & (x\geqslant 0) \\ 0 & (x<0) \end{cases} \tag{2-3}$$

图 2－3 给出了 Logistic、tanh 和 ReLU 激活函数的示意。相比于 Sigmoid 型函数的两端饱和，ReLU 是一个斜坡函数，为左饱和函数，且在 $x>0$ 时导数为 1，在一定程度上缓解了神经网络的梯度消失问题，加速梯度下降的收敛速度。

神经网络主要有前馈网络、记忆网络和图网络等结构。图 2－4 给出了相应的网络结构示意[1]。其中圆形节点表示一个神经元，方形节点表示一组神经元。复杂神经网络大都是复合型结构，即一个神经网络中包括多种网络结构。

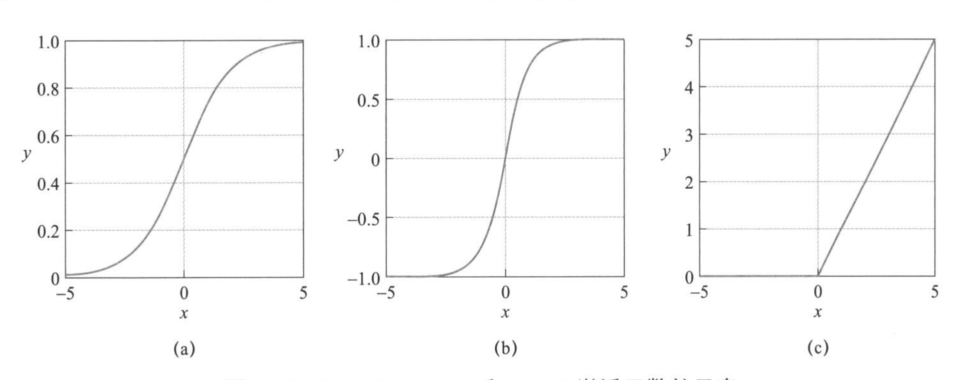

图 2－3　Logisitic、tanh 和 ReLU 激活函数的示意

（a）Logisitic；（b）tanh；（c）ReLU

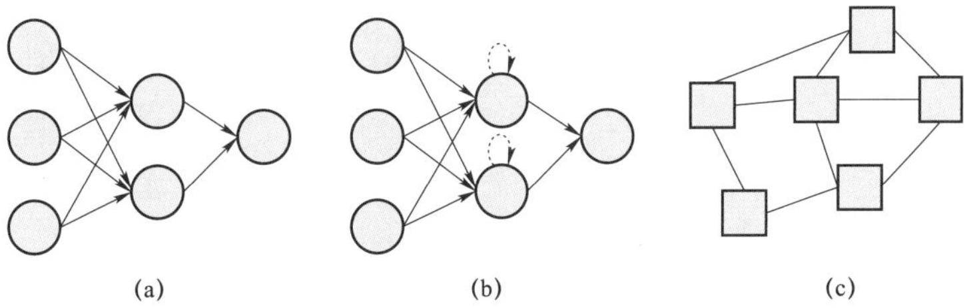

(a)　(b)　(c)

图 2－4　三种主要神经网络结构示意

（a）前馈网络；（b）记忆网络；（c）图网络

前馈网络中每一层的神经元接收前一层神经元的输出，并输出到下一层神经元。前馈网络包括全连接前馈网络和卷积神经网络等。全连接前馈网络相邻两层的神经元之间为全连接关系，也称为前馈神经网络（feedforward neural network，FNN），是最早发明的简单人工神经网络，通常也称为多层感知器，由多层含激活函数的神经元组成。

记忆网络也称为反馈网络。网络中的神经元不但可以接收其他神经元的信息，也可以接收自己的历史信息。和前馈网络相比，记忆网络中的信息可以是单向或双向传递的。循环神经网络是一种记忆网络。

图网络是定义在图结构数据上的神经网络[1]。图网络中每个节点可以收到来自相邻节点或自身的信息。前馈网络和记忆网络很难处理图结构的数据，图网络是前馈网络和记忆网络的泛化，包含很多不同的实现方式，例如图卷积网络、图注意力网络（graph attention network，GAT）等。

2.2.3 前馈神经网络与反向传播算法

2.2.3.1 前馈神经网络

前馈神经网络中，第 0 层称为输入层，最后一层称为输出层，其他中间层称为隐藏层，其结构示意如图 2－5 所示。

令 $\boldsymbol{a}^{(0)}=\boldsymbol{x}$，则第 l 层神经元的净输入 $\boldsymbol{z}^{(l)}$ 为：

$$\boldsymbol{z}^{(l)}=\boldsymbol{W}^{(l)}\boldsymbol{a}^{(l-1)}+\boldsymbol{b}^{(l)} \tag{2-4}$$

第 l 层神经元的输出 $\boldsymbol{a}^{(l)}$ 也称为第 l 层神经元的活性值：

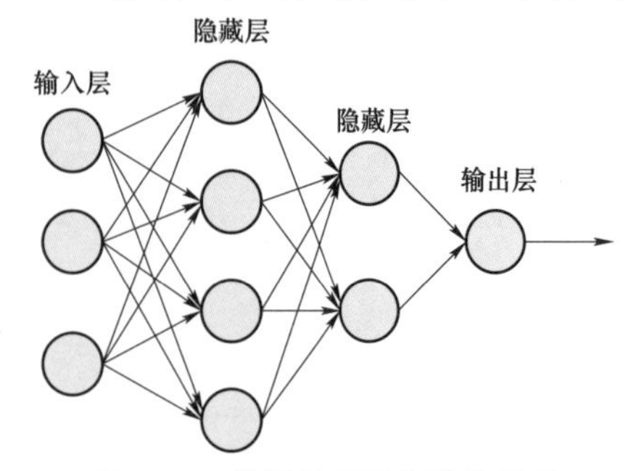

图 2－5 前馈神经网络结构示意

$$\boldsymbol{a}^{(l)}=f_l(\boldsymbol{z}^{(l)}) \text{或} \boldsymbol{a}^{(l)}=f_l(\boldsymbol{W}^{(l)}\boldsymbol{a}^{(l-1)}+\boldsymbol{b}^{(l)}) \tag{2-5}$$

式中：$\boldsymbol{W}^{(l)}$ 和 $\boldsymbol{b}^{(l)}$ 分别为第 $l-1$ 层到第 l 层的权重矩阵和偏置向量；f_l 为第 l 层神经元的激活函数。

如果神经网络输入向量为 $\boldsymbol{x}$，假设神经网络层数为 L，则神经网络的输出为 $\hat{\boldsymbol{y}}=\boldsymbol{a}^{(L)}$。根据通用近似定理，只要隐含层神经元的数量足够，前馈神经网络可以以任意精度来近似任何一个定义在实数空间的有界闭集函数 $\boldsymbol{y}=g(\boldsymbol{x})$ [1]。

2.2.3.2 经验风险最小化学习准则

机器学习时，输入 $\boldsymbol{x}$ 和输出 $\boldsymbol{y}$ 的真实映射函数 $\boldsymbol{y}=g(\boldsymbol{x})$ 是未知的。一般是通过样本，根据学习准则来进行参数学习，获得真实映射函数的近似函数 $\boldsymbol{\Phi}(\boldsymbol{x},\boldsymbol{W},\boldsymbol{b})$。对于一个由 N 个样本组成的训练集 $D=\left\{\boldsymbol{x}^{(i)},\boldsymbol{y}^{(i)}\right\}_{i=1}^{N}$，$\hat{\boldsymbol{y}}=\boldsymbol{\Phi}(\boldsymbol{x},\boldsymbol{W},\boldsymbol{b})$ 应该在所有样本上都与真实映射函数 $\boldsymbol{y}=g(\boldsymbol{x})$ 一致，即：

$$\left|\boldsymbol{\Phi}(\boldsymbol{x},\boldsymbol{W},\boldsymbol{b})-\boldsymbol{y}\right|<\boldsymbol{\varepsilon} \text{或} \left|\hat{\boldsymbol{y}}-\boldsymbol{y}\right|<\boldsymbol{\varepsilon} \tag{2-6}$$

式中：$\boldsymbol{\varepsilon}$ 为一个很小的正数向量。

模型预测 $\hat{\boldsymbol{y}}$ 和真实标签 $\boldsymbol{y}$ 之间的差异可以用损失函数来量化。常用的损失函数有平方损失函数和交叉熵损失函数。平方损失函数常用于回归问题，而交叉熵损失函数常用于分类问题。平方损失函数定义为：

$$L(\hat{y},y)=\frac{1}{2}(\hat{y}-y)^2 \tag{2-7}$$

在给定训练集上定义经验风险，即在训练集 D 上的平均损失为：

$$R_D^{\text{emp}}(\boldsymbol{W},\boldsymbol{b})=\frac{1}{N}\sum_{i=1}^{N}L\left(\hat{\boldsymbol{y}}^{(i)},\boldsymbol{y}^{(i)}\right) \tag{2-8}$$

经验风险最小化学习准则就是找到一组权重矩阵 $\boldsymbol{W}$ 和偏置参数向量 $\boldsymbol{b}$，使得经验风险最小。经验风险最小化学习准则容易导致预测模型在训练集上的错误率低，而在未知数据上的错误率高，呈现过拟合现象，导致泛化能力差。为了解决过拟合问题，一般在经验风险最小化学习准则基础上再引入参数的正则化，即结构风险最小化准则。这时：

$$R_D^{\text{struct}}(\boldsymbol{W},\boldsymbol{b})=\frac{1}{N}\sum_{i=1}^{N}L\left(\hat{\boldsymbol{y}}^{(i)},\boldsymbol{y}^{(i)}\right)+\frac{1}{2}\lambda\|\boldsymbol{W}\|^2 \tag{2-9}$$

式中：$\|\boldsymbol{W}\|$ 为正则化项；λ 为超参数，用来控制正则化的强度，$\lambda>0$。

2.2.3.3　梯度下降法

确定了训练集和学习准则后，机器学习的训练就成了最优化问题的求解，即求解风险最小化时的权重 $\boldsymbol{W}$ 和偏置 $\boldsymbol{b}$。最简单、常用的优化算法是梯度下降法。梯度下降法中，首先确定初始化参数 $\boldsymbol{W}_0$ 和 $\boldsymbol{b}_0$，然后根据训练集 D 迭代进行参数更新，从而得到风险函数的最小值以及预测模型的 $\boldsymbol{W}$ 和 $\boldsymbol{b}$。以结构风险函数为例：

$$\begin{aligned}\boldsymbol{W}_{t+1}&=\boldsymbol{W}_t-\alpha\frac{\partial R_D^{\text{struct}}(\boldsymbol{W},\boldsymbol{b})}{\partial\boldsymbol{W}}\\&=\boldsymbol{W}_t-\alpha\left(\frac{1}{N}\sum_{i=1}^{N}\frac{\partial L\left(\hat{\boldsymbol{y}}^{(i)},\boldsymbol{y}^{(i)}\right)}{\partial\boldsymbol{W}}+\lambda\boldsymbol{W}_t\right)\end{aligned} \tag{2-10a}$$

$$\begin{aligned}\boldsymbol{b}_{t+1}&=\boldsymbol{b}_t-\alpha\frac{\partial R_D^{\text{struct}}(\boldsymbol{W},\boldsymbol{b})}{\partial\boldsymbol{b}}\\&=\boldsymbol{b}_t-\alpha\left(\frac{1}{N}\sum_{i=1}^{N}\frac{\partial L\left(\hat{\boldsymbol{y}}^{(i)},\boldsymbol{y}^{(i)}\right)}{\partial\boldsymbol{b}}\right)\end{aligned} \tag{2-10b}$$

式中：$\boldsymbol{W}_t$ 和 $\boldsymbol{b}_t$ 分别为第 t 次迭代时的权重和偏置参数值；$\frac{\partial L\left(\hat{\boldsymbol{y}}^{(i)},\boldsymbol{y}^{(i)}\right)}{\partial\boldsymbol{W}}$ 和 $\frac{\partial L\left(\hat{\boldsymbol{y}}^{(i)},\boldsymbol{y}^{(i)}\right)}{\partial\boldsymbol{b}}$ 分别为第 t 次迭代时损失函数关于权重 $\boldsymbol{W}$ 和偏置 $\boldsymbol{b}$ 的偏导数（损失函数对参数偏导数的向量和即为损失函数关于参数的梯度）；α 为搜索步长，在机器学习中，一般称为学习率。

机器学习中，神经网络的层数、支持向量机中的核函数、正则化项的系数、学习率等称为超参数，超参数的选取通常是按照人的经验设定，或者对一组超参数不断地进行试错调整。

2.2.3.4　反向传播算法

梯度下降法需要计算损失函数对参数的梯度，逐一对每个参数求偏导效率较低。BP 算法能用于梯度的高效计算。对任意第 i 个样本 $(\boldsymbol{x}^{(i)},\boldsymbol{y}^{(i)})$，将 $\boldsymbol{x}^{(i)}$ 输入到神经网络中，得到输出 $\hat{\boldsymbol{y}}^{(i)}$。设损失函数为 $L(\hat{\boldsymbol{y}}^{(i)},\boldsymbol{y}^{(i)})$，不失一般性，对第 l 层的权重矩阵 $\boldsymbol{W}^{(l)}$ 中的每一个元素 $w_{ij}^{(l)}$ 和偏置 $\boldsymbol{b}^{(l)}$ 分别求偏导，得到：

$$\frac{\partial L\left(\hat{\boldsymbol{y}}^{(i)},\boldsymbol{y}^{(i)}\right)}{\partial w_{ij}^{(l)}}=\frac{\partial \boldsymbol{z}^{(l)}}{\partial w_{ij}^{(l)}}\frac{\partial L\left(\hat{\boldsymbol{y}}^{(i)},\boldsymbol{y}^{(i)}\right)}{\partial \boldsymbol{z}^{(l)}} \tag{2-11}$$

$$\frac{\partial L\left(\hat{\boldsymbol{y}}^{(i)},\boldsymbol{y}^{(i)}\right)}{\partial \boldsymbol{b}^{(l)}}=\frac{\partial \boldsymbol{z}^{(l)}}{\partial \boldsymbol{b}^{(l)}}\frac{\partial L\left(\hat{\boldsymbol{y}}^{(i)},\boldsymbol{y}^{(i)}\right)}{\partial \boldsymbol{z}^{(l)}} \tag{2-12}$$

式中：$\frac{\partial L\left(\hat{\boldsymbol{y}}^{(i)},\boldsymbol{y}^{(i)}\right)}{\partial \boldsymbol{z}^{(l)}}$为损失函数关于第$l$层神经元净输入$\boldsymbol{z}^{(l)}$的偏导数，称为第$l$层神经元的误差项。因此，需要计算$\frac{\partial \boldsymbol{z}^{(l)}}{\partial w_{ij}^{(l)}}$、$\frac{\partial \boldsymbol{z}^{(l)}}{\partial \boldsymbol{b}^{(l)}}$和$\frac{\partial L\left(\hat{\boldsymbol{y}}^{(i)},\boldsymbol{y}^{(i)}\right)}{\partial \boldsymbol{z}^{(l)}}$三个偏导数。

根据$\boldsymbol{z}^{(l+1)}=\boldsymbol{W}^{(l+1)}\boldsymbol{a}^{(l)}+\boldsymbol{b}^{(l+1)}$和$\boldsymbol{z}^{(l)}=\boldsymbol{W}^{(l)}\boldsymbol{a}^{(l-1)}+\boldsymbol{b}^{(l)}$可推导得出：

$$\delta^{(l)}\triangleq\frac{\partial L(\hat{\boldsymbol{y}}^{(i)},\boldsymbol{y}^{(i)})}{\partial \boldsymbol{z}^{(l)}}=f_l'(\boldsymbol{z}^{(l)})\odot[(\boldsymbol{W}^{(l+1)})^{\mathrm{T}}\delta^{(l+1)}] \tag{2-13}$$

$$\frac{\partial \boldsymbol{z}^{(l)}}{\partial w_{ij}^{(l)}}=\left[0,\cdots a_j^{(l-1)},\cdots,0\right] \tag{2-14}$$

$$\frac{\partial \boldsymbol{z}^{(l)}}{\partial \boldsymbol{b}^{(l)}}=\boldsymbol{I}_{M_l} \tag{2-15}$$

式中：$\delta^{(l)}$为损失函数关于第l层神经元净输入$\boldsymbol{z}^{(l)}$的偏导数，称为第l层神经元的误差项；$\odot$为向量的哈达玛积运算符号，表示每个元素相乘；f_l'为第l层神经元激活函数的导数；$\boldsymbol{I}_{M_l}$为$M_l\times M_l$的单位矩阵；M_l为第l层神经元的个数。因此，第l层的误差项可以通过第$l+1$层的误差项计算得到，这就是误差的反向传播。

进一步地，可以推导出损失函数$L\left(\hat{\boldsymbol{y}}^{(i)},\boldsymbol{y}^{(i)}\right)$关于第$l$层神经元权重$\boldsymbol{W}^{(l)}$和偏置$\boldsymbol{b}^{(l)}$的梯度分别为[1]：

$$\frac{\partial L\left(\hat{\boldsymbol{y}}^{(i)},\boldsymbol{y}^{(i)}\right)}{\partial \boldsymbol{W}^{(l)}}=\delta^{(l)}(\boldsymbol{a}^{(l-1)})^{\mathrm{T}} \tag{2-16}$$

$$\frac{\partial L\left(\hat{\boldsymbol{y}}^{(i)},y^{(i)}\right)}{\partial \boldsymbol{b}^{(l)}}=\delta^{(l)} \tag{2-17}$$

当一个预测模型在训练集上的错误率比较高时，说明模型欠拟合；当模型在训练集上的错误率比较低，但在验证集上的错误率比较高时，说明模型过拟合，方差比较高。过拟合情况可以通过降低模型复杂度、加大正则化系数、引入参数先验分布等方法来缓解，还可以通过多个高方差模型平均的集成模型来降低方差。

2.2.4 支持向量机和支持向量回归

支持向量机（support vector machine，SVM）是一个经典的二分类算法。对于一个二分类器数据集$D=\left\{\boldsymbol{x}^{(i)},y^{(i)}\right\}_{i=1}^{N}$，其中$y^{(i)}\in\{+1,-1\}$，如果两类样本是线性可分的，则存在一个超平面$\boldsymbol{w}^{\mathrm{T}}\boldsymbol{x}^{(i)}+b=0$将两类样本分开，对于每个样本都有$y^{(i)}(\boldsymbol{w}^{\mathrm{T}}\boldsymbol{x}^{(i)}+b)>0$。如果线性不可分，则可以使用核函数隐式地将样本从原始特征空间映射到更高维的空间，解决原始特征空间中的线性不可分问题。

数据集 D 中每个样本 $\boldsymbol{x}^{(i)}$ 到分割超平面的距离为：

$$\gamma^{(i)}=\frac{\left|\boldsymbol{w}^{\mathrm{T}}\boldsymbol{x}^{(i)}+b\right|}{\|\boldsymbol{w}\|}=\frac{y^{(i)}(\boldsymbol{w}^{\mathrm{T}}\boldsymbol{x}^{(i)}+b)}{\|\boldsymbol{w}\|} \tag{2-18}$$

定义数据集 D 中所有样本到分割超平面的最短距离为间隔 γ。支持向量机的目标就是寻找一个间隔最大的超平面参数 $(\boldsymbol{w},b)$[1]，即：

$$\begin{cases}\max\limits_{\boldsymbol{w},b} & \gamma \\ \text{s.t.} & \dfrac{y^{(i)}(\boldsymbol{w}^{\mathrm{T}}\boldsymbol{x}^{(i)}+b)}{\|\boldsymbol{w}\|}\geqslant\gamma\end{cases} \tag{2-19}$$

如果限制 $\|\boldsymbol{w}\|\gamma=1$，则式（2-19）改写为：

$$\begin{cases}\max\limits_{\boldsymbol{w},b} & \dfrac{1}{\|\boldsymbol{w}\|} \\ \text{s.t.} & y^{(i)}(\boldsymbol{w}^{\mathrm{T}}\boldsymbol{x}^{(i)}+b)\geqslant 1\end{cases} \tag{2-20}$$

数据集 D 中所有满足 $y^{(i)}(\boldsymbol{w}^{\mathrm{T}}\boldsymbol{x}^{(i)}+b)=1$ 的样本点都称为支持向量，如图 2-6 所示，其中菱形和六边形标识的样本点为支持向量。

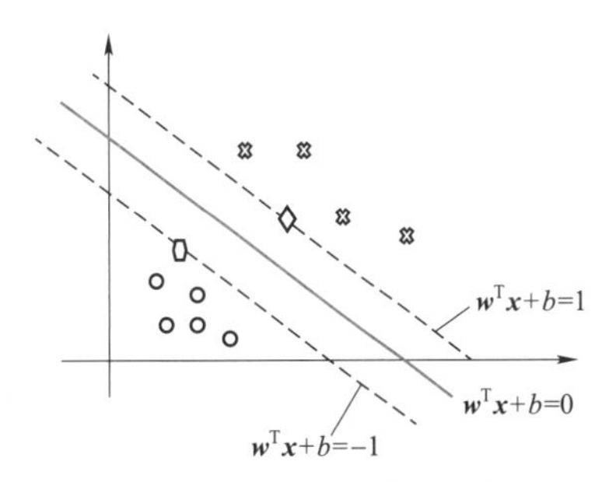

图 2-6　支持向量机使得离超平面最近的样本点的距离最大

式（2-20）可改写为凸优化问题：

$$\begin{cases}\min\limits_{\boldsymbol{w},b} & \dfrac{1}{2}\|\boldsymbol{w}\|^2 \\ \text{s.t.} & 1-y^{(i)}(\boldsymbol{w}^{\mathrm{T}}\boldsymbol{x}^{(i)}+b)\leqslant 0\end{cases} \tag{2-21}$$

使用拉格朗日乘数法，构造拉格朗日函数 L 为：

$$L(\boldsymbol{w},b,\lambda)=\frac{1}{2}\|\boldsymbol{w}\|^2+\sum_{i=1}^{N}\lambda_i\left[1-y^{(i)}(\boldsymbol{w}^{\mathrm{T}}\boldsymbol{x}^{(i)}+b)\right] \tag{2-22}$$

式中：$\lambda_i(i=1,2,\cdots,N)$ 为拉格朗日乘数，$\lambda_1\geqslant 0,\cdots,\lambda_N\geqslant 0$。为计算 L 对于 $\boldsymbol{w}$ 、b 的最小值，分别令 L 对 $\boldsymbol{w}$ 和 b 的偏导数为 0，得到：

$$\boldsymbol{w}=\sum_{i=1}^{N}\lambda_i y^{(i)}\boldsymbol{x}^{(i)} \tag{2-23}$$

$$0=\sum_{i=1}^{N}\lambda_i y^{(i)} \tag{2-24}$$

将以上两个公式代入式（2-22）后，得到拉格朗日对偶函数：

$$\Gamma(\lambda)=-\frac{1}{2}\sum_{j=1}^{N}\sum_{i=1}^{N}\lambda_i\lambda_j y^{(i)}y^{(j)}(\boldsymbol{x}^{(i)})^{\mathrm{T}}\boldsymbol{x}^{(j)}+\sum_{i=1}^{N}\lambda_i \tag{2-25}$$

对偶函数 $\Gamma(\lambda)$ 可以通过凸优化方法进行求解，得到拉格朗日乘数的最优值，代入式（2-23）可计算出最优权重。最优偏置可以通过任选一个支持向量计算得到。最优参数的支持向量机决策函数为：

$$f(\boldsymbol{x})=\operatorname{sgn}(\boldsymbol{w}^{\mathrm{T}}\boldsymbol{x}+b)=\operatorname{sgn}\left(\sum_{i=1}^{N}\lambda_i y^{(i)}(\boldsymbol{x}^{(i)})^{\mathrm{T}}\boldsymbol{x}+b\right) \tag{2-26}$$

支持向量机的目标函数可以得到全局最优解，其决策函数只依赖于支持向量，与训练样本总数无关，分类速度比较快。

支持向量回归（support vector regression，SVR）用于处理回归类型的预测任务。给定训练样本 $D=\{\boldsymbol{x}^{(i)},y^{(i)}\}_{i=1}^{N}$，其中，$y^{(i)}\in R$ 为实数。支持向量回归的目标是寻找一个超平面，使得离超平面最远的样本点距离最小。以待求解函数为中心线，构造一个宽度为 2ε 的间隔带，可以认为落入该间隔带中的样本的预测结果准确，如图 2－7 所示[17]。

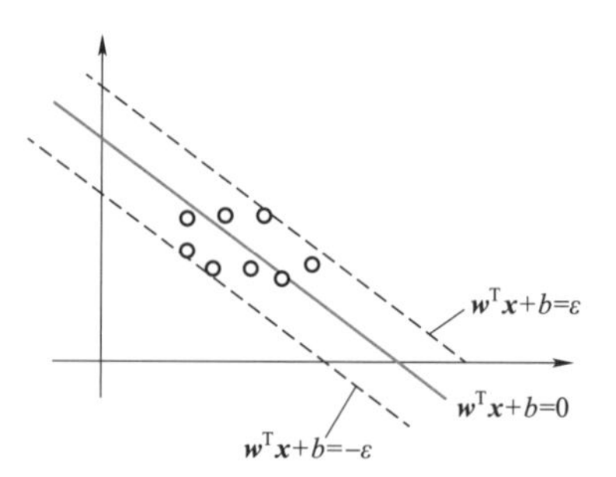

图 2－7　支持向量回归使得离超平面最远的样本点的距离最小

2.3　深度学习模型与算法

本节主要介绍卷积神经网络、图卷积网络、长短期记忆网络和深度置信网络等典型的深度网络特性、模型和学习算法。

2.3.1　卷积神经网络

卷积神经网络（CNN）是一种前馈网络，最早主要用来处理图像信息。使用全连接前馈网络处理图像任务时，存在着参数过多的问题。如果输入图像大小为（100 × 100 × 3）维向量，则输入层到第一个隐藏层的每个神经元都有 100 × 100 × 3 = 30000 个连接，每个连接都对应一个权重参数。随着隐藏层神经元数量的增多，参数的规模急剧增加，导致整个神经网络难以学习。此外，自然图像中的物体都具有局部不变性的特征，而全连接前馈网络很难提取这些局部不变性的特征。

CNN 是一种具有局部连接、权重共享等特性的深度前馈网络，与前馈神经网络相比，其参数更少。CNN 主要有 LeNet-5、AlexNet、Inception 网络和残差网络等模型。一个典型的 CNN 通常包含一个输入层，若干个卷积层与池化层（也称为下采样层或汇聚层），全连接层以及输出层。卷积层通过与上一层的局部连接和权重共享，有效地减少了参数量。池化层减少了输入的规模，同时提高了模型的鲁棒性。CNN 通过多层的卷积、池化特征转换，将原始数据变成更高层次、更抽象的表示。CNN 结构示意如图 2－8 所示[1]。

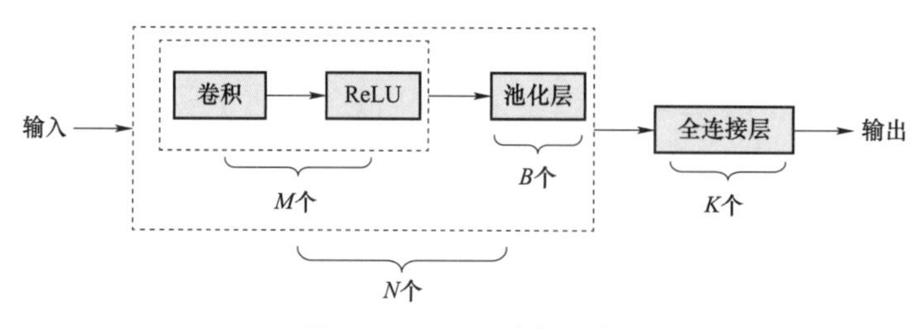

图 2－8　CNN 结构示意

CNN 由 N 个连续的卷积块与 K 个全连接层构成，N 的取值区间较大，可为 1～100 或者更大；K 一般为 0～2。一个卷积块为连续 M 个卷积层和 B 个池化层组成，通常设置 M 为 2～5，B 为 0 或 1。

CNN 常用在图像处理中，图像为一个二维结构，采用二维卷积神经网络。本节以二维 CNN 为例介绍 CNN 的模型和算法。

2.3.1.1　卷积层

与前馈神经网络中每一个神经元都和上一层的全部神经元相连不同，卷积层中的每一个神经元（假设是第 l 层）都只和上一层（第 $l-1$ 层）中某个局部窗口内的神经元相连，构成一个局部连接网络。

用矩阵 $\boldsymbol{X}^{(l-1)}$ 来表示卷积神经网络第 $l-1$ 层的活性值或第 l 层的输入特征，给定 $\boldsymbol{X}^{(l-1)} \in R^{M\times N}$ 和第 l 层卷积核（或称为滤波器）$\boldsymbol{W}^{(l)} \in R^{U\times V}$，则第 l 卷积层卷积运算结果 $\boldsymbol{S}^{(l)}$ 为：

$$\boldsymbol{S}^{(l)} = \boldsymbol{W}^{(l)} \otimes \boldsymbol{X}^{(l-1)} \text{ 或 } s_{ij}^{(l)} = \sum_{u=1}^{U}\sum_{v=1}^{V} w_{uv}^{(l)} x_{i+u-1,\,j+v-1}^{(l-1)} \tag{2-27}$$

式中：$\otimes$ 为不翻转卷积运算符号；$\boldsymbol{W}^{(l)}$ 为待学习的权重参数；$w_{uv}^{(l)}$ 为矩阵 $\boldsymbol{W}^{(l)}$ 第 u 行第 v 列的元素；$x_{i,j}^{(l-1)}$ 为矩阵 $\boldsymbol{X}^{(l-1)}$ 第 i 行第 j 列的元素。一般情况下卷积核长度或维数远小于信号的长度或维数，即 $U \ll M, V \ll N$，因此，用局部连接代替了与上一层的全连接。第 l 层卷积核采用权重共享，即 $\boldsymbol{W}^{(l)}$ 对于第 l 层的所有神经元都是相同的，从而进一步减少了神经网络权重参数的数量。以图 2－9 为例，第 l 层的输入 $\boldsymbol{X}$ 有 6×5 个特征，采用 3×3 的卷积核 $\boldsymbol{W}^{(l)}$，设滑动步长为 1，通过上下左右滑动进行 4×3 次卷积运算，得到第 l 层卷积运算结果，如图 2－9（c）所示。

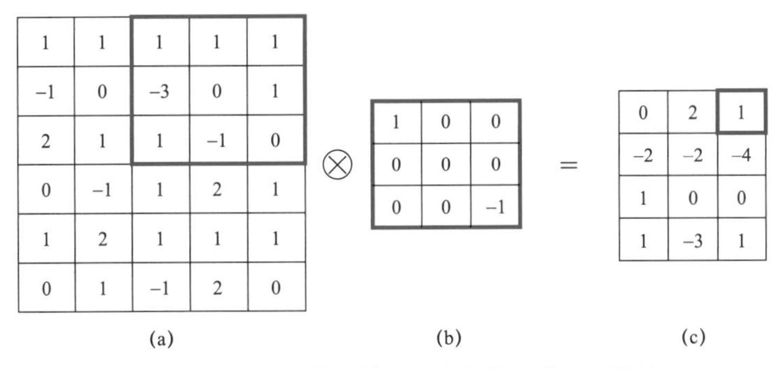

图 2－9　卷积层中输入特征、卷积核和卷积运算结果

（a）第 l-1 层特征；（b）卷积核及其参数；（c）第 l 层卷积运算结果

信号处理或图像处理中，经常采用一维或二维卷积进行特征提取。一幅图像在经过卷积操作后得到的结果称为特征映射。因此，CNN 中卷积层通过卷积核对输入量进行卷积运算，实现了特征提取；多层卷积运算通过逐层提取数据的特征，获得了更高层次、更抽象的特征表示。

对于灰度图像，输入特征为一个二维特征图，记特征通道数 $D=1$；如果是彩色图像，分别有红绿蓝三个颜色特征通道的特征映射，则 $D=3$。当 $D>1$ 时，输入特征 $\boldsymbol{X} \in R^{M\times N\times D}$ 为三维张量，即 D 个二维张量 $\boldsymbol{X}^{d} \in R^{M\times N}$，$1 \leqslant d \leqslant D$。卷积层从 D 个输入特征到输出特征的计算过程如图 2－10 所示。卷积核 $\boldsymbol{W}$ 与每个输入特征 $\boldsymbol{X}^{d}$ 分别进行卷积运算，叠加后

加上偏置 $\boldsymbol{b}$，得到神经元净输入，再通过非线性激活函数 $f(\cdot)$，一般采用 ReLU 函数，得到卷积层输出特征 $\boldsymbol{Y}$，即神经元的活性值。

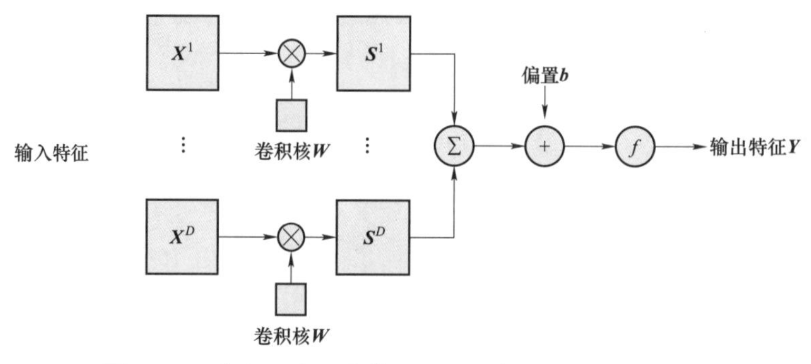

图 2-10　卷积层从 D 个输入特征到输出特征的计算过程

每一层卷积核对于该层所有神经元都是相同的，可以理解为一个卷积核只提取输入数据中的某一特定的局部特征。可采用多个卷积核来提取多种特征，例如 P 个卷积核。这时，上述计算过程重复 P 次。第 l 层第 p（$1 \leqslant p \leqslant P$）个特征映射的神经元净输入 $\boldsymbol{Z}^{(l,p)}$ 为：

$$\boldsymbol{Z}^{(l,p)} = \sum_{d=1}^{D} \boldsymbol{W}^{(l,p,d)} \otimes \boldsymbol{X}^{(l-1,d)} + \boldsymbol{b}^{(l,p)} \tag{2-28}$$

式中：$\boldsymbol{W}^{(l,p,d)}$ 为卷积核参数；$\boldsymbol{X}^{(l-1,d)}$ 为输入特征；$\boldsymbol{b}^{(l,p)}$ 为偏置。

经过激活函数后，卷积层神经元的输出为 $Y \in R^{M' \times N' \times P}$，其中，$M' \times N'$ 为输入特征经过卷积后输出特征图的维数。可以理解为 P 个二维张量特征图 $M' \times N'$ 组成的三维张量。这样，卷积层输入为 $\boldsymbol{X} \in R^{M \times N \times D}$，输出为 $\boldsymbol{Y} \in R^{M' \times N' \times P}$。假设每个卷积核的大小为 $U \times V$，共有 $P \times D \times U \times V + P$ 个参数。

2.3.1.2　池化层

池化层的作用是进行特征选择，降低特征维数，避免过拟合。常用的池化函数有最大池化和平均池化两种。将 $\boldsymbol{X}^d$ 划分为多个区域 $R^d_{m,n}$，$1 \leqslant m \leqslant M, 1 \leqslant n \leqslant N$。对于一个区域 $R^d_{m,n}$，选取这个区域内所有神经元的最大输出值作为这个区域的表示，即为最大池化。图 2-11 给出了池化层最大池化示意。平均池化则选取区域内所有神经元活性值的平均值。

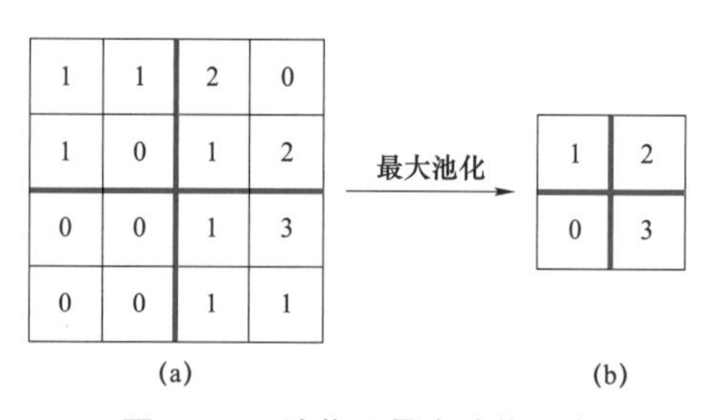

图 2-11　池化层最大池化示意

（a）输入特征；（b）输出特征

2.3.1.3　参数学习

CNN 中，待学习的参数为卷积核的权重和偏置。与全连接前馈网络相似，CNN 也可用误差 BP 算法来进行参数学习。参照第 2.2.3.4 节 BP 算法，式（2-28）中的卷积核参数 $\boldsymbol{W}^{(l,p,d)}$ 及偏置 $b^{(l,p)}$ 可以分别使用式（2-29）和式（2-30）来计算其梯度。损失函数 L 关于第 l 层的卷积核和偏置的偏导数为[1]：

$$\frac{\partial L}{\partial \boldsymbol{W}^{(l,p,d)}} = \frac{\partial L}{\partial \boldsymbol{Z}^{(l,p)}} \otimes \boldsymbol{X}^{(l-1,d)} = \boldsymbol{\delta}^{(l,p)} \otimes \boldsymbol{X}^{(l-1,d)} \tag{2-29}$$

$$\frac{\partial L}{\partial b^{(l,p)}}=\sum_{i,j}\left[\boldsymbol{\delta}^{(l,p)}\right]_{i,j} \tag{2-30}$$

式中：$\delta^{(l,p)}$ 为损失函数 L 关于第 l 层第 p 个特征映射的神经元净输入 $\boldsymbol{Z}^{(l,p)}$ 的偏导数，称为第 l 层第 p 个特征映射的误差项，$\delta^{(l,p)}=\dfrac{\partial L}{\partial \boldsymbol{Z}^{(l,p)}}$。因此，CNN 中的每层参数的梯度可根据其所在层的误差项来计算。

2.3.2　图卷积网络

图卷积网络（GCN）是 CNN 在非欧空间的一种拓展。非欧空间的图数据 G 可表示为一个有序二元组 (V,ε)。其中 V 为图中的节点集合，ε 为节点间形成的边集。各个节点的连接关系可以用邻接矩阵 $\boldsymbol{A}$ 描述。GCN 是定义在非欧空间图数据上的神经网络，能够计及各个节点之间的拓扑结构以及节点和交互节点间的信息。图上的节点信息用特征矩阵 $\boldsymbol{X}$ 表示。GCN 与 CNN 类似，主要由图卷积层和全连接层组成，结构示意如图 2－12 所示[18]。

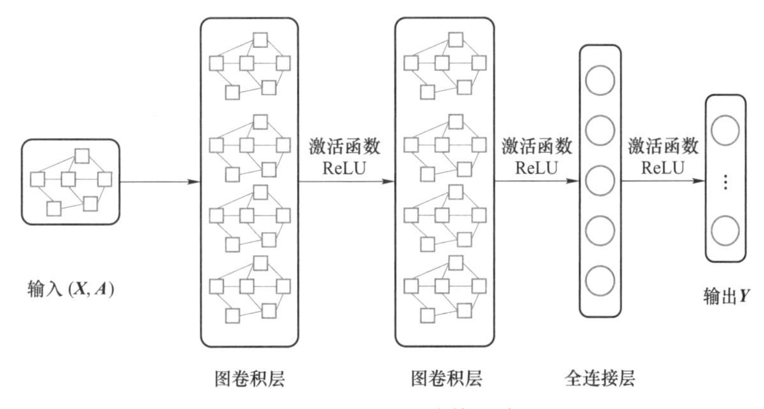

图 2－12　GCN 结构示意

设图节点数为 n，定义对角矩阵 $\boldsymbol{D}$，其对角线元素 $D_{ii}=\sum_{j=1}^{n}A_{ij}$。定义图拉普拉斯矩阵 $\boldsymbol{L}=\boldsymbol{D}-\boldsymbol{A}$ [19]，对 $\boldsymbol{L}$ 进行特征分解可得 $\boldsymbol{L}=\boldsymbol{U\Lambda U}^{\mathrm{T}}$，其中 $\boldsymbol{U}$ 为特征向量组成的正交矩阵，$\boldsymbol{UU}^{\mathrm{T}}=\boldsymbol{I}$，$\boldsymbol{I}$ 为单位阵，$\boldsymbol{\Lambda}$ 为主对角线元素为特征值的对角矩阵。

以特征向量作为一组基底，图信号的傅里叶变换和傅里叶逆变换定义为[19]：

$$\tilde{\boldsymbol{x}}=\boldsymbol{U}^{\mathrm{T}}\boldsymbol{x} \tag{2-31}$$

$$\boldsymbol{x}=\boldsymbol{U}\tilde{\boldsymbol{x}} \tag{2-32}$$

式中：$\tilde{\boldsymbol{x}}$ 为图信号 $\boldsymbol{x}$ 的傅里叶变换。

两个图信号 $\boldsymbol{x}_1$、$\boldsymbol{x}_2$，其图卷积运算定义为频域中的哈达玛积运算。可推导得：

$$\begin{aligned}\boldsymbol{x}_1\otimes\boldsymbol{x}_2&=\boldsymbol{U}\left(\tilde{\boldsymbol{x}}_1\odot\tilde{\boldsymbol{x}}_2\right)=\boldsymbol{U}\left[(\boldsymbol{U}^{\mathrm{T}}\boldsymbol{x}_1)\odot(\boldsymbol{U}^{\mathrm{T}}\boldsymbol{x}_2)\right]=\boldsymbol{U}\left[\tilde{\boldsymbol{x}}_1\odot(\boldsymbol{U}^{\mathrm{T}}\boldsymbol{x}_2)\right]\\&=\boldsymbol{U}\left[\mathrm{diag}(\tilde{\boldsymbol{x}}_1)\left(\boldsymbol{U}^{\mathrm{T}}\boldsymbol{x}_2\right)\right]=\left[\boldsymbol{U}\,\mathrm{diag}(\tilde{\boldsymbol{x}}_1)\boldsymbol{U}^{\mathrm{T}}\right]\boldsymbol{x}_2\end{aligned} \tag{2-33}$$

式中：⊗为卷积运算符号；⊙为哈达玛积符号，为两个向量对应元素相乘；$\boldsymbol{U}^{\mathrm{T}}\boldsymbol{x}_1$、$\boldsymbol{U}^{\mathrm{T}}\boldsymbol{x}_2$分别为信号$\boldsymbol{x}_1$和$\boldsymbol{x}_2$的傅里叶变换。式（2-33）中通过对角矩阵$\mathrm{diag}(\tilde{\boldsymbol{x}}_1)$将哈达玛积转化成矩阵乘法。

令$\boldsymbol{H}=\boldsymbol{U}\,\mathrm{diag}(\tilde{\boldsymbol{x}}_1)\boldsymbol{U}^{\mathrm{T}}$，则式（2-33）变为：

$$\boldsymbol{x}_1\otimes\boldsymbol{x}_2=\boldsymbol{H}\boldsymbol{x}_2 \tag{2-34}$$

对于节点数为n的图，定义图卷积网络层为[19]：

$$\begin{aligned}\boldsymbol{X}^{(l)}&=\mathrm{ReLU}\left(\boldsymbol{U}\begin{bmatrix}\theta_1^{(l)} & & & & \\ & \theta_2^{(l)} & & & \\ & & \ddots & & \\ & & & \ddots & \\ & & & & \theta_n^{(l)}\end{bmatrix}\boldsymbol{U}^{\mathrm{T}}\boldsymbol{X}^{(l-1)}\right)=\mathrm{ReLU}[\boldsymbol{U}\mathrm{diag}(\theta)\boldsymbol{U}^{\mathrm{T}}\boldsymbol{X}^{(l-1)}]\\&=\mathrm{ReLU}(\Theta\boldsymbol{X}^{(l-1)})\end{aligned} \tag{2-35}$$

式中：ReLU为激活函数；$\left(\theta_1^{(l)},\theta_2^{(l)},\cdots,\theta_n^{(l)}\right)$为图卷积网络第$l$层待学习参数；$\Theta$为对应的图滤波器；$\boldsymbol{X}^{(l-1)}$和$\boldsymbol{X}^{(l)}$分别为图卷积网络第$l$层输入特征矩阵和输出特征矩阵。当第$l$层有$p$个输入特征和$q$个输出特征时，$\boldsymbol{X}^{l-1}\in R^{n\times p}$，$\boldsymbol{X}^{l}\in R^{n\times q}$。

式（2-35）图滤波器中，学习参数与图中的节点数相同，在图节点数较多时学习参数过多，极易发生过拟合；且依赖矩阵特征分解，计算较复杂。为此，有学者设计出一种固定的图滤波器，并进行归一化处理，得[19]：

$$\boldsymbol{X}^{(l)}=\mathrm{ReLU}\left(\tilde{\boldsymbol{L}}\boldsymbol{X}^{(l-1)}\boldsymbol{W}^{(l)}\right) \tag{2-36}$$

式中：$\boldsymbol{W}^{(l)}$为图卷积网络第l层的权重矩阵；$\tilde{\boldsymbol{L}}$称为归一化形式的图拉普拉斯矩阵。定义$\tilde{\boldsymbol{A}}=\boldsymbol{A}+\boldsymbol{I}$，定义对角矩阵$\tilde{\boldsymbol{D}}$，其对角线元素$\tilde{D}_{ii}=\sum_{j=1}^{n}\tilde{A}_{ij}$，则$\tilde{\boldsymbol{L}}=\tilde{\boldsymbol{D}}^{-\frac{1}{2}}\tilde{\boldsymbol{A}}\tilde{\boldsymbol{D}}^{-\frac{1}{2}}$。不加说明时，称式（2-36）为图卷积层，以此为主体堆叠多层的神经网络模型称为图卷积模型。在求得损失函数后，可以通过BP算法进行参数学习。

2.3.3 长短期记忆网络

2.3.3.1 长短期记忆网络模型

长短期记忆网络（LSTM）是一种基于门控的循环神经网络。与前馈神经网络中信息的单向传递不同，循环神经网络是一类具有短期记忆能力的神经网络。神经元不但接受其他神经元的信息，也接受自身的信息，形成具有环路的网络结构；网络的输出不仅和当前时刻的输入相关，也和其过去一段时间的输出相关。因此，在处理与时序相关的问题时能力更强。一个完全连接的循环神经网络，如果有足够数量的Sigmoid型隐藏神经元，可以以任意的准确率去近似任何一个非线性动力系统[1]。当输入序列比较长的循环神经网络进行参数学习时，存在梯度爆炸和梯度消失问题。基于门控的循环神经网络通过引入门控机制来解决这个问题。

LSTM 的输入形式表达为$\{\boldsymbol{X}_1,\boldsymbol{X}_2,\cdots,\boldsymbol{X}_t,\cdots,\boldsymbol{X}_N\}$，其中$\boldsymbol{X}_t$为$D$维向量，包含$t$时刻$D$个输入特征。图 2－13 给出了 LSTM 在当前时刻t的记忆单元内部结构。输入包括当前时刻输入$\boldsymbol{X}_t$，上一时刻隐藏层状态$\boldsymbol{h}_{t-1}$和单元状态$\boldsymbol{c}_{t-1}$，输出为当前时刻隐藏层状态$\boldsymbol{h}_t$和单元状态$\boldsymbol{c}_t$。$\boldsymbol{c}_t$实现了信息的前后传递，使网络具有记忆能力。遗忘门、输入门和输出门这三种门的结构用于保留和控制状态信息，σ为 Logistic 激活函数，其输出区间为（0，1），因此，LSTM 中的“门”取值区间为（0，1）。

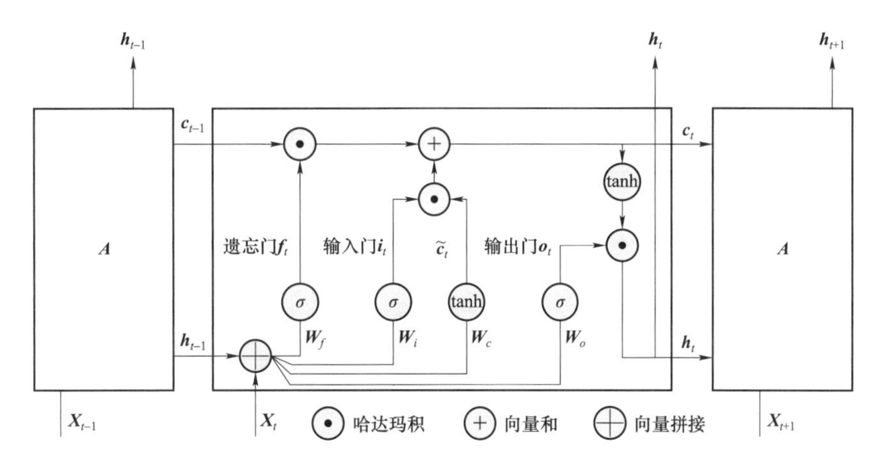

图 2－13　LSTM 在当前时刻 t 的记忆单元内部结构

遗忘门输出$\boldsymbol{f}_t$、输入门输出$\boldsymbol{i}_t$、输出门输出$\boldsymbol{o}_t$和单元状态$\tilde{\boldsymbol{c}}_t$的计算公式为[1]：

$$\begin{bmatrix}\boldsymbol{f}_t\\\boldsymbol{i}_t\\\boldsymbol{o}_t\\\tilde{\boldsymbol{c}}_t\end{bmatrix}=\begin{bmatrix}\sigma\\\sigma\\\sigma\\\tanh\end{bmatrix}\left(\boldsymbol{W}\begin{bmatrix}\boldsymbol{X}_t\\\boldsymbol{h}_{t-1}\end{bmatrix}+\boldsymbol{b}\right) \tag{2-37}$$

式中：$\boldsymbol{X}_t\in R^D$；$\boldsymbol{W}$为权重矩阵，$\boldsymbol{W}\in R^{4R\times(D+R)}$；$\boldsymbol{b}$为偏置向量，$\boldsymbol{b}\in R^{4R}$。

当前时刻t的单元状态$\boldsymbol{c}_t$为：

$$\boldsymbol{c}_t=\boldsymbol{f}_t\odot\boldsymbol{c}_{t-1}+\boldsymbol{i}_t\odot\tilde{\boldsymbol{c}}_t \tag{2-38}$$

当前时刻的输出$\boldsymbol{h}_t$由输出门输出$\boldsymbol{o}_t$和当前时刻的记忆单元状态$\boldsymbol{c}_t$确定，为：

$$\boldsymbol{h}_t=\boldsymbol{o}_t\odot\tanh(\boldsymbol{c}_t) \tag{2-39}$$

$\boldsymbol{h}_{t-1}$和$\boldsymbol{c}_{t-1}$记录了到当前时刻为止的历史信息。隐藏层状态$\boldsymbol{h}$存储了历史信息，可以看作一种短期记忆，而记忆单元状态$\boldsymbol{c}$中保存了更长时间的信息，因此称为长短期记忆。LSTM 可以应用到不同类型的机器学习任务。图 2－14 和图 2－15 分别给出了序列到类别模式和同步的序列到序列模式。

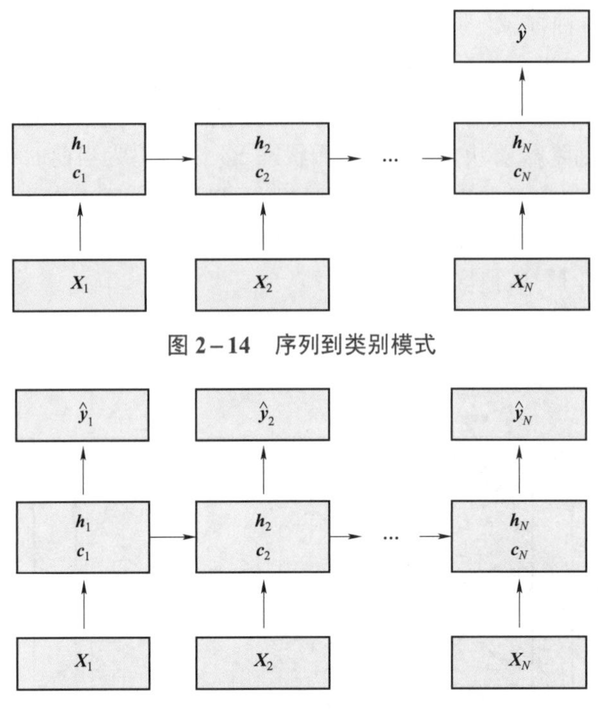

图 2-14　序列到类别模式

图 2-15　同步的序列到序列模式

2.3.3.2　随时间反向传播算法

LSTM 中待学习的参数为权重 $\boldsymbol{W}$ 和偏置 $\boldsymbol{b}$，用 $\boldsymbol{\theta}$ 表示。可采用类似前馈神经网络中 BP 算法的随时间 BP 算法来进行参数学习。给定一个样本 $(\boldsymbol{x},\boldsymbol{y})$，$\boldsymbol{x}=(\boldsymbol{X}_1,\boldsymbol{X}_2,\cdots,\boldsymbol{X}_t,\cdots,\boldsymbol{X}_N)^{\mathrm{T}}$，$\boldsymbol{x}\in R^{N\times D}$，$N$ 为每个特征量的时间序列长度，D 为特征量数目，$\boldsymbol{X}_t$ 为 D 维向量；$\boldsymbol{y}=(y_1,y_2,\cdots,y_M)$，$M$ 为标签序列长度。定义 y_t 的损失函数为 $L_t(\hat{y}_t,y_t)$，通常采用交叉熵损失函数，则整个序列的损失函数为：

$$L=\sum_{t=1}^{M}L_t(\hat{y}_t,y_t) \tag{2-40}$$

它关于参数 $\boldsymbol{\theta}$ 的梯度，即损失函数 $L_t(\hat{y}_t,y_t)$ 关于参数 $\boldsymbol{\theta}$ 的偏导数之向量和为：

$$\frac{\partial L}{\partial \boldsymbol{\theta}}=\sum_{t=1}^{M}\frac{\partial L_t}{\partial \boldsymbol{\theta}} \tag{2-41}$$

沿时间序列展开的 LSTM“每个时刻”对应于前馈神经网络“每一层”。这样，LSTM 便可按照与前馈神经网络中 BP 算法类似的随时间 BP 算法进行梯度计算[20]。

2.3.4　深度置信网络

2.3.4.1　受限玻尔兹曼机

受限玻尔兹曼机（RBM）是一个二分图结构的无向图模型，其结构示意如图 2-16 所示，是由一个隐藏层和一个可观测层组成的概率图模型，其结构与两层的全连接神经网络的结构相同，通过多层堆叠可形成深层模型，具有较强的无监督学习能力。

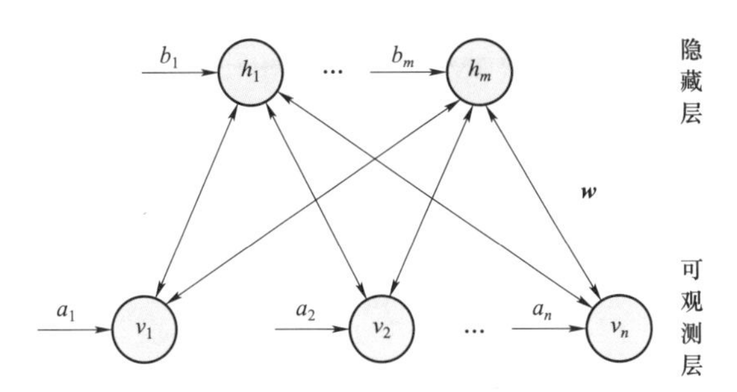

图 2－16　受限玻尔兹曼机结构示意

RBM 中的变量分为隐变量和可观测变量。每个节点的可观测变量 v_i 和隐变量 h_j 的条件概率分别如式（2－42）和式（2－43）所示，其中 w 为权重系数，a 和 b 为偏置，σ 为 Logistic 激活函数。

$$p(v_i = 1 | h) = \sigma\left(a_i + \sum_{j=1}^{m} w_{i,j} h_j\right) \tag{2-42}$$

$$p(h_j = 1 | v) = \sigma\left(b_j + \sum_{i=1}^{n} w_{i,j} v_i\right) \tag{2-43}$$

RBM 通过最大化似然函数来找到最优的参数 $\boldsymbol{W}$、$\boldsymbol{a}$、$\boldsymbol{b}$。给定一组训练样本 $D = \left\{\boldsymbol{v}^{(1)}, \boldsymbol{v}^{(2)}, \cdots, \boldsymbol{v}^{(N)}\right\}$，其对数似然函数为：

$$L = \frac{1}{N}\sum_{i=1}^{N} \log p\left(\boldsymbol{v}_t^{(i)}, \boldsymbol{W}, \boldsymbol{a}, \boldsymbol{b}\right) \tag{2-44}$$

采用无监督学习方法训练后的 RBM 隐藏层输出可以有效地模拟对应可观测层的输入。给定或随机初始化一个可观测的向量 $\boldsymbol{v}_0$，重复 t 次后，获得 $(\boldsymbol{h}_t, \boldsymbol{v}_t)$，当 $t \to \infty$ 时，$(\boldsymbol{h}_t, \boldsymbol{v}_t)$ 服从 $p(\boldsymbol{h}, \boldsymbol{v})$。即在给定 RBM 的联合概率分布 $p(\boldsymbol{h}, \boldsymbol{v})$ 后，可以生成一组服从 $p(\boldsymbol{h}, \boldsymbol{v})$ 分布的样本 $(\boldsymbol{h}_t, \boldsymbol{v}_t)$。在评估 RBM 模型时，通常采用重构误差作为评价指标。重构误差是指经过 RBM 模型变换后可观测层的概率值与样本值的绝对误差，可以在一定程度上反映 RBM 对训练数据的似然程度。

2.3.4.2　深度置信网络

深度置信网络（DBN）是一种深层的概率有向图模型，图 2－17 给出了它的一个示例。有监督的 DBN 由多个 RBM 和一层 BP 网络（BP 算法的全连接神经网络）堆叠而成。第 l 个 RBM 的隐藏层作为第 $l+1$ 个 RBM 的可观测层，最后一个 RBM 的隐藏层与全连接神经网络相连，并将隐藏层输出作为全连接神经网络输入，用于解决分类或回归问题。网络的最底层为可观测变量，其他层节点都为隐藏变量。

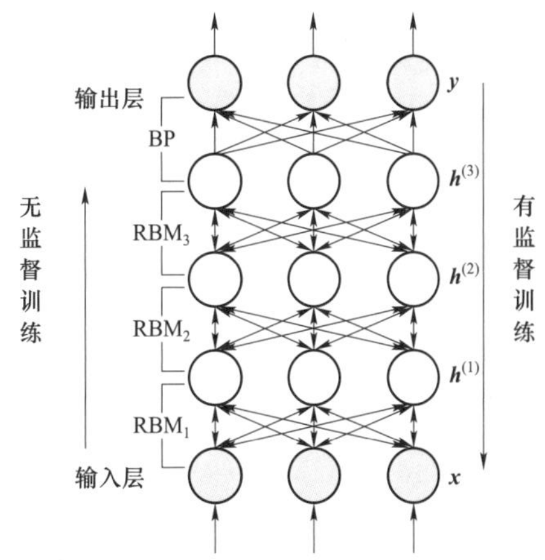

图 2－17　深度置信网络的结构示意

DBN 的训练过程分为逐层预训练和精调两个阶段。预训练是指采用无监督的逐层训练方式对各 RBM 进行参数训练。输入向量 $\boldsymbol{x}$ 作为可见层的输入与第一个隐藏层 $\boldsymbol{h}_1$ 组成第一个 RBM，通过训练获得 RBM_1 的参数，包括各节点间连接的权重和各个节点的偏置。训练完成后，将 RBM_1 的隐层输出作为 RBM_2 可见层的输入，并以此类推。预训练结束后，将 DBN 看作前馈神经网络，所有 RBM 训练所得参数作为初始参数，采用误差反向传播学习算法对 DBN 参数进行微调。

2.4 小　结

本章首先简述了机器学习的基本概念和深度学习的发展。计算能力的提升和海量的数据支持是深度学习取得成功的重要因素。相比于浅层学习中模型的输入特征主要靠人工经验或特征提取方法来得到，深度学习可从数据中自动学习到有效的特征表示，其深层结构将底层特征进行多层次特征映射，让模型自动学习出好的特征表示，从而提升预测模型的准确率。深度学习主要采用神经网络模型。

接下来本章简述了机器学习分类，然后给出了神经元的结构和前馈网络、记忆网络和图网络等神经网络结构。此外，还介绍了前馈神经网络（多层感知器）的学习准则、梯度下降法和误差反向传播学习算法。目前，反向传播算法仍然是深度神经网络参数学习的常用算法。而前馈神经网络也通常出现在深度模型的输出层，作为预测模型实现分类和回归等。

在此基础上，阐述了常用的深度神经网络的模型和学习算法，包括前馈网络结构的卷积神经网络、图结构的图卷积网络和记忆网络结构的长短期记忆网络等。本章还对支持向量机/支持向量回归模型和概率图模型的深度置信网络进行了简要介绍。本章内容为机器学习，特别是深度学习在电力系统安全评估及控制技术中的应用，提供了模型和算法的基础。

本章参考文献

［1］邱锡鹏．神经网络与深度学习［M］．北京：机械工业出版社，2020.

［2］ROSENBLATT F. The perceptron：a probabilistic model for information storage and organization in the brain［J］. Psychological Review，1958，65（6）：386－408.

［3］WERBOS P. Beyond regression：new tools for prediction and analysis in the behavioral sciences［D］. Cambridge：Harvard University，1974.

［4］RUMELHART D E，HINTON G E，WILLIAMS R J. Learning representations by back-propagating errors［J］. Nature，1986，323（6088）：533－536.

［5］SCHMIDHUBER J，HOCHREITER S. Long short-term memory［J］. Neural Computatio，1997，9（8）：1735－1780.

［6］BAHDANAU D，CHO K，BENGIO Y.Neural machine translation by jointly learning to align and translate［C］//International Conference on Learning Representations（ICLR）. San Diego，United States，2014：1－15.

［7］LECUN Y，BOTTOU L，BENGIO Y，et al. Gradient-based learning applied to document recognition

[J]. Proceedings of the IEEE，1998，86（11）：2278－2324.
[8] 李玉鑑. 深度学习：卷积神经网络入门到精通 [M]. 北京：机械工业出版社，2018.
[9] HINTON G E，SALAKHUTDINOV R R. Reducing the dimensionality of data with neural networks [J]. Science，2006，313（5786）：504－507.
[10] KRIZHEVSKY A，SUTSKEVER I，HINTON G E. Imagenet classification with deep convolutional neural networks[C]//Advances in Neural Information Processing Systems（NIPS）. Lake Tahoe，Nevada，United States，2012：1－9.
[11] SHI X，CHEN Z，WANG H，et al.Convolutional LSTM network：a machine learning approach for precipitation nowcasting[C]//Advances in Neural Information Processing Systems（NIPS）. Hong Kong，China，2015：1－9.
[12] KIPF T N，WELLING M.Semi-supervised classification with graph convolutional networks [C]// International Conference on Learning Representations（ICLR）. Toulon，France，2017：1－14.
[13] 邓力. 深度学习：方法及应用 [M]. 北京：机械工业出版社，2016.
[14] LEE H，GROSSE R，RANGANATH R，et al. Convolutional deep belief networks for scalable unsupervised learning of hierarchical representations [C]//International Conference on Machine Learning（ICML 2009）. Montreal，Canada，2009：609－616.
[15] LEE H，GROSSE R，RANGANATH R，et al.Unsupervised learning of hierarchical representations with convolutional deep belief networks [J]. Communications of the Acm，2011，54（10）：95－103.
[16] 俞凯. 强化学习 [M]. 2 版. 北京：电子工业出版社，2019.
[17] 周志华. 机器学习 [M]. 北京：清华大学出版社，2016.
[18] 王健宗，孔令炜，黄章成，等. 图神经网络综述 [J]. 计算机工程，2021，47（4）：1－12.
[19] 刘忠宇. 深入浅出图神经网络 [M]. 北京：机械工业出版社，2020.
[20] GERS F A，SCHMIDHUBER J，CUMMINS F. Learning to forget：continual prediction with LSTM [J]. Neural computation，2000，12（10）：2451－2471.

第 3 章

小样本问题解决方法

3.1 概　　述

随着信息技术的快速发展和大数据时代的到来，各个领域时刻都在涌现海量的数据碎片。面对众多的数据，我们需要运用新系统、新工具、新模型来挖掘、搜索、处理、分析、归纳、总结其深层次的内在规律，构建崭新的价值。大数据是继云计算、物联网之后信息技术产业又一次颠覆性的技术革命，给各个领域都带来了极大的机遇和挑战。但是，在大数据背景下，许多领域经常会由于数据获取成本较高、数据重复或发生概率较小等原因，面临着有用数据有限，即“大数据、小样本”问题。少量的有用样本不能完全覆盖整个有效空间，即信息不完整、不充足。显然，基于小样本数据所建立的模型、所作出的决策常常是无效的，因此不能反映事物或过程的本来面目。大数据强调的是全数据的观念，而非小数据的随机抽样；大数据需要采集全部信息，小数据重视样本信息；大数据强调的是概率和趋势，小数据强调的是精度；大数据关注的是关联，小数据关注的是因和果。大数据的一个特征就是拥有足以刻画样本特征空间以外的“超额”样本。无论是大数据还是小数据情况，基于数据的人工智能建模方法受到学术界和企业界的广泛关注。数据处理是数据驱动建模的重要基础，其中小样本数据问题逐渐引起人们极大的关注。相比大数据而言，小数据典型特征为容量有限、不连续和多样性差。小样本问题对数据驱动技术提出了新的挑战，吸引了美国计算机协会特殊兴趣小组知识发现和数据挖掘国际会议（ACM SIGKDD 2015 Workshop）以及机器学习国际会议（ICML2016 Workshop）等顶级专题研讨会的关注。

在数据驱动方法应用于电网安全稳定分析方面，有学者基于在线历史数据样本对稳定快速判别方法进行了研究，取得了一定成果[1]。此类研究的有效性受到数据样本和特征量的直接影响和约束限制。在线计算得到的样本通常都在系统正常运行点附近，造成样本库中相似样本过多、多样性不足，严重制约了电网规律挖掘的效果。类似于大数据、小样本问题，仅靠现有的样本数据难以提高机器学习算法的泛化性能。数据驱动的建模精度与建模用的样本量的多少、样本的分布性等具有十分密切的关系。因此，通过样本扩充增加样本的数量或通过样本压缩保证样本的分布性和一致性是大数据时代解决小样本问题的一个重要环节。

本章将首先介绍小样本问题以及针对小样本问题常用的数据分析方法，其次介绍样本生成的通用方法，包括插值法、数据采样方法、生成对抗网络（generative adversarial network，GAN）方法[2]等，进一步结合电网分析领域有关数据样本的实际问题，介绍电网分析样本生成技术，包括基于蓝噪声采样的潮流样本生成技术、基于长短期记忆网络的潮流样本生成技术等，最后介绍电网分析样本压缩方法。

3.2　小样本问题

小样本问题顾名思义可以理解为信息不足，但导致小样本学习困难的主要因素并非全在样本数量方面。虽然数据很多，但如果其分布呈现离散的松散结构，在样本点与样本点之间存在空隙，出现样本不完整与不均衡的问题，仍无法从中获取有效信息。小样本问题的产生主要是由于实验的设计不合理或样本数据取得成本过高，甚至是不能获取更多的样本，也可能是因为数据发生概率较小，或虽然数据很多但数据重复性高。小样本问题可进一步分解为数据稀缺问题、不均衡数据问题和高维小样本特征选择稳定性问题等。高质量的数据是有效决策的基础。对于小样本问题，常用的数据分析方法有以下三种。

（1）统计学习理论（statistic learning theory，SLT）。SLT 是应用于小样本问题的机器学习规律的基本理论和数学构架，能够有效解决小样本应用中出现的非线性、高维度以及容易陷入局部极值点等问题，适用于小样本的统计估计和预测学习等方面。一般的机器学习方法在经验风险最小化的前提下调整模型参数，在处理小样本时容易出现“过拟合”问题。由 Vapnik V 等提出的支持向量机模型[3]是一种基于统计学习理论和结构风险最小的机器学习方法，能够有效应用于小样本领域。支持向量机虽然在核函数的选取上较为敏感，且不易处理多分类问题，但是该模型在理论上保证了最优泛化能力，因而常常用于处理小样本问题。

（2）灰色模型（grey model，GM）。GM 理论认为，无论对象如何复杂，都有内在规律可寻。GM 对原始数据序列 $x(0)$ 进行累加生成序列 $x(1)$，使得原始数据的随机性降低，规律性变得明显。GM 建立微分方程预测模型，具有计算量小、不需要大量样本、不要求样本规律性分布等优点。然而，GM 通常会忽视模型机理，其结果有时会出现较大偏差。

（3）特征提取（feature extraction，FE）。FE 主要使用数据降维的方式提取数据特征，该方法主要用于处理样本少而数据维度高的数据，可以提高数据处理的速度。FE 主要针对高维度、小样本问题，在降维提取特征的过程中会丢失部分数据信息。因此，如何选择合适的降维方法是 FE 的关键，降维过多往往会丢失大量有效信息，降维过少则依旧会出现计算繁杂的问题。

以上是针对小样本问题而提出的常用的数据分析方法，但并未从根本上扩充样本，虚拟样本生成（virtual sample generation，VSG）的思想最早于 1992 年由模式识别领域的科学家 Poggio T 和 Vetter T 提出[4]，即在原始样本中添加新生成的虚拟样本来扩充训练样本数目，由此生成的虚拟样本又称为人工样本或合成样本。

VSG 方法旨在有效填充小样本的信息间隔，从而提高模型精度。VSG 方法存在三个问题：① 如何选择虚拟样本输入 x；② 如何选择虚拟样本输出 y；③ 如何选择虚拟样本的生成数目 n。对于生成的虚拟样本，也有好坏之分，具体情形如图 3－1 所示，超出总体实际样本范围的虚拟样本即被认为是不合理的虚拟样本。

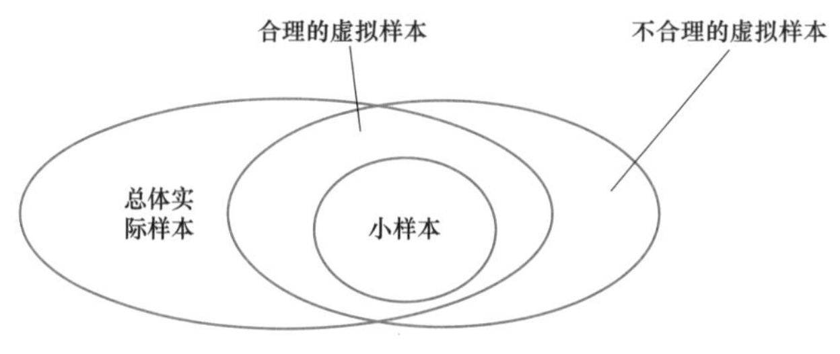

图 3－1　虚拟样本的好坏

本章文献［5］将虚拟样本生成方法分为四类，本书在此基础上进行了扩展：

（1）基于研究领域先验知识和构造函数的虚拟样本生成方法。

基于研究领域先验知识的虚拟样本生成方法由 Poggio T 和 Vetter T 两位科学家率先提出，他们基于几何变换构造出用于图像处理的虚拟样本。所谓先验知识，建立在研究者对所研究的领域有着深刻清楚的认识基础之上，主要包括输出值先验知识和导数先验知识。先验知识相当于在模型之中加入适当的约束，进而可构造出更适合于已转变为优化问题的解（虚拟样本）。Niyogi P 等人在解决模式识别问题时，证明了训练学习过程中整合先验信息，在数学上等价于正则化[6]。

基于构造函数的虚拟样本生成方法是在研究领域先验知识的基础上构造函数生成虚拟样本，常用的方法为插值法，包括线性插值、多项式插值、样条插值等。插值法是最早用于样本扩充的方法，主要使用一定区间内的几个已知的离散点来构造函数，然后利用该函数获取未知点的函数值来生成虚拟样本。

（2）基于原始样本分布函数的虚拟样本生成方法。

这种方法不考虑研究领域的先验知识，而是以训练数据为样本，找到样本的真实分布函数后对分布函数进行抽样，进而生成虚拟样本。常用的数据抽样方法（也称为数据采样方法）包括自助（Bootstrap）法、蒙特卡洛（Monte Carlo）方法和扩散神经网络[7]等方法，都是基于样本分布函数的 VSG 技术的典型代表。自助法和蒙特卡洛方法都是随机采样方法，近年来备受重视的蓝噪声采样（blue-noise sampling）方法介于随机采样和均匀采样之间。本章将要介绍的基于蓝噪声采样的潮流样本生成技术是蓝噪声数据采样方法在电网仿真分析领域中的应用，该方法利用已有样本分布和样本剔除方法获得满足一定分布的样本，以提高样本分布的均匀性，进而提升深度学习模型的性能。

（3）基于扰动的虚拟样本生成方法。

同基于领域先验知识的 VSG 技术相似，在训练数据集加入微弱噪声扰动在数学上等价于神经网络结构设计的正则化，噪声的标准差决定了正则化系数。这表明（1）和（3）两种方法本质上存在着一定的联系。基于扰动的 VSG 技术主要利用误差分析理论和 3σ 准则，利用误差服从高斯分布的虚拟过程生成虚拟样本，从而解决小样本数据和不均衡数据的分类问题。文献［8］中提出了各种基于注入噪声或等同于注入噪声的方法来生成虚拟样本。

（4）基于人工智能技术的虚拟样本生成方法。

基于人工智能技术的虚拟样本生成方法主要有 SVM、LSTM、GAN 等。

SVM 在解决小样本学习问题上具有一定的优势，可通过在逼近极限状态函数（limit state function，LSF）时，在其附近生成虚拟支持向量（即虚拟样本）的方式来提高分类性能。具有代表性的方法有显式空间分解方法（explicit design space decomposition，EDSD）和虚拟支持向量机（virtual support vector machine，VSVM）。EDSD 通过迭代更新 SVM 决策函数，使得其以极小的误差逼近真实决策超平面，从而解决不连续和不相交问题的非线性可靠性分析问题。VSVM 则可以克服 EDSD 难以解决连续可微的高维非线性可靠性分析问题的缺陷，它的虚拟支持向量通过对 Kriging 插值生成的样本进行序贯抽样后获得，它们贴近极限状态函数，也能够自适应地对 SVM 决策函数进行更新，进而提高 SVM 决策函数的准确性。此外，Mao R 等人[9]利用 SVM 来计算所得到样本的后验概率并将其作为虚拟样本，使得人工神经网络的学习精度得以显著提升。

GAN 和 LSTM 是典型的深度学习神经网络模型，在解决小样本问题时，通过模型来扩充训练样本，使得样本质量得到提高。于浩洋等人[10]提出 GAN 小样本雷达调制信号识别算法，将真实样本和对抗网络生成样本同时输入到卷积神经网络，能提升信号的分类效果，识别准确率提升 10%。孙曦音等人[11]针对图像分类中的定向对抗攻击问题，提出一种基于 GAN 的对抗虚拟样本生成方法，通过 GAN 和类别概率向量重排序函数，在待攻击神经网络内部结构未知的前提下，对其进行有效对抗攻击，可以提高对抗攻击的平均成功率，同时提高生成图像的质量。本章将要介绍的基于 LSTM 的潮流样本生成技术[12]是基于人工智能技术的虚拟样本生成方法在电网分析领域的应用，该方法基于用户调整潮流行为数据建立潮流调整策略的 LSTM 模型，利用该模型来扩充训练样本，从而提升深度学习模型的泛化能力。

小样本问题的另一个解决思路是削减数据需求，通过牺牲小部分相对不重要的信息，换取样本需求的大幅减少。这部分内容将在 3.4.1 节中介绍。

3.3　样本生成通用方法

3.3.1　插值法

插值法是最早用于虚拟样本生成的方法。插值法是用一定区间内的几个已知的离散点来构造通过这些离散点的函数，然后用构造好的函数来获取未知点的函数值，从而生成虚拟样本。本节主要介绍插值法中常见的线性插值、多项式插值和样条插值方法[13]。

3.3.1.1　线性插值

线性插值是一种插值函数为一次多项式的插值方法，该方法相比于其他插值方法最为简单、快捷。线性插值模型如图 3－2 所示。线性插值的几何意义就是利用过点 $A(x_0, y_0)$ 和点 $B(x_1, y_1)$ 的直线来近似代表原函数，其在插值节点上的插值与该节点值重合，误差为零，其中 $y=\varphi(x)$ 为真实映射函数，$y=f(x)$ 为线性插值所得函数。该方法可以用线性函数来近似代替原函数以获取未知点处的数值。实际应用中在精度要求不高的情况下，线性插值的简单便捷性使其成为首选的插值方法。

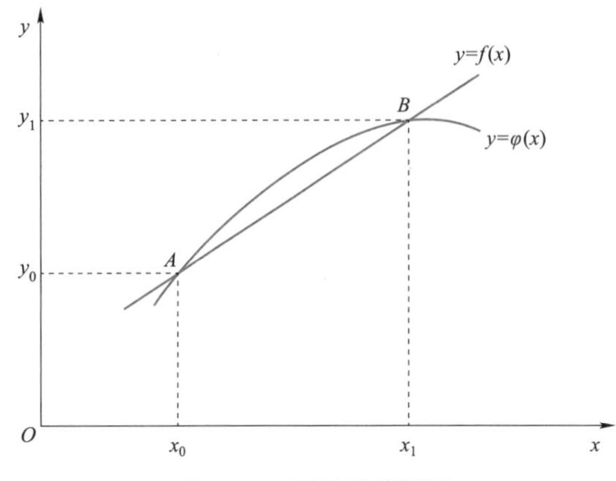

图 3-2 线性插值模型

线性插值是一种十分简单的插值方法，即构建：

$$y=f(x)=k_0+k_1x \tag{3-1}$$

使得：

$$y_0=f(x_0)，\quad y_1=f(x_1) \tag{3-2}$$

根据一元一次函数的特性可知，所求函数表达式为：

$$y=f(x)=y_0+\frac{y_1-y_0}{x_1-x_0}(x-x_0) \tag{3-3}$$

对式（3-3）按照 y_0、y_1 进行整理，可得：

$$y=f(x)=y_0+\frac{y_1-y_0}{x_1-x_0}(x-x_0)=\frac{(x_1-x_0)y_0+(y_1-y_0)(x-x_0)}{x_1-x_0}=\frac{(x_1-x)}{x_1-x_0}y_0+\frac{(x-x_0)}{x_1-x_0}y_1 \tag{3-4}$$

综上，式（3-4）即为所求的插值多项式。线性插值方法虽然是所有插值方法中最为简单快捷的方法，且在样本生成中具有相当广泛的应用，但是在一些高精度或者高度非线性的应用场合，往往具有较大误差而无法满足精度要求，此时则需要考虑采用其他方法来扩充数据。

3.3.1.2 多项式插值

多项式插值是线性插值的推广应用。在一般情况下，已知区间内有 $n+1$ 个点 $\{(x_i,y_i)\},i=0,1,\cdots,n$，其中 x_i 两两不同，可以使用不超过 n 次的多项式拟合这些点。这一多项式即为所求的多项式插值函数。在区间上的其他点可以利用这个函数求得近似值：

$$y=f(x)=k_mx^m+k_{m-1}x^{m-1}+\cdots+k_1x+k_0 \tag{3-5}$$

所有的 $n+1$ 个已知点都在式（3-5）的函数图像上，其中 $m\leqslant n$，式（3-5）用矩阵表示如下：

$$\begin{bmatrix} y_0 \\ y_1 \\ \vdots \\ y_{n-1} \\ y_n \end{bmatrix} = \begin{bmatrix} x_0^m & x_0^{m-1} & \cdots & x_0 & 1 \\ x_1^m & x_1^{m-1} & \cdots & x_1 & 1 \\ \vdots & \vdots & \ddots & \vdots & \vdots \\ x_{n-1}^m & x_{n-1}^{m-1} & \cdots & x_{n-1} & 1 \\ x_n^m & x_n^{m-1} & \cdots & x_n & 1 \end{bmatrix} \begin{bmatrix} k_m \\ k_{m-1} \\ \vdots \\ k_1 \\ k_0 \end{bmatrix} \tag{3-6}$$

计算插值多项式即为求取系数矩阵 $\boldsymbol{K}=[k_m,k_{m-1},\cdots,k_1,k_0]^{\mathrm{T}}$。当所求多项式阶次 $m=n$ 时，范德蒙矩阵 $\boldsymbol{X}=\begin{bmatrix} x_0^m & x_0^{m-1} & \cdots & x_0 & 1 \\ x_1^m & x_1^{m-1} & \cdots & x_1 & 1 \\ \vdots & \vdots & \ddots & \vdots & \vdots \\ x_{n-1}^m & x_{n-1}^{m-1} & \cdots & x_{n-1} & 1 \\ x_n^m & x_n^{m-1} & \cdots & x_n & 1 \end{bmatrix}$ 为 $n+1$ 阶方阵。由于 x_i 两两不同，此时矩阵 $\boldsymbol{X}$ 必可逆。根据线性代数知识可知，系数矩阵 $\boldsymbol{K}$ 具有唯一值，可由式（3－7）求得：

$$\begin{bmatrix} k_m \\ k_{m-1} \\ \vdots \\ k_1 \\ k_0 \end{bmatrix} = \begin{bmatrix} x_0^m & x_0^{m-1} & \cdots & x_0 & 1 \\ x_1^m & x_1^{m-1} & \cdots & x_1 & 1 \\ \vdots & \vdots & \ddots & \vdots & \vdots \\ x_{n-1}^m & x_{n-1}^{m-1} & \cdots & x_{n-1} & 1 \\ x_n^m & x_n^{m-1} & \cdots & x_n & 1 \end{bmatrix}^{-1} \begin{bmatrix} y_m \\ y_{m-1} \\ \vdots \\ y_1 \\ y_0 \end{bmatrix} \tag{3-7}$$

一般来说，随着插值节点数的不断增加，从式（3－7）可以看出，当所求多项式阶次 $m=n$ 时，插值多项式的阶次也会不断增加，非线性拟合能力也会增强，精度往往也会随之增加。然而在实际应用中，以式（3－8）所示龙格函数为例：

$$y=\frac{1}{1+25x^2} \tag{3-8}$$

在使用多项式插值来逼近原函数时，多项式的阶次越大，多项式近似值越偏离原函数，造成的误差也越大，这一现象称为龙格现象。

利用多项式插值方法产生虚拟样本时，若区间内存在相近的点，则范德蒙矩阵 $\boldsymbol{X}$ 的条件数可能会比较大，此时求取的系数矩阵 $\boldsymbol{K}$ 所描述的多项式函数会与 y 的真实函数 $y=\varphi(x)$ 有较大的偏差。为解决此问题，衍生出两种非常重要的方法：拉格朗日多项式插值法和牛顿多项式插值法。多项式插值相比于线性插值方法在精度上会有一定程度的增加，但是在次数较高的情况下，可能会出现龙格现象，反而出现精度难以保证的情况。

3.3.1.3　样条插值

样条插值是一种分段插值方法。早期的“样条”是一种工程绘图的工具，譬如细木条或薄钢条。制图时，用压铁将样条固定在样本点上，此时，沿木条形状画下的曲线即为样条曲线。样条插值形成的曲线在连接点处具有连续的导数，而一般的分段插值方法在子区间的端点处不光滑，即一阶导数不连续。对于一些在插值节点处不能出现一阶导数间断的场合，样条插值方法更加适用。样条函数中分段低阶多项式的阶次一般不超过三阶，其中最常用的是三次多项式，称为三次样条函数。此函数满足以下条件：

条件 1：所求出的拟合函数 $y = s(x)$ 在已知点的函数值等于未知的实际函数 $y_1 = f(x)$ 的函数值。

条件 2：所求出的拟合函数是二阶连续的，也就是说其一阶和二阶导数在分段的交界点处是相等的。

条件 3：需要知道左右两端点 x_0 和 x_1 处的特定条件，即边界条件（自然边界、固定边界等）。

样条插值方法利用分段低次多项式，不仅可以获得光滑曲线，还能避免高次多项式插值中的振荡现象，具有较好的稳定性和收敛性。采用样条插值法构建分段函数相比于利用所有样本构造曲线，能够更好地保留样本点的局部特征，但是在内插生成虚拟样本时，难以估计样本点的误差。

3.3.2 数据采样方法

数据采样方法主要利用统计学知识求取样本的统计学特征来构造样本的分布，然后从所得的样本分布中随机抽取新样本来扩充数据。本章主要介绍其中的自助（Bootstrap）法和蒙特卡洛（Monte Carlo）方法。

3.3.2.1 自助法

自助（Bootstrap）法又称拔靴法，是由美国斯坦福大学 Bradley Efron 教授等人于 1979 年在总结前人经验的基础上提出来的。历经了 40 余年的发展和扩充，自助法在统计学的各个领域得到广泛应用。

在统计学研究中，对于一个统计量，人们不仅会关注统计量的数值，同时会关注统计值的稳定性，即统计值的偏差或方差。根据经典统计学，对于单个批次的样本，只能计算得到统计量的一个数值，因此，要想知道统计值的方差，需要采集多个批次的样本。在实际应用过程中，对于只有单个批次样本的数据，要想判断统计值的稳定性，就需要构造虚拟样本来得到多批次样本并计算统计值的方差。据此，重抽样思想也就应运而生，即从单个批次的样本点中抽取部分子样本，利用这些样本计算统计值，重复几次即可获得多个统计值，从而可以求出统计值的方差以判断统计值的稳定性。重抽样方法示意如图 3–3 所示，图中右半部分给出了子样本与样本的关系，相当于左半部分展示的经典统计学中样本与总体的关系。

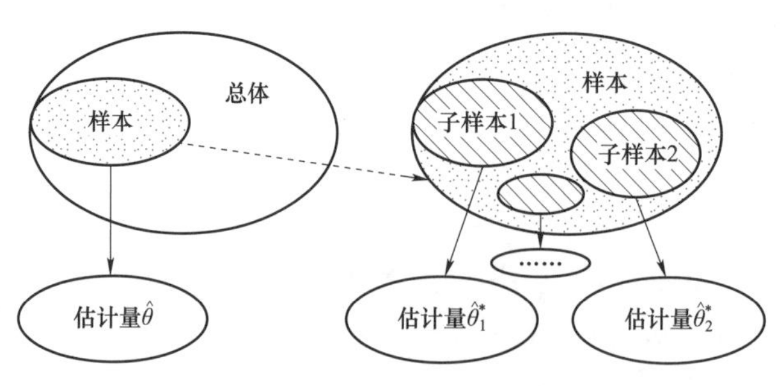

图 3–3 重抽样方法示意

自助法来源于重抽样思想，通过有放回地重复抽样求取统计量的置信区间。对于一系列独立同分布的随机变量 $X_N = [X_1, X_2, \cdots, X_n]$，其联合分布为 P_n，对于单批次样本，要想

估计总体样本参数 θ_n，利用统计学方法（如矩估计或极大似然估计等）可以求得一个样本的统计量的估计值 $\hat{\theta}_n$。在不知总体或者得到总体样本代价巨大的情况下，如何利用所采集的样本求得统计量并知道统计量的准确性成为一个难题。也就是说，只要能够求得统计量的多个估计值或者知道统计量的估计值 $\hat{\theta}_n$ 的分布，就可以知道所求参数的准确性，从而衍生出非参数自助法和参数自助法两种方法。

非参数自助法通常是在样本分布 P_n 未知的情况下使用，利用对样本 X_N 有放回地抽样 m 次，来获得能够研究样本分布 P_n 的统计特征 θ_n，具体步骤如下：

（1）对于采集到的 n 个样本数据 X_N，从中采集 $k(k \leqslant n)$ 个样本来计算统计特征，可以生成一系列随机整数 $i_1, i_2, \cdots, i_k$，并对应下标抽取样本 $X^* = [X_{i1}, X_{i2}, \cdots, X_{ik}]$，利用抽取到的 k 个样本可以计算统计量的一个估计值 $\hat{\theta}_n$。

（2）重复 m 次步骤（1），可以求得所需统计量的 m 个估计值，据此可以求出估计值的方差或置信区间来判断样本估计值的可靠性。

参数自助法通常是在样本分布 P_n 已知或者假设样本服从某一分布的情况下使用。与非参数自助法相似，参数自助法同样对样本进行重抽样来获得样本分布 P_n 的统计特征 θ_n，但是生成虚拟样本的方式有所不同，具体步骤如下：

（1）利用采集到的 n 个样本数据 X_N 计算样本的统计特征（均值与方差），可以得出样本服从该特征的分布 P_n，然后利用该分布抽取 k 个样本 $X^* = [X_1^*, X_2^*, \cdots, X_k^*]$，利用抽取到的样本可以计算统计量的一个估计值 $\hat{\theta}_n$。

（2）重复 m 次步骤（1），可以求得所需统计量的 m 个估计值，据此可以求出估计值的方差或置信区间来判断样本估计值的可靠性。

在实际应用过程中，往往需要足够的样本数量来构建模型，进而完成数据驱动过程，从而保证模型拥有良好的稳定性和准确性。因此，对于数据不够的情况，即小样本数据，利用 VSG 技术可以有效地解决样本不足的困扰。

在根据自助法生成虚拟样本的过程中，往往只需得到足够的样本构建输入输出模型，不需要计算样本的统计学特征。因此，无论在样本分布已知还是未知的情况下，不管使用参数自助法还是非参数自助法，根据对应的步骤（1）都可以产生 k 个样本，利用对应的步骤（2）重复抽取 m 次，总共可以产生 $k \times m$ 个 Bootstrap 虚拟样本。

自助法无论在样本分布已知还是未知的情况下都可以对采集到的样本进行重抽样，特别是在分布未知的情况下，相比一般的重抽样方法具有较好的优势。在分布未知时，由于自助法只能生成已有的原始样本，不像插值法能够利用插值函数产生新的样本，因此，自助法不能挖掘样本间的相互关系。自助法利用重抽样技术，当小样本本身有一定的重复或相似样本时，根据算法可知自助法产生虚拟样本时会大概率获得这些重复或相似样本，此时利用虚拟样本构建模型，会极大地增加这些样本的比重，从而使得模型重心主要集中在重复性大的样本上，因此会降低模型的泛化能力。

3.3.2.2　蒙特卡洛方法

蒙特卡洛（Monte Carlo）方法由美国研制原子弹的“曼哈顿计划”成员约翰·冯·诺伊曼（John von Neumann）与其同事于二战期间共同提出。蒙特卡洛方法区别于一般的数值计算方法，主要依照统计学上，当统计试验足够多的情况下，频率可以近似概率的思想，因此使用蒙特卡洛方法往往可以减少数学的推导和演算过程，只需重复抽样计算统计学特征即可解决问题。然而早期依赖于人工操作的重复抽样过程费时费力。随着计算机水平的不断提高，使用计算机运算代替人工操作，可以极大地简化操作过程，因此如今蒙特卡洛方法应用十分广泛。以图 3－4 所示的蒙特卡洛方法解决定积分求面积的问题为例，对该方法进行简单介绍[14]。

函数$f(x)$与 x 轴形成的面积 S，可通过求解定积分得到：

$$S=\int_a^b f(x)\mathrm{d}x \tag{3-9}$$

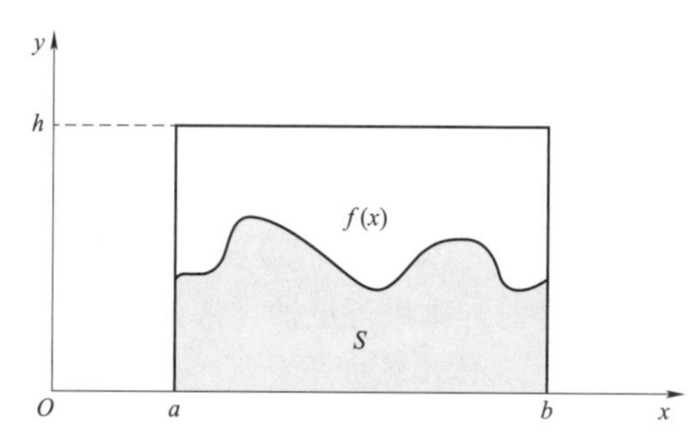

图 3－4　用蒙特卡洛方法解决定积分求面积的问题

对于上述问题，在函数复杂或者其原函数不可求的情况下，则根据式（3－9）难以求出积分值。利用蒙特卡洛方法求解此问题主要有两种方法：随机投点法和样本平均值法。

使用随机投点法求解定积分问题时，假设被积函数 $f(x)$ 与积分上下限有界，取 $0\leqslant y\leqslant h$，二维随机变量(x,y)在$a\leqslant x\leqslant b$、$0\leqslant y\leqslant h$的范围内均匀分布。向该范围内随机投点 n 个，若点落在$y=f(x)$下方 m 个，此时频率为m/n，根据数学知识可知点落在$y=f(x)$下方的概率为$\dfrac{S}{h(b-a)}$。当统计试验足够多的情况下，可令频率值代替概率值，从而可用式（3－10）求取面积 S：

$$S=h(b-a)\frac{m}{n} \tag{3-10}$$

随机投点法具体步骤如下：

（1）利用计算机产生 $2n$ 个 0～1 之间的随机数 λ_i、$\mu_i(i=1,2,\cdots,n)$，并计算 $x_i=a+\lambda_i(b-a)$、$y_i=h\mu_i$和$f(x_i)$。

（2）统计$y_i<f(x_i)$的个数m，并使用式（3－10）计算面积 S。

使用样本平均值法求解定积分问题时，假设$g(x)$是区间$[a,b]$上的概率密度函数，此时式（3－9）可改写为：

$$S=\int_a^b \frac{f(x)}{g(x)}g(x)\mathrm{d}x=E\left(\frac{f(x)}{g(x)}\right) \tag{3-11}$$

由此可知，任意的被积函数均可由某个随机变量的期望代替求解。当积分上下限 a、b 有界时，取$g(x)=\dfrac{1}{b-a}$，可用式（3－11）求取面积 S：

$$S = \frac{b-a}{n}\sum_{i=1}^{n} f(x_i) \tag{3-12}$$

样本平均值法具体步骤如下：

（1）利用计算机产生 n 个 0～1之间的随机数 $\lambda_i (i=1,2,\cdots,n)$，并计算 $x_i = a + \lambda_i (b-a)$ 和 $f(x_i)$。

（2）使用式（3－12）求取面积 S。

在工程实际应用过程中，需要足够的样本数量来构建数据驱动模型，以保证模型的精度。因此，对于小样本问题，在使用蒙特卡洛方法产生虚拟样本时，重点在于对随机变量进行反复试验，获得试验数据来计算所需统计量（均值、方差等），进而估计总体的统计量特征，然后构造总体样本的分布，最后利用构造的分布抽样出虚拟样本。具体步骤如下：

（1）收集工程的历史样本数据，估计样本服从某一分布，如均匀分布、泊松分布或正态分布等。

（2）在历史样本足够多的情况下，可以认为采集到的样本符合与历史样本数据相同的分布，从而可以根据所得到的分布，多次试验抽取样本，来产生足够多的符合工程要求的数据来补充样本。

蒙特卡洛方法可以将问题转化为统计学求解，过程简单且适用性高。只是使用蒙特卡洛方法解决问题时，会采用随机抽样估计模型结果，因此只能得到接近问题解的值，存在一定的误差。通常抽样次数越多，得到的结果越精确，然而此时计算量会随之增加，所以在解决问题时，往往会给出解的置信区间以说明值的可信度。在使用蒙特卡洛方法产生虚拟样本的过程中，只需多次抽样构建样本分布即可利用该分布抽取满足需要的样本来扩充样本数量。此方法思路简单清晰，然而用历史样本分布代替实际样本分布时，由于不同批次的样本在生产过程中，工况不会完全一致，因此不同批次的样本在分布上也会存在一定的偏差。

3.3.3　生成对抗网络

随着人工智能技术的快速发展，机器学习算法、深度学习算法被应用在图像识别、自然语言处理、人脸识别等领域。为了提高模型的识别准确性提出了对抗样本的概念，通过设计生成对抗网络（GAN）模型生成对抗样本，产生更多的样本数据，从而提高模型算法的正确率。

GAN 是 Goodfellow I J 等研究者于 2014 年提出的一种深度学习模型[2]，被广泛应用于图像生成、语音生成、文本生成等领域，成为无监督学习领域最有应用前景的模型之一。GAN 通过引入对抗学习的机制，隐式地从数据中学习数据的分布和数据样本的生成方法，避免显式概率建模带来的训练困难。GAN 主要利用网络分类器进行训练，先用正常的网络来训练网络分类器，然后对原始样本加入扰动形成新的样本，此后进行循环，将新生成的样本输入到分类器中，输出分类误差，随后通过对抗训练来增强对抗样本的鲁棒性。典型的 GAN 包含生成器和判别器两个神经网络。生成器基于原始样本生成伪样本，判别器通过对这些伪样本和原始样本进行区分，并给出输入数据是真实数据的概率。GAN 的核心思想是博弈论中的纳什均衡，判别器的目的是判断数据来自生成器还是训练集，生成器的目的是学习真实数据的分布，使得生成的数据更接近真实数据，两者不断学习优化最后得到纳什均衡点（又称非合作博弈均衡点）。GAN 原理示意如图 3－5 所示。

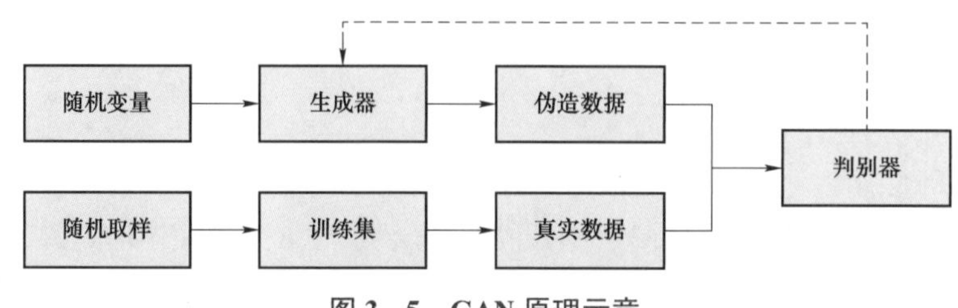

图 3－5　GAN 原理示意

下面以暂态稳定评估样本生成为例说明 GAN 原理。暂态稳定是电力系统发生大干扰后能够保持同步稳定的一种能力，基于数据驱动的暂态稳定评估方法存在严重的类别不均衡问题。由于现代电力系统网架的坚强性，实际电网在遭受大干扰之后一般都能恢复到正常的运行状态，因此失稳样本的数量极少。针对电力系统暂态稳定失稳样本不足造成的数据不均衡问题，文献［15］提出了改进条件生成对抗网络（conditional generative adversarial network，CGAN）的非线性数据增强方法，用于样本数据增强以提升在线暂态稳定评估的正确率。下面介绍其原理和步骤。

在暂态稳定评估过程中，每个样本输入都是一个特征向量，因此对抗框架可以直接使用多层神经网络。定义数据集中第 i 个样本的符号为 x_i，整个数据集可以表示为 $X=\{x_1,x_2,\cdots,x_N\}$，其中 N 为样本总数量。为了在数据集 X 的实际分布 P_{r} 中学习到生成分布 P_{g}，生成器构建了一个从先验分布 P_{z}（也称为隐空间）到生成数据空间的映射关系 $G(z;\theta_{\mathrm{g}})$，其中 θ_{g} 为生成器的参数，z 为先验分布 P_{z} 对应的随机变量。先验分布一般选择高斯分布，它表征的是在高维空间中实际分布 P_{r} 和生成分布 P_{g} 的支撑集。而判别器则为判别输入是实际数据还是生成数据的一个函数 $D(I;\theta_{\mathrm{d}})$，其中 I 代表判别器的输入，θ_{d} 为判别器的参数。生成器由多层神经网络构成，输入为先验分布 P_{z} 对应的随机变量 z，输出为与 $x_i\in X$ 维度一致的向量 $\boldsymbol{O}_{\mathrm{g}}$：

$$\boldsymbol{O}_{\mathrm{g}}=G(z;\theta_{\mathrm{g}}) \tag{3-13}$$

采用判别器和生成器交替训练的模式进行学习，来获得有效的 GAN 模型。也就是说，在一轮训练中判别器先训练 k 次，紧接着训练生成器，因此存在一个较好的 k 值使得整个 GAN 达到良好的水平。GAN 结构如图 3－6 所示。由于 GAN 只能学习到实际数据的整体分布，但对于暂态稳定评估来说，其关注的是具体的稳定状况。为了加入有关稳定状况的额外信息，文献［15］提出的改进 CGAN 结构如图 3－7 所示。

这里的条件是指类别条件，对于判别器和生成器的输入可以同时融入类别 one-hot 向量，从而对 CGAN 实现类别信息上的指导。one-hot 向量利用二进制数来表示类别信息，而暂态稳定评估可归类为二分类问题，暂态稳定可以表示为［0，1］，暂态失稳可以表示为［1，0］。定义类别 one-hot 向量 $\boldsymbol{y}$，在先验分布 P_{z} 中结合向量 $\boldsymbol{y}$ 一起作为 CGAN 生成器的隐空间表达输入。对于 CGAN 的判别器，采用和生成器同样的处理方式，将数据 I 和类别信息 $\boldsymbol{y}$ 一起融合作为判别器的输入。

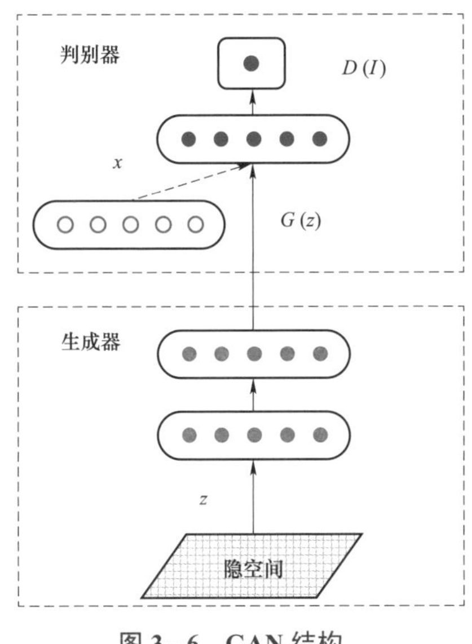

图 3-6　GAN 结构

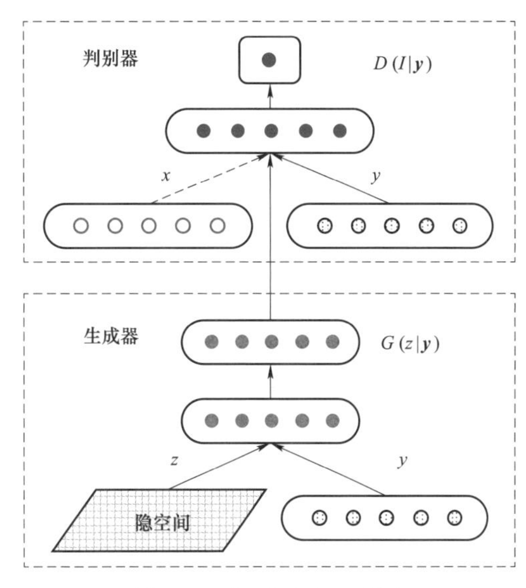

图 3-7　改进 CGAN 结构

从基于数据驱动的暂态稳定评估角度来看，CGAN 生成器针对失稳条件下的生成分布可以看成一种非线性插值的过程，实际数据集通过模拟多种运行方式及故障来产生大量故障样本，但是这些数据并不能代表整个数据空间，而数据生成方法则相当于对这些离散的运行点进行插值，合成一些不曾模拟的运行点，因此应用在暂态稳定评估中相当于增加了失稳样本的数目，能够有效帮助发现失稳模式。

由于暂态稳定评估问题存在失稳样本极少的问题，如果只使用正确率作为模型的评价指标非常不合理。例如，假设数据集中稳定样本占 99%，那么模型只需要全部评估为稳定就能达到 99%的正确率。为了在类别不均衡的情况下仍能对模型性能做出有效评估，定义如下指标来评估模型的性能：

$$\lambda_{\mathrm{TSR}}=\frac{f_{\mathrm{TS}}}{f_{\mathrm{TS}}+f_{\mathrm{FU}}}\times 100\% \tag{3-14}$$

$$\lambda_{\mathrm{TFR}}=\frac{f_{\mathrm{TU}}}{f_{\mathrm{FS}}+f_{\mathrm{TU}}}\times 100\% \tag{3-15}$$

$$\lambda_{\mathrm{G\text{-}mean}}=\sqrt{\lambda_{\mathrm{TSR}}\lambda_{\mathrm{TFR}}}\times 100\% \tag{3-16}$$

$$\lambda_{\mathrm{acc}}=\frac{f_{\mathrm{TS}}+f_{\mathrm{TU}}}{f_{\mathrm{TS}}+f_{\mathrm{FU}}+f_{\mathrm{FS}}+f_{\mathrm{TU}}}\times 100\% \tag{3-17}$$

式中：λ_{TSR} 表示预测为稳定的正确结果在所有稳定样本中的占比；λ_{TFR} 表示预测为失稳的正确结果在所有失稳样本中的占比，其值越大，漏判（失稳情况判断成稳定）率越低；$\lambda_{\mathrm{G\text{-}mean}}$ 为 λ_{TSR} 和 λ_{TFR} 的几何平均，能够有效衡量不均衡数据的评估性能；λ_{acc} 为总体正确率；f_{TS} 为预测稳定正确（true stable）的样本数量；f_{FS} 为预测稳定错误（false stable）的样本数量；f_{TU} 为预测失稳正确（true unstable）的样本数量；f_{FU} 为预测失稳错误（false unstable）的样本数量。

为了能够有效增强电力系统数据，采用了“训练数据构建分类器，合成数据测试效果”

的合成数据评估方法来选择 $\lambda_{G\text{-}mean}$ 值最高的合成数据，暂态稳定评估数据增强方法框架如图 3－8 所示。其中极限学习机（extreme learning machine，ELM）是一种简易、有效的单隐层前馈神经网络。

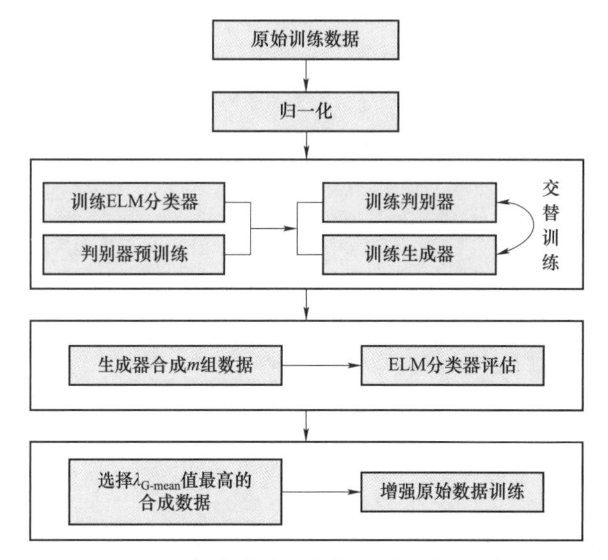

图 3－8　暂态稳定评估数据增强方法框架

暂态稳定评估数据增强方法具体步骤如下：

步骤 1：首先，将原始训练数据归一化，进而训练分类器用于评估改进 CGAN 在训练过程中每一轮生成的数据。同时，针对 CGAN 存在训练困难的问题，进一步对判别器进行预训练，从而提高判别器性能，促进生成器的进化。

步骤 2：依次交替训练判别器和生成器。为了有效训练改进 CGAN，采用首先训练判别器 h 次再训练生成器 1 次的训练方式，这个过程称为对改进 CGAN 的交替训练（1 轮训练）。每经过 1 轮训练，即生成 1 组失稳样本数目与原始数据稳定样本数目相同的合成数据，因此在 m 轮训练后，改进 CGAN 训练完成后可以生成 m 组合成数据。最后，利用训练好的分类器评估出 $\lambda_{G\text{-}mean}$ 值最高的一组合成数据。

步骤 3：取出步骤 2 中评估出的 $\lambda_{G\text{-}mean}$ 值最高的合成数据中的所有失稳样本并融合至原始训练数据中，更新原始训练数据，从而达到对训练数据增强的效果。对增强后的数据反归一化，重新训练分类器并应用于在线评估。

3.4　电网分析样本生成技术

3.4.1　电网分析样本需求及解决方案

随着太阳能和风能等随机能源对电源的渗透率加大，电力市场和电动汽车等人类活动对负荷的干预增强，以及电力电子化电力系统对运行和控制的改造，未来电力系统运行的复杂性和随机性进一步增强，具体体现在运行域的形态更复杂、要求安全运行的区域扩大以及安全域中的状态之间的转换机理更加复杂。传统以解析建模方法为基础的研究范式难以解决涌现而来的新问题，而且实际运行的电力系统也无法提供足够的数据以研究诸多可能出现的重要情况。与此同时，基于数据驱动的研究方法在很多领域取得了令人瞩目的成果。采用数据驱动方法研究电力系统问题，一方面能够提供复杂电力系统问题的有效解决方案，另一方面也能为推进解析方法的发展起到促进作用。

3.4.1.1　电网分析样本需求

机器学习是数据驱动方法中的代表性方法，擅长解决难以用模型表示的复杂问题。电力系统作为与人类生产生活强耦合的复杂非线性系统，借助数据驱动方法获得提升的潜力巨大。机器学习对电网分析样本的需求如下：

（1）机器学习方法研究电力系统运行，需要大量的运行数据。“大量”一词没有清晰定义，但对于高维、多参数、非线性系统的数据研究而言，样本的数量应当在充分反映取样空间的同时，让数据驱动方法存在有效拟合的可能。

（2）深度学习具有很强的特征自动提取能力和迁移性能，可表达极为复杂的非线性关系，但需要大量样本数据支撑。例如，应用深度置信网络进行暂态稳定评估，可比采用支持向量机方法精度更高，速度表现出色。

电网的样本数据可分为历史数据、尚未采集的运行数据和运行过程中产生并采集的数据三类。电力生产相关的历史数据蕴含的信息存在巨大的直接价值。可利用历史数据，从气象数据预测出力和负荷，从而设计安全发电控制方法以指导调度。与电力系统相关而尚未采集的数据同样具有巨大的直接价值。在智能电网、能源互联网等理念的推动下，高级量测系统（advanced metering infrastructure，AMI）的部署将极大提高电力系统数据的体量和质量。此外，还可利用 AMI 从物联网数据、出行数据中挖掘人群行为规律，从而指导电力市场、电动汽车规划等。利用电力系统运行过程中产生并采集的数据，可创造直接价值和间接价值。对电力系统分析领域而言，数据驱动方法最终是为运行服务的，最关注且最重要的就是电力系统的运行数据。运用数据驱动的方法，可从统计角度描绘电力系统的安全稳定域，从而指导调度运行工作。

在电力系统分析领域，从实际研究所需样本数据量的角度，按发表时间顺序，电力系统分析领域机器学习方法研究汇总如表 3－1 所示。

表 3－1　　电力系统分析领域机器学习方法研究汇总

机器学习方法	发表年份	研究问题	算例规模	目标	样本{X，Y}	总样本数	样本生成思路
基于结构风险最小化的支持向量机	2003	暂态稳定评估	IEEE39 节点	二分类	{稳态和动态特征，0/1 稳定标识}	2000	随机抽样，重复计算潮流
基于留数分析和递归切割的模式发现和决策树	2007	暂态稳定评估	IEEE39 节点	回归	{稳态特征，CCT 值}	600	重复计算潮流，抽样方式未说明
二维组合属性的决策树	2009	暂态稳定评估	IEEE39 节点/某省级电网	二分类	{稳态特征值，0/1 稳定标识}	3000/4000	均匀抽样，重复计算潮流
线性决策树	2011	暂态稳定评估	IEEE39 节点	二分类	{稳态特征，0/1 稳定标识}	5000	均匀抽样，重复计算潮流
考虑时序的关联分类	2015	暂态稳定评估	IEEE39 节点	二分类	{稳态特征，0/1 稳定标识}	1700	粗略均匀抽样，重复计算潮流

续表

机器学习方法	发表年份	研究问题	算例规模	目标	样本{X, Y}	总样本数	样本生成思路
深度置信网络	2017	暂态稳定评估	IEEE39 节点	二分类	{稳态和动态特征，0/1 稳定标识}	5984	粗略均匀抽样，重复计算潮流
卷积神经网络	2019	小干扰稳定评估	Matpower 2383 节点	回归	{稳态特征，状态矩阵特征值}	1000	随机抽样，重复计算潮流
长短期记忆网络	2021	暂态稳定评估	IEEE39 节点/某区域电网	二分类	{稳态和动态特征，0/1 稳定标识}	18360/7500	随机抽样，重复计算潮流/典型潮流

由表 3-1 可见，机器学习方法对样本量的需求非常大，大部分研究均以几十节点的小规模电力系统作为算例对象，其中的重要原因是节点数增加导致问题规模增大的速度往往超出计算资源的处理能力。当问题规模较大时，需要容量足够大的数据模型来解决该问题，最终反映为需要更多的样本数量以获得数据中的规律。

综上，机器学习方法应用于电力系统分析领域的过程中，可归纳出以下结论：

（1）电力系统运行问题的复杂性要求模型有足够的复杂度，反映为需要大量的数据避免过拟合。

（2）为避免理论的假设分布与实际数据分布存在乐观性偏差的风险，需要改变当前电力系统分析领域的数据生成均为各家“孤军奋战”的局面，需要一种独立于理论的数据生成方法。据此开展研究，既可因有共同基础而加强研究之间的联系，也可因数据生成方法独立于理论假设而使结果更接近客观。

3.4.1.2 电力系统分析领域中小样本问题的解决方案

电网分析样本可在线收集或通过离线计算得到。通过离线计算获得样本的主要做法是首先生成大量的运行方式样本，在此基础上再根据所研究问题的类型，进行相应的计算得到所需要的电网分析样本。其中运行方式样本通过潮流计算得到，在本书的后续章节将其称为潮流样本。通过离线计算生成电力系统潮流样本的具体做法大都是在基态潮流的基础上，对负荷和发电机的功率随机抽样或均匀抽样（在基态潮流功率的基础上上下浮动一定的范围），形成潮流计算中的定解条件（一部分指定的已知物理量），再通过潮流计算得到其他潮流状态量，如母线电压、线路功率等，通过多次抽样和重复的潮流计算，形成大量的潮流样本。

不论是通过离线计算得到的还是在线收集到的电网分析样本都可能存在样本不完整与不均衡的小样本问题。目前，已有的解决电力系统分析领域中小样本问题的方法可分为三类：生成数据的方法、削减数据需求的方法、提高数据利用率的方法。

1. 生成数据的方法

对于离线计算得到的电网分析样本，原始样本生成过程中大多采用数据采样方法，可采用插值法或人工智能方法进行样本数据的补充。对于在线收集到的样本，则可以采用插值法、数据采样方法或人工智能方法进行样本数据的补充。

由于插值法合成的数据和实际电网数据的物理特性和运行状态存在相关性不强的问题，近年来后两种方法得到越来越多的应用。例如 3.3.3 小节介绍的生成对抗网络方法通过引入对抗学习的机制，隐式地从数据中学习数据的分布和数据样本的生成方法，从而生成与原始样本分布类似的新样本数据，可用于离线样本和在线样本的补充。后文 3.4.2 小节将要介绍的基于蓝噪声采样的潮流样本生成技术采用蓝噪声数据采样方法，生成分布较为均匀的样本，可用于离线样本生成和在线样本的补充。3.4.3 小节将要介绍的基于 LSTM 的潮流样本生成技术，通过建立 LSTM 模型来生成虚拟样本数据，可用于在线样本的补充。后两种方法都需要在形成潮流定解条件后重复进行潮流计算，得到其他潮流状态量。

2. 削减数据需求的方法

当生成的样本不足时，可利用削减数据需求的方法，通过牺牲小部分相对不重要的信息，换取样本需求的大幅减少。

电力系统分析领域削减数据需求的方法主要有重要性抽样方法[16]、安全边界搜索法[17]等。文献［16］采用重要性抽样方法，让安全边界附近的采样点更多，从而达到减少样本需求的目的。文献［17］运用凸松弛和复杂网络理论去除大量的不可行运行点，再通过有向通路方法搜索到安全边界，对 IEEE14 节点系统的分析表明，对安全评估起到重要影响的安全边界附近的样本，只有原样本的 0.06%，大幅度减少了样本需求。

本书 3.5 节将要介绍的电网分析样本压缩方法也是电网分析领域削减样本需求的一种方法，对于分布极度不均衡的样本，该方法通过扩展边界和压缩稳定样本使得样本集分布相对均衡。

3. 提高数据利用率的方法

机器学习方法的应用过程中，将数据集划分为互斥的训练集和测试集。提高数据利用率的方法蕴含于对数据集的划分方法中。

（1）留出法。留出法是直接将数据集按某一比例 α 划分为互斥的训练集和测试集，对于训练过程而言，利用了数据集的 α 比例的数据。留出法存在 α 过小（数据利用率低）导致模型欠拟合与 α 过大（测试集过小）导致模型过拟合之间的矛盾。此矛盾没有完美的解决方案，α 通常取 $2/3 \sim 4/5$。

（2）k 折交叉验证法。k 折交叉验证法将数据集均分为 k 个大小相同的互斥子集，每个子集尽可能保持分布的一致性。在此基础上，每次挑选一个子集作为测试集，其他子集之和作为训练集，相当于进行 k 次留出法过程。该方法特点是以增加 k 倍计算量为代价，提高了数据集的训练利用率。

总之，削减样本需求的做法会损失信息量，提高数据利用率的方法存在计算量和分布偏置等因素与数据利用率之间的取舍，总体而言利弊参半。如果有足够多的数据样本，这些问题均可迎刃而解。更加高效的样本生成方法是数据不足问题的根本解决方法。本节主要介绍两种电网分析样本生成技术，包括基于蓝噪声采样的潮流样本生成技术和基于 LSTM 的潮流样本生成技术。其中，前者基于样本的分布特性，利用蓝噪声采样生成潮流样本；后者利用用户调整潮流行为数据建立 LSTM 模型，通过模型和电网领域先验知识修改电网数据，生成潮流样本。

3.4.2　基于蓝噪声采样的潮流样本生成技术

3.4.2.1　蓝噪声采样

在计算机科学领域，采样是一个非常基本但也是很重要的方法，采样可以把一个连续的信号转换成离散形式，或者从某一信号的离散集中选取出一个子集，从而使信号可以被计算机进行表示和处理。而在众多的采样技术中，蓝噪声采样[18]是近期研究过程中最受重视的一种方法。

关于蓝噪声采样最早的研究是在 Yellot J I[19]的工作中给出的，他发现眼睛视网膜上的光感受器遵循蓝噪声分布，这也表明了这种采样方法对于图像方面的应用是有作用的，从而使蓝噪声采样受到了研究人员的欢迎。蓝噪声是指那些能量谱中带有最小的低频部分而没有集中峰值的噪声。从直观上讲，蓝噪声采样可以生成一组随机的均匀离散点集。

由于高维点离散有着一些特殊的应用，所以研究人员给出了一些在高维空间中进行蓝噪声采样的算法。蓝噪声采样常用的方法有泊松圆盘采样和基于松弛算法的采样。

泊松圆盘采样是一个比较经典的采样方法，它可以生成一个均匀的离散点集。假设采样域为 Ω，泊松圆盘采样点集为 $X=\{(x_i,r_i)\}_{i=1}^{n}$，其中 x_i 为采样点坐标，r_i 为采样半径。一个理想的泊松采样点集应满足下列三个性质：① 距离最小性质，即对于任意两个采样点的距离应大于采样半径，也就是说 $\forall x_i,x_j\in P,\|x_i,x_j\|\geqslant\min(r_i,r_j)$；② 无偏采样性质，即采样域中的每一个点都有被采到的可能性；③ 最大化采样，即采样圆盘的并集应该包含采样域，也就是说 $\cup(x_i,x_j)\supseteq\Omega$。

基于松弛算法的采样也是一个生成离散点集的有效算法。该算法可大体分为两步进行：① 生成一个初始点集；② 用 Lloyd 迭代对点的位置进行优化。该类方法通常根据不同的目标函数进行划分。如计算机图形学中常用的 CVT（centroidal Voronoi tessellation）算法，它的能量函数表示为 $E_{\mathrm{CVT}}(X)=\sum_{i=1}^{n}\int_{V_i}\rho(x)\|x-x_i\|^2\,\mathrm{d}x$。其中 $\{V_i\}_{i=1}^{n}$ 为采样域 Ω 中点的 Voronoi 图，$\rho(x)$ 为定义在 Ω 上的密度函数。但是，由于 CVT 在生成离散点集时会损失一些蓝噪声性质，研究人员给出了一些改进算法来弥补 CVT 的不足。Balzer M 等人[20]提出了一个被称作能量约束的 Voronoi 图细分（CCVT）方法，它可以生成一个具有良好的蓝噪声性质的离散点集。

在采样域中均匀性的采样方法有随机采样、均匀采样、蓝噪声采样。在采样空间中，如果希望样本点更加均匀，覆盖更大的范围，最简单的采样方法是均匀采样。但是，在高维空间中均匀采样所需的样本总量会随维度的增加而呈现指数增长，由于数据存储空间的限制难以实用。

随机采样也是一种常规的采样方法，在一些学科中等价于均匀采样，但容易被忽视的是随机采样的样本集并不均匀，会造成一些区域空白而另一些区域点比较密集的情况。因此需要一种介于均匀和随机之间的样本特性，“蓝噪声”的噪声特性正是这样一种特性。在计算机图形学中，蓝噪声样本集被公认为具有最好的分布特性。蓝噪声采样与随机采样在二维平面上的均匀性对比如图 3－9 所示。

3.4.2.2 基于加权剔除法的蓝噪声潮流样本集生成方法[21]

电网运行方式（潮流）样本数据来源主要为离线数据与在线收集的数据。在线数据为采集的实际运行方式，由此构成的样本数据量大，但分布不均匀，相似样本多，典型性不强；离线数据为人工调整的极限运行方式，由此构成的样本典型性强，大部分分布于电网稳定边界，但数据量小，难以覆盖电网所有的工况。电网潮流样本分布示意如图 3－10 所示，圆形表示离线潮流样本；正方形表示在线潮流样本；三角形表示的是需要补充的样本，主要包含两个子类，一类是在区域②的，这些样本代表的运行方式可能会在季节变化等情况下出现，另一类是在区域③的，这类样本是学习电网稳定边界所必需的。

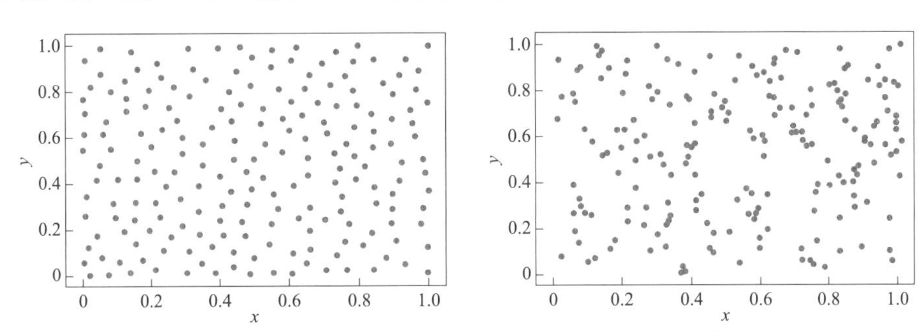

图 3–9 蓝噪声采样与随机采样在二维平面的均匀性对比

（a）蓝噪声采样；（b）随机采样

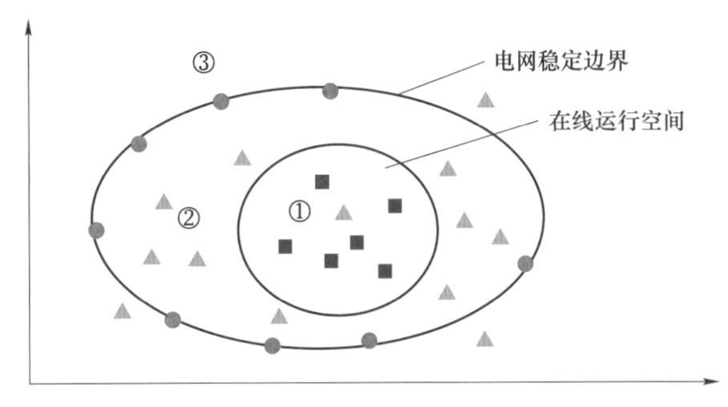

图 3–10 电网潮流样本分布示意

如何在高维空间均匀地采样成为电网潮流样本集生成的关键。蓝噪声采样借助于泊松圆盘分布条件生成样本集，为高维空间的均匀采样提供条件。在泊松圆盘样本集中，没有两个样本太靠近。紧密度由泊松圆盘半径定义，它是两个最接近的样本之间的一半距离。以最大化泊松圆盘半径的目标进行采样就成为了生成蓝噪声特性样本集的主要方法。实现这一目标的方法主要包括：投针算法[22]、加权剔除法[23]。

投针算法是一种泊松圆盘采样的传统算法，最早由 Cook R L 首先提出[22]。给定一个采样域和一个采样半径，该方法可以在采样域中随机生成泊松圆盘。如果新生成的泊松圆盘与已有的泊松圆盘冲突，则舍弃这一新生成的泊松圆盘，否则保留新生成的泊松圆盘。当连续舍弃新生成的泊松圆盘时，规定采样结束。该算法的复杂度为$O(n^2)$。

加权剔除法作为一种简单的贪婪算法，用于从给定的一组输入样本中挑选具有相当大的泊松圆盘半径的子集。首先根据每个样本与相邻样本的距离，为其分配一个权重。在每一步中，剔除最高权重的样本，并调整其周围剩余样本的权重。因此，该算法的有效实现只需要两个相对常见的数据结构：一个用于快速找到相邻样本的空间划分结构；另一个用于挑选具有最高权重的样本的优先级队列。

样本权重的计算方法为：对于样本i，以$2r_{\max}$（$r_{\max}$为最大泊松半径，即以每个样本点为圆心的超球集合在给定空间中互不重叠的最大半径）为半径内的所有样本$j(j \neq i)$，样本i的权重w_i是所有w_{ij}的和（w_{ij}为权重系数，表示样本j对样本i的权重贡献）。当两个样本之间的距离d_{ij}变为0时，权重系数w_{ij}为1；当距离d_{ij}增加到$2r_{\max}$时，权重系数w_{ij}

降为 0。由此，权重系数 w_{ij} 的计算公式可以表示为：

$$w_{ij}=\left(1-\frac{\hat{d}_{ij}}{2r_{\max}}\right)^{\alpha} \tag{3-18}$$

式中：$\hat{d}_{ij}=\min(d_{ij},2r_{\max})$；$\alpha$ 为 d_{ij} 对 w_{ij} 影响强弱的参数；d_{ij} 可以是欧氏距离（即欧几里得距离）或曲面的测地线距离；$r_{\max}$ 的值取决于采样域，在二维（d=2）和三维（d=3）空间中的 $r_{\max,2}$ 和 $r_{\max,3}$ 分别为：

$$r_{\max,2}=\sqrt{\frac{A_2}{2\sqrt{3}N}} \tag{3-19}$$

$$r_{\max,3}=\sqrt[3]{\frac{A_3}{4\sqrt{2}N}} \tag{3-20}$$

式中：A_2 和 A_3 分别为采样域的面积和体积；N 为样本总数。对于 d 维空间，当 $d>3$ 时，超球面的体积为：$A_d=C_d r^d$，其中 $C_d=C_{d-2}\dfrac{2\pi}{d}$，且 $C_1=2,C_2=\pi$。则可以推出 d 维空间的最大泊松半径 $r_{\max,d}$ 的计算公式为：

$$r_{\max,d}\approx\sqrt[d]{\frac{A_d}{C_d N}} \tag{3-21}$$

在潮流样本集生成时，加权剔除法可以在高维空间中生成相对均匀的样本。基于加权剔除法的蓝噪声潮流样本生成步骤如下：

（1）根据目标样本集中所含样本数 N，采用随机生成的方式产生样本容量为 $3N$～$5N$ 的原始样本集。随机生成过程主要以潮流计算的输入量作为可变量，即机组的有功功率和机端电压、负荷的有功功率和无功功率、直流功率等，暂不考虑设备投运状态的变化；随机生成后进行全网有功平衡和潮流计算，并把潮流收敛的样本加入原始样本集。

（2）根据样本空间的超体积与预先设定的目标样本数，计算出最大泊松半径 $r_{\max}$。

（3）将原始样本集的可变量（潮流计算输入量）存储于数据结构中，用于后续检索和计算提速。

（4）对每个样本赋予一个权重值，见式（3－18）。

（5）将样本点按权重 w_i 进行排序，剔除权重最大的样本点。

（6）样本点数量改变后，重复步骤（4）和步骤（5），重新计算每个点的权重、排序并剔除权重最大的样本点，直到剩余目标样本数时停止。

（7）剔除过程结束后，剩余的 N 个潮流样本构成了符合蓝噪声分布的有效样本集，所有样本均保证潮流收敛，并且样本间分布较均匀。

3.4.2.3 样本集均匀性评价方法

新生成样本集的均匀性是否符合设想的目标，需要有相应的指标，以便对样本集的优劣进行定量评估。这里采用样本点与点之间距离的统计量作为评价指标。样本集均匀性评价的具体步骤如下：

（1）计算样本集中每两个点之间的欧氏距离 d_{ij}，其中 $i\neq j$。

（2）统计出每个点与其他点之间的最小距离，即每个点到相邻最近点的距离 $d_{i,\min}$。

（3）对 $d_{i,\min}$ 进行统计分析，如分布集中在比较小的值附近则表示有一部分点聚集在一团，存在信息冗余的情况。

3.4.2.4　算例验证

采用人工智能方法解决潮流不可行解问题的思路是利用生成模型或基于模型的灵敏度分析来指导电网运行方式的调整。由于潮流方程为非线性方程，任意给定的节点注入功率并不能保证存在可行解。在迭代计算中表现为潮流计算不收敛。随着电网规模的扩大，潮流不收敛问题越来越严重，带来了大量的人力和时间成本的消耗。因此，文献［24］希望通过人工智能方法来解决潮流不收敛的调整问题，针对目前大电网潮流计算不收敛所带来的人力和时间成本消耗问题，提出了一种基于知识经验和深度强化学习的潮流计算收敛自动调整方法。文献［25］论述了机器学习方法学习出的稳定评估规则与稳定域的等价关系。对于潮流不收敛的调整问题，同样可以借鉴这种等价关系。

深度学习模型经过训练得到的收敛与否的规则可以等价为潮流可行域的边界，即深度学习得到的模型表达的是一个潮流收敛与否的规则，也是一种潮流可行域的隐式表达方式。这种表达形式可以用来求解潮流可行域边界到某一运行点的距离，用来表示不可行的程度或距离潮流不可行的裕度。深度学习模型对可行域边界拟合的精确程度影响着后续调整方法的准确性。因此，在基于深度学习模型的潮流不收敛问题调整方法的背景下，提高深度学习模型的性能可提升问题的解决效果。

本节以多层感知器模型（multilayer perceptron，MLP）和卷积神经网络（convolution neural network，CNN）两种深度学习模型来验证。

算例使用 WEPRI36 电网模型，利用蓝噪声样本集和对比组两组样本集进行测试，两组训练集分别取 30000 个样本，样本状态输入量为节点注入功率为主的 36 维数据（浮点值），输出标签值为潮流是否收敛，蓝噪声样本集由 100000 个随机采样的样本剔除而成。对比组以随机采样加其中某些样本的随机过采样混合形成，以模拟基于在线数据的样本集。

两种样本集内，每个点与其他点之间的最小距离的统计直方图如图 3－11 所示，可以看出蓝噪声样本集中最小距离没有特别小的情况，也就是说没有两个样本很相似的情况，而对比组则有很多相似的样本。另一方面，对比组的最小距离的最大值也更大，这表明有一些点与点之间的状态空间过于稀疏。总的来说，统计量的形态成正态分布，且峰值较高时，样本点分布较均匀。而峰值出现在什么位置取决于样本空间的体积与样本容量。

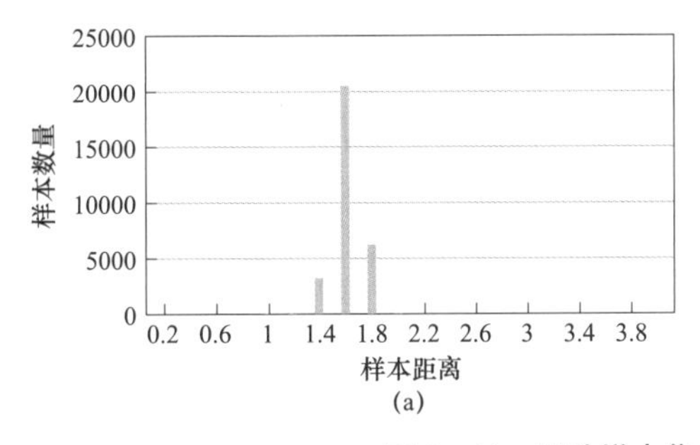

(a)

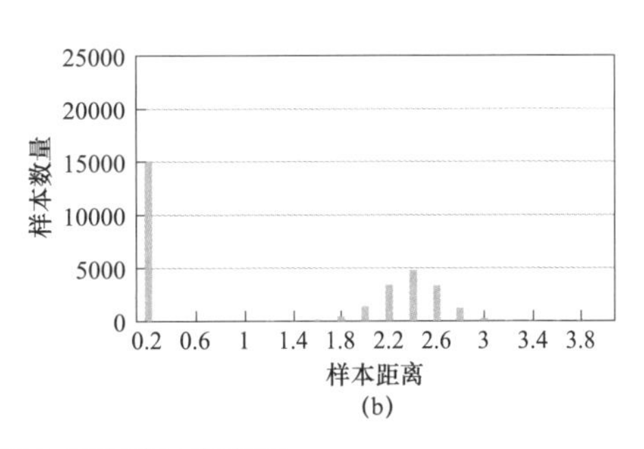

(b)

图 3－11　两种样本集最小距离统计直方图

（a）蓝噪声样本集；（b）对比组样本集

为了验证蓝噪声样本集和对比组中样本的质量，分别利用 MLP 和 CNN 深度学习模型进行潮流收敛性预测。训练集分别由蓝噪声样本集和对比组（各 30000 个样本）构成；单独随机生成测试集（2000 个样本），其中收敛和不收敛两类样本的比例为 1:1。预测正确样本数是在测试集样本中正确预测收敛和不收敛的样本个数；正确率是预测正确的样本个数与测试集样本个数的比值。表 3－2 给出了不同样本集和模型的测试结果。

表 3－2　　不同样本集和模型的测试结果

样本集类型	深度学习模型	训练集样本数	测试集样本数	预测正确样本数	正确率（%）
对比组	MLP	30000	2000	1780	89.00
蓝噪声样本集	MLP	30000	2000	1925	96.25
对比组	CNN	30000	2000	1834	91.70
蓝噪声样本集	CNN	30000	2000	1872	93.60

对比两组模型测试结果可知，采用蓝噪声样本集，与对比组相比，利用 MLP 预测潮流收敛性的正确率由 89.00%提升至 96.25%，利用 CNN 预测潮流收敛性的正确率由 91.70%提升至 93.60%。其主要原因在于蓝噪声样本集在状态空间分布更均匀，会提升深度学习模型的性能，进而提升潮流收敛性预测的正确性。此外，对于不同的深度学习模型，样本集分布均匀性的影响并不相同，本算例中 MLP 模型受影响程度较大。

蓝噪声样本集生成算法的实验环境为：处理器为 intel i5－6200U，主频 2.80GHz，单线程。100000 个样本剔除生成 30000 个样本耗时 1h 20min，且算法的计算复杂度为 $O(N\log N)$，存储复杂度为 $O(N)$，可以满足实际应用需求。

3.4.3　基于 LSTM 的潮流样本生成技术

随着电力系统运行方式协同计算平台的广泛推广和应用，平台中已经积累包括基础参数数据、稳态数据、动态数据、调整措施、用户调整潮流行为日志、计算结果等在内的海量数据，能够为相关数据挖掘提供更具多样性的有效样本。利用离线数据对在线数据样本进行补充，提高数据挖掘的泛化能力成为当前比较急迫的问题。用户调整潮流计算主要调整发电机的有功功率和无功功率、负荷的有功功率和无功功率等，调整的元件设备具有一定的时序性。随着神经网络的发展，深度学习算法不断改进，其中循环神经网络（recurrent neural network，RNN）因具有“记忆”能力，很多学者将其应用于序列信息的建模预测，取得了显著成效。但传统的 RNN 在信息反馈过程中存在梯度消散问题。Hochreiter S 和 Schmidhuber J 等为了解决 RNN 无法对大时间跨度序列建模问题，提出了 LSTM 模型[26]，结合历史状态、当前记忆与当前输入，引入门控单元来处理长序列依赖问题。LSTM 模型适合用于带有时序性的用户调整潮流行为建模。

基于 LSTM 的潮流生成技术的主要思路是搜集用户调整潮流行为数据（包括发电机有功功率和无功功率的调整、负荷的开断、线路投退等数据），基于此数据进行处理并建立基于 LSTM 的预测模型，实现用户潮流调整元件设备的预测；根据预测策略，在在线数据样本基础上补充潮流数据样本，结合电网预想故障和仿真计算生成电网稳定分析样本，提高数据样本的多样性和均衡性，从而提升数据挖掘算法的泛化能力。基于 LSTM 的潮流样本生成流程如图 3－12 所示。

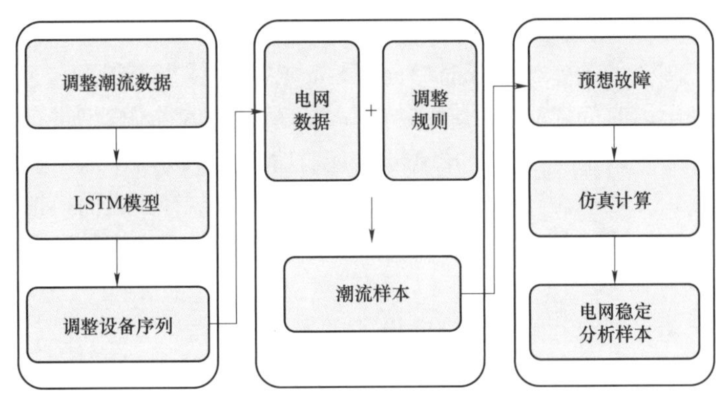

图 3-12　基于 LSTM 的潮流样本生成流程

3.4.3.1　用户调整潮流行为数据采集

在电力系统中调整潮流通常采用就近原则，调整发电机的开机或出力、投切变压器或线路等来满足系统运行要求，并通过潮流计算得到母线电压、线路功率等。采集用户调整潮流行为的数据主要是采集用户调整潮流过程中发电机、负荷的投切情况或有功功率、无功功率的调整情况，以及变压器、线路、串/并联电容电抗器、静止无功补偿器、换流器等的投切情况。可采用可视化埋点技术，用户调整潮流时在可视化界面上编辑潮流作业后提交计算，用户调整潮流的所有动作和调节类型将在后台数据库中存储。数据采集的埋点方案如图 3-13 所示。

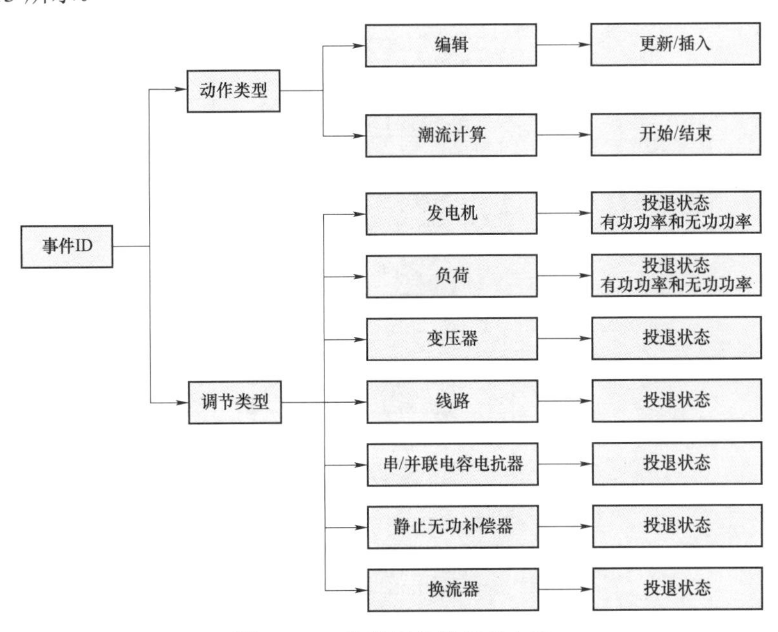

图 3-13　数据采集的埋点方案

3.4.3.2　用户调整潮流行为建模

上节采集的用户调整潮流行为的数据是基于文本的数据，这种数据在时序上有一定的关联关系，适合于 LSTM 建模。LSTM 算法原理和 LSTM 模型训练方法已在第 2 章介绍，这里主要介绍基于 LSTM 的用户调整潮流行为建模方法及 LSTM 模型实验结果。

1. 基于 LSTM 的用户调整潮流行为建模[12]

由于用户调整潮流的动作类似于时序问题，而 LSTM 模型可以利用遗忘门、输入门和输出门的工作原理学习时间序列上的动态特征，因此可用 LSTM 模型进行用户调整潮流行为建模。用户进行潮流调整时，调整发电机的有功功率和无功功率或者调整负荷量时往往带有规律性，利用 LSTM 模型可以有效地捕捉到这种变化规律，进而模拟用户调整潮流的行为动作，后续可在此基础上生成潮流样本。基于 LSTM 的用户调整潮流行为建模的工作过程如下：

（1）读取用户调整潮流行为数据中的设备名称。

（2）将用户调整潮流行为的所有设备名称看成一个具有时间序列的数据，作为 LSTM 模型的输入。

（3）将数据经过 LSTM 模型不断地学习和训练。

（4）最后可通过 LSTM 模型得到规律的设备调整顺序，当用户输入一个设备元件名称时，调用训练好的模型即可输出下一个调整的设备元件名称或几个调整设备元件名称的组合。

本节以国调中心冬季滚动、夏季滚动运行方式数据（包括 18 个网省公司的用户调整潮流行为数据）经过数据转换和数据清洗后的每条动作数据作为 LSTM 模型的输入，将下一时刻的待调整电网设备名称作为输出。各属性值通过非线性变换同时结合 LSTM 时序联系，由 Softmax 分类器预测下一个时刻 n 个不同设备 v_i（$i=1,2,\cdots,n$）出现的概率 $p(v_i)$（$i=1,2,\cdots,n$），并根据 n 个设备出现概率的最大值确定调整设备的名称。基于 LSTM 模型的潮流样本生成架构如图 3-14 所示。

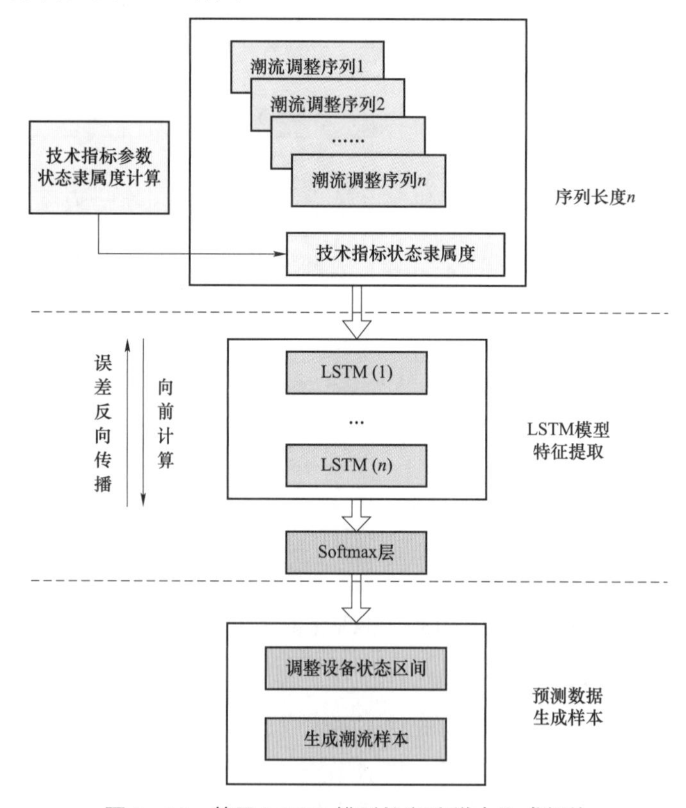

图 3-14 基于 LSTM 模型的潮流样本生成架构

（1）建立 LSTM 模型。建立具有两层隐藏层的 LSTM 模型，第一层为 firLSTM 模型，隐藏层神经元个数为 20；第二层为 secLSTM 模型，分别采用小、中、大三种规模的模型，隐藏层神经元个数分别为 200、650、1500，模型的迭代次数分别为 20、35、35。引入 keras 框架的 Sequential、Dense、Activation、Dropout 和 LSTM 函数库。三种规模的 secLSTM 模型详细参数如表 3－3 所示。

表 3－3　　三种规模的 secLSTM 模型详细参数

模型规模	隐藏层神经元个数（hidden_size）	迭代次数（num_step）	梯度下降率（lr_decay）	使用数据轮数（max_epoch）
小	200	20	0.5	13
中	650	35	0.8	39
大	1500	35	0.8	55

（2）损失函数。损失函数度量的是预测值与真实值之间的差异。损失函数通常写作 $L(y,y')$，其中 y' 代表预测值，y 代表真实值。在上述模型中损失函数采用 seq2seq 库中的 sequence_loss 函数，代表当前输入序列的交叉熵。

（3）模型评价。在信息论中，困惑度（perplexity）是用来评价一个语言模型预测性能好坏的标准，可以用来对比语言模型的性能。困惑度越低，代表模型的预测性能越好。困惑度 p_{p} 可表示为：

$$
\begin{aligned}
p_{\mathrm{p}}(S) &= p(w_1,w_2,\cdots,w_N)^{-\frac{1}{N}} \\
&= \sqrt[N]{\frac{1}{p(w_1,w_2,\cdots,w_N)}} \\
&= \sqrt[N]{\prod_{i=1}^{N}\frac{1}{p(w_i \mid w_1,w_2,\cdots,w_{i-1})}}
\end{aligned}
\tag{3-22}
$$

式中：S 代表语言模型中的整个句子；N 代表句子长度；$p(w_i)$ 为第 i 个词出现的概率。p_{p} 越小，$p(w_i)$ 则越大，期望的句子出现的概率就越高。

LSTM 模型适合语言模型的预测，例如 LSTM 模型可以写小说或诗词，采用大量的文章和诗词作为输入，通过训练可以实现自动写小说或诗词。用户调整潮流的过程类似于一个语言序列，采用海量的用户调整潮流行为数据作为输入，经过 LSTM 模型训练，可以实现当用户选择一个设备元件进行调整的时候，模型可以自动搜索到下一个可以调整的设备元件。因此，困惑度也可以作为预测调整电网设备的 LSTM 模型的好坏，通过调整 LSTM 模型隐藏层的神经元个数和大小以及迭代的轮数可以将困惑度降到更低，模型效果更好。

2. LSTM 模型实验结果

根据前述方法，利用收集的数据和建立的 LSTM 模型进行实验，具体步骤如下：

（1）收集选取样本，将样本按照 7:3 比例划分为训练集和测试集，本书选取从数据中整理出的 3 万条操作记录，涉及 6000 多个设备。

（2）读取训练集中的每条用户调整潮流记录，提取出记录中的特征即设备名称作为输入，采用 Softmax 方法进行归一化处理。

（3）模型训练。利用步骤（1）建立的训练集和测试集，将数据输入给 LSTM 模型进行训练。不同规模的模型，随着隐藏层神经元和迭代次数的增加，训练模型所花费的时间也会增加。

实验所使用的计算机操作系统为凝思 Linux-2.6.32，CPU 为 E5-2680，主频 2.4GHz，内存 128G，硬盘 480GB，开发环境 Python 3.5。使用 Keras 2.0.8 及 TensorFlow 1.4 作为后端训练神经网络模型的框架。分别利用小、中和大规模的 LSTM 模型的测试结果如图 3－15 所示。

LSTM 模型搜集到的设备个数为 6035，用户调整记录为 31592 条，在迭代开始时困惑度为 6035，这基本上相当于从 6000 多个设备中随机选择下一个设备，而通过模型训练后，小、中、大三种规模的 LSTM 模型的困惑度由 6035 分别降低到 73.35、52.80、3.347，这表明通过训练，小、中、大规模的模型分别将选择下一个设备的范围从 6000 多个减小到了约 73、52、3 个，由此可以看出大规模的模型在设备搜索范围方面优于中、小规模的模型。但随着模型复杂度的增加，其耗时也相应增加，三种规模的 LSTM 模型的训练耗时如图 3－16 所示。

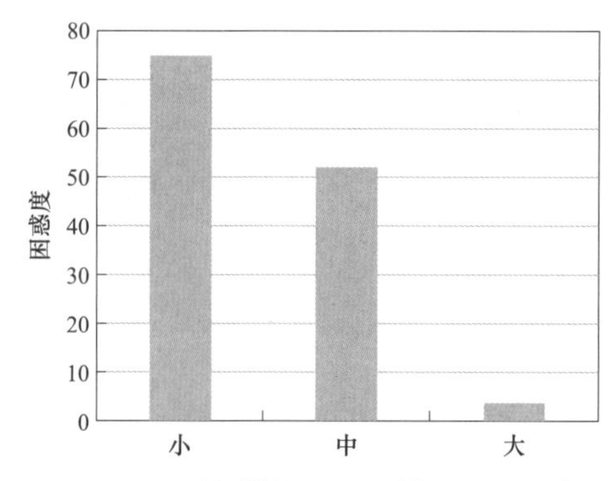

图 3－15　三种规模的 LSTM 模型的测试结果

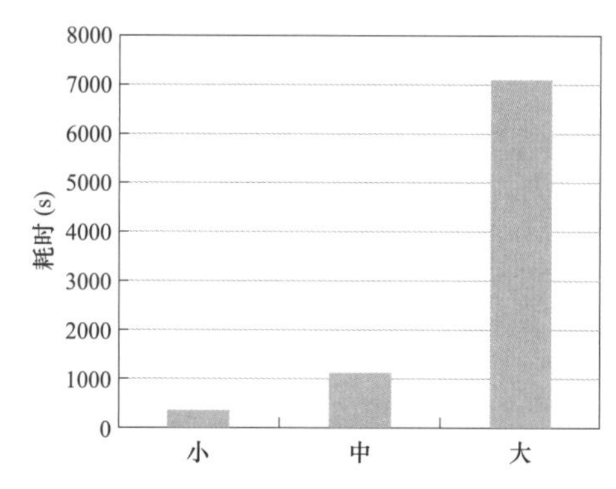

图 3－16　三种规模的 LSTM 模型的训练耗时

3.4.3.3　基于 LSTM 模型的潮流样本生成方法

目前，现有电网运行方式样本主要来源于在线数据和离线数据。在线数据样本为自动生成的实际运行方式，样本数据量大，但分布不均匀，相似样本多，典型性不强；离线数据样本为人工调整的研究样本，典型性强，大部分分布于电网稳定边界，但数据量小，难以覆盖电网所有的工况。利用基于离线数据的用户调整潮流的行为数据建立 LSTM 模型，生成运行方式（潮流）样本，对在线数据进行补充，可以增加样本的多样性和均衡性，为更有效地提取电网运行规律提供条件，为人工智能技术和其他应用场景提供充足的样本数据支撑。

基于 LSTM 模型生成样本集时，首先指定在线数据的电网潮流文件和调整次数。由于电力系统离线数据和在线数据分别独立管理，其设备命名不尽相同，需要根据离线和在线设备名称进行转换。利用 LSTM 模型生成潮流样本流程如图 3－17 所示。任意指定在线数据的某一个设备，转换成离线设备名称，然后调用 LSTM 模型生成下一个调整设备名称，直至达到一定的次数（本书设定调整次数为 10），形成调整序列。将调整序列的离线设备名称再转换成在线数据的设备名称，最后按照一定的调整规则修改在线数据的潮流文件，经过潮流计算形成潮流样本。

调整过程遵循以下规则：

（1）下调发电机和负荷的功率。调整过程分为两种情况：① 下调功率时首先按照指定步长的 15%下调负荷的有功功率和无功功率，直至功率减少至原来的 50%，机组的功率保持不变；② 按照指定步长的 15%同时下调负荷的有功功率和无功功率、机组的有功功率，直至功率减少至原来的 50%。在调整过程中，负荷和发电机的有功功率为负时均不参与调整，平衡机组的有功功率和无功功率、*PQ* 节点发电机的无功功率不参与调整。

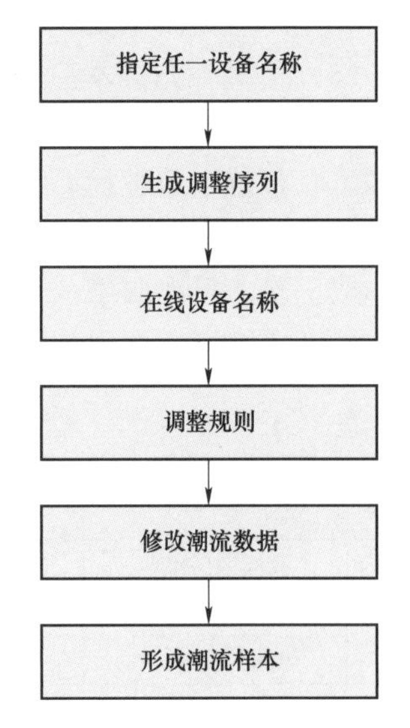

图 3-17　利用 LSTM 模型生成潮流样本流程

（2）上调发电机和负荷的功率。上调功率时按照指定步长的 15%来调整，同时上调负荷的有功功率和无功功率、机组的有功功率，直至增大至原来功率的 3 倍。若调整过程中发电机有功功率超过了实际最大值，则按照最大值来调整。在调整过程中，负荷和发电机的有功功率为负时均不参与调整，平衡机组的有功功率和无功功率、*PQ* 节点发电机的无功功率不参与调整。

3.4.3.4　算例验证

在线安全稳定分析最本质的研究对象是电力系统的运行方式，在线分析是针对当前或某种可能发生的运行方式，来评估其稳态状态，发现其中的隐患，并通过调整运行方式来保障系统安全稳定。随着交直流混联电网和新能源技术的发展，未来在线分析需要面对的运行方式更加多样、复杂、易变。机器学习技术为解决面向分析型调度的在线安全稳定分析的响应速度和实时性问题提供了有益的参考和借鉴，但其样本存在不完整、不均衡等问题，影响机器学习模型的性能。本节采用基于图卷积网络的电网暂态稳定判别（简称判稳）模型进行样本生成方法有效性的验证。

采用某省 2018 年 7 月的在线运行方式数据，5min 一个断面，按照此模型生成补充潮流样本，再结合电网故障集，经过暂态稳定计算，可以生成海量的电网稳定分析样本。利用在线数据样本、模型补充样本、随机补充样本进行判稳模型的训练和测试。利用训练集对模型进行训练，利用验证集来调整模型的超参数，并对模型的性能进行初步评估，利用测试集对训练好的模型进行模型性能的最终评估。

通过比较正确率和召回率来判断样本生成方法的好坏。正确率、召回率、在线数据样本、模型补充样本、随机补充样本的说明如下：

（1）正确率：失稳或稳定判断正确的故障个数/所有故障个数。

（2）召回率：判断出来失稳的故障个数/所有失稳的故障个数。

（3）在线数据样本：分别取某省 2018 年 7 月某一天的数据进行训练和验证，其中每天的数据有 288 个运行方式，每个运行方式有 287 个故障，训练集和测试集的比例为 7:3。验证集和测试集采用的样本为同一数据样本集合。

（4）模型补充样本：利用 LSTM 模型基于在线数据生成潮流样本，然后利用预想故障集生成稳定分析样本集进行样本补充，补充的样本加上在线数据样本统称为模型补充样本。取有效样本进行训练，其中预想故障集的个数为 287 个。训练集和验证集的比例为 7:3。

模型补充样本的测试集和在线数据的测试集保持一致。

（5）随机补充样本：在在线数据基础上利用随机策略生成潮流样本，然后利用预想故障集生成稳定分析样本集，进行样本补充，补充的样本加上在线数据样本统称为随机补充样本。取有效样本进行训练，其中预想故障集的个数为 287 个。训练集和验证集的比例为 7:3。随机补充样本的测试集和在线数据的测试集保持一致。

取三次，每次取某一天的在线数据样本，在此基础上产生模型补充样本、随机补充样本。判稳模型在不同类型样本上的结果如表 3－4 所示。

表 3－4　　判稳模型在不同类型样本上的结果

次数	样本类型	运行方式个数	补充样本数	模型训练时间（s）	正确率（%）	召回率（%）	效率提升率（%）
1	在线数据样本	288	—	110.6	82.80	99.60	—
	模型补充样本	588	300	212.0	97.31	99.70	46.90
	随机补充样本	853	565	310.2	93.44	99.66	—
2	在线数据样本	288	—	112.7	86.66	97.64	—
	模型补充样本	672	384	218.8	94.01	99.71	30.18
	随机补充样本	838	550	312.2	90.30	97.81	—
3	在线数据样本	288	—	125.0	87.44	96.25	—
	模型补充样本	615	327	230.2	94.21	96.53	43.43
	随机补充样本	866	578	312.0	92.80	96.52	—

分别利用模型和随机的方法生成新样本补充到原有在线数据样本中，用补充后的样本来训练判稳模型，在两者判稳正确率相当的情况下，通过生成的新样本数（即补充样本数）来度量样本生成效率。在正确率相当的前提下，补充样本数越少，则代表模型生成样本的效率越高。模型方法的样本生成效率的提升率 η 为：

$$\eta=\frac{N_{\mathrm{R}}-N_{\mathrm{M}}}{N_{\mathrm{R}}}\times 100\% \tag{3-23}$$

式中：N_{R} 为采用随机策略生成样本的样本数；N_{M} 为采用 LSTM 模型生成样本的样本数。

由表 3－4 可知，同一数据源下补充样本后，不论是采用随机策略补充还是模型补充，算法的正确率和召回率都有一定的提高。与采用随机策略生成样本相比，在正确率相当的情况下，LSTM 模型生成样本的效率大幅度提升。例如，第 1 次的测试结果中，在正确率相当的情况下，LSTM 模型生成新样本的效率提升了 46.90%（即 $\eta=\frac{565-300}{565}\times 100\%=46.90\%$）。

3.5　电网分析样本压缩方法

3.5.1　基于稳态特征的电力系统快速判稳

基于在线数据对电力系统稳定性进行快速判断，长期以来都是数据挖掘技术在电网分析领域应用的一个重要方面，其成果可用于解决在线计算故障集的快速筛选、紧急情况下的快速决策等问题。考虑到我国电网运行控制的实际情况，本章的快速判稳研究主要针对在线计算时故障的快速筛选，即为现有动态安全分析的 $N-1$ 故障集增补新的故障。例如，对系统 500kV 交流线路后备保护动作故障情况进行快速判稳，而后将判断为失稳的结果补充到动态安全分析的 $N-1$ 故障集中，从而在计算量增加有限的情况下，使动态安全分析能够考虑更多的故障情况。

已有的快速判稳方法大多从在线数据和计算结果中提取稳态特征和动态特征作为数据分析的基础。前者可由基础数据以及潮流计算、短路电流计算等稳态计算和故障分析得到，后者需要通过暂态稳定计算得到，或通过广域量测系统采集得到。为了与在线分析相配合，这种暂态稳定计算通常仅进行几步计算以减少耗时，广域量测系统也仅采集极短时间内的数据。从已有的成果看，基于含有稳态和动态特征的分析数据，使用常规的数据分析算法已可获得较为满意的结果。但由于无法避免暂态稳定计算，其仍需要较多的硬件资源，或需要通过广域量测系统采集数据，系统实现也较为复杂。

在电力系统在线计算数据中，元件的模型及参数通常不会经常改变。若在两个时刻系统的稳态运行点相同，在发生相同故障的情况下，在线稳定计算结果也应相同。根据惯常理解，随着运行方式的连续变化，电力系统稳定性也会随之变化，两者是密切关联的，这为使用稳态特征直接判断系统稳定性提供了可能。从实际工作方式来看，电网运行控制的惯常作法是首先进行运行方式计算，给出具有指导意义的结论和策略；然后在调度运行中，当稳态测得的物理量与运行方式计算对应的物理量相近时，可认为系统具有运行方式计算结论中得到的特点，进而采取预定策略。这一过程实际上可以看作仅通过与已有计算结果比较稳态量而确定系统特征，包括稳定性。

基于现有理论，很难直接建立起系统稳态特征与稳定性间的明确关系，因此可以采取分步策略。首先，将与系统稳定性相关的特征分为表征系统运行状态和故障情况两大类，认为系统是否能够保持稳定与故障发生时刻系统的运行状态和故障冲击有关；然后，分别寻找与表征系统运行状态和故障冲击相关的稳态特征，认为系统的稳定性由这两类特征刻画。从理论上讲，这一策略有效的前提是元件模型及其参数不变，而在线计算数据通常符合这一要求。

在确定上述特征量的基础上，判稳问题就是一个分类问题，进而可以采用合适的分类算法进行处理。为了对分类模型进行训练和测试，需要基于离线仿真计算生成足够数量的样本或通过收集在线历史运行方式得到。但是，由于实际电网的运行特点，失稳和稳定样本分布极度不均衡，影响分类算法的性能，需要进行样本压缩处理以获得合适的样本集。

3.5.2　实际电网稳定分析样本的特点

以某大区电网为分析对象，对 500kV 交流线路后备保护动作故障情况进行快速判稳。经计算发现，对于该大区电网可能出现的后备保护动作，系统失稳的可能性在 2.5%左右。也就是说，假设每天 96 个计算时刻，每个时刻考虑 80 余个 500kV 线路故障后备保护动作的情况下，系统总的失稳故障样本平均在 200 个左右。稳定故障样本（简称稳定样本）与失稳故障样本（简称失稳样本）的比例达到 39:1，样本分布极度不均衡。

基于某月该大区电网的在线历史数据生成了样本集，初步尝试使用 SVM 对取得的样本进行分析，发现分类效果很差，几乎无法识别测试样本集中的失稳样本。这主要是由于失稳样本所占比例太小，导致训练过程中对稳定样本出现了过拟合。

解决该问题主要有两个策略，一是增加样本的多样性，进而增加失稳样本；二是减少稳定样本。前文 3.4 节所介绍的样本生成技术采用的是前一策略。本节介绍另一策略，即采用扩展边界的方式，也就是将一部分与失稳样本接近的稳定样本标记为失稳，从而增加失稳样本数量，并在此基础上完成对稳定样本的压缩，最终得到均衡的样本集。

3.5.3 失稳样本的扩展

将与失稳样本接近的稳定样本标记为失稳，相当于认为系统的稳定性在该样本与失稳样本间发生了改变。失稳样本扩展可能会导致最后判稳得到的失稳故障比实际失稳故障多，即增加了对稳定故障的误判率，是以进行更多的时域仿真计算为代价，提高学习效果和对失稳故障的覆盖率。其主要目标是达到两者的均衡点，即实现在预定时间内完成数据分析计算并覆盖失稳故障的前提下，尽可能减少无效的时域仿真计算。事实上，作为一种非机理分析方法，任何机器学习手段在现阶段都不可能达到“找且仅找到所有失稳故障”的效果，因此判定结果中必要的冗余是不可避免的。

如前所述，扩展失稳样本最直接的方式是寻找与之接近的稳定样本，但样本间距离的测度有不同的方法，最常见的是计算欧氏距离或余弦角。由于在 SVM 中，样本都是映射到核空间进行分类的，因此更合适的方式是在核空间中寻找失稳样本附近的稳定样本。

若每次取一个失稳样本，将其与稳定样本共同放在核空间中使用 SVM 进行分类计算，则得到的稳定样本支持向量就可以认为是在 SVM 分类意义下与失稳样本最接近的稳定样本。因为支持向量理论上是与分类面最接近的样本，当失稳样本只有一个时，它们必定是在 SVM 分类意义下与失稳样本最接近的。

之所以强调 SVM 分类意义下，是因为这种距离测度是基于 SVM 计算的，其所得结果与其他方法可能不尽相同。例如，稳定样本支持向量同与失稳样本欧氏距离最近的稳定样本一般不同，更重要的是，失稳与稳定的判定本质上是分类，支持向量正是反映了这一特征。

由于 SVM 计算的参数可变动，因此取不同的参数所得的支持向量也可能有所不同。考虑到一定程度的冗余，在计算时 SVM 的参数取软件提供的默认参数，而不是很高的惩罚值 c，这样得到的支持向量略多。

设初始的单日失稳样本集为 S_{n1}，因扩展新增的失稳样本集为 S_{n2}，扩展后的失稳样本集为 S_{n3}，则有：

$$S_{n2} = svm\_sup(Y_i),\ Y_i \in S_{n1}, i = 1,2,\cdots,N, N = num(S_{n1}) \tag{3-24}$$

$$S_{n3} = S_{n1} \cup S_{n2} \tag{3-25}$$

式中：$svm_sup()$为寻找稳定样本支持向量并将其标记为失稳样本的运算；Y_i 为 S_{n1} 中的单个样本；$num()$为样本集的个数统计运算。

设初始的单日稳定样本集为 S_{jb}，与 S_{n2} 对应的初始稳定样本为 $S_{n2\mathrm{jb}}$，则扩展后的单日样本集 S_{kzjb} 可以表示为：

$$S_{\mathrm{kzjb}} = S_{\mathrm{jb}} - S_{n2\mathrm{jb}} + S_{n2} \tag{3-26}$$

式中：－表示集合相减运算；＋表示集合相加运算。可见，扩展运算并不改变样本的个数，只是改变其中部分样本的标签。

需要注意的是，失稳样本集的扩展可以按照单日或单时间断面进行，也可以在多日的数据集合中进行，所得的结果可能不尽相同，需结合实际问题考虑。

3.5.4 稳定样本的压缩

经过样本的扩展可以有效增加样本集中的失稳样本，但其总量依然很难超过样本总数的 20%，大多在 10%以内，分类效果仍不理想，因此需要考虑对稳定样本进行压缩。由于我国电力系统大多数时候运行都有一定的裕度，所以大量的稳定样本实际上与分类面都会有一定距离，而对分类有意义的更多的是与分类面接近的稳定样本。

基于上述分析，对扩展后的样本集再次采用 SVM 进行分类，即先选取大的惩罚值 c，基于样本集训练模型，而后再用该模型对样本集进行分类计算。之后，选取与分类面距离最近的 $num(S_{n3})$个稳定样本与失稳样本组合形成新的样本集。该处理实质上是在核空间寻找与 S_{n3} 在 SVM 分类意义下最近的 $num(S_{n3})$个稳定样本。经过该步处理，新的样本集中失稳与稳定的样本个数相等，总量较之初始样本集平均可减少约 80%，有效解决了稳定样本的过拟合问题，并压缩了样本总数。

设样本压缩处理后的样本集为 S_{js}，压缩后的稳定样本集为 S_{wd}，则 S_{js} 可表示为：

$$S_{\mathrm{wd}} = svm\_sj(S_{\mathrm{kzjb}}, S_{n3}) \tag{3-27}$$

$$S_{\mathrm{js}} = S_{n3} \cup S_{\mathrm{wd}} \tag{3-28}$$

式中：$svm_sj()$为基于 SVM 的稳定样本压缩运算。

需要注意的是，稳定样本的压缩可以按照单日或单时间断面进行，也可以在多日的数据集合中进行，所得的结果可能不尽相同，需结合实际问题考虑。

通过对失稳样本的扩展和稳定样本的压缩，能够得到失稳样本与稳定样本 1:1 的样本集，显著改善样本分布，处理后的样本集如图 3－18 所示，其中黑色实心方点表示原始的失稳样本；黑色实线表示样本扩展计算中得到的 SVM 分类面；黑色实心圆点表示与之相对应的稳定样本支持向量，这些支持向量的集合就是扩展的失稳样本集 S_{n2}；黑色空心圆点是剩余的稳定样本，按照样本压缩算法保留与 S_{n3} 相同数量的稳定样本，最终得到黑色圈框定的最终样本集 S_{js}。

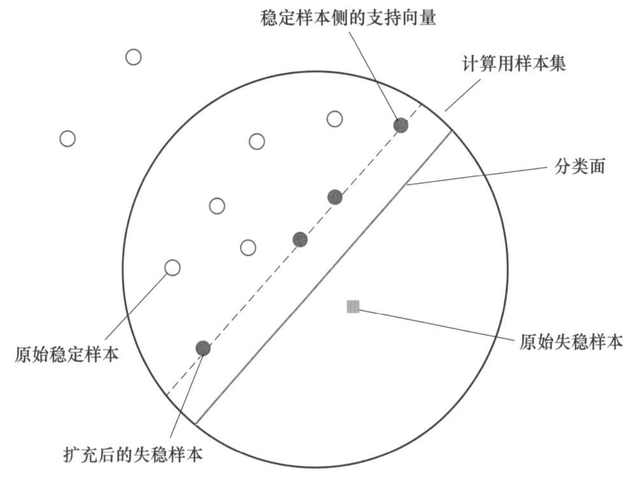

图 3－18 失稳样本扩展和稳定样本压缩后的样本集

采用上述方法基于某年某月国家电网公司数据，对某大区所有的500kV线路故障进行测试，全网母线数目达到35000级别，故障持续时间考虑500kV交流线后备保护动作，单日计算数据规模达到2GB。

为了评估快速判稳的效果，定义以下指标：

（1）可靠度K_{KD}：

$$K_{KD}=(S_{TF}-L_{PF})/S_{TF}\times 100\% \tag{3-29}$$

式中：L_{PF}为漏判故障总数；S_{TF}为实际失稳故障总数。

（2）冗余度R_{YD}：

$$R_{YD}=(P_{DS}-P_{DF})/P_{DS}\times 100\% \tag{3-30}$$

式中：P_{DS}为经判定后需计算的故障数；P_{DF}为P_{DS}中实际失稳的故障数。

（3）故障计算压缩率Y_{SL}：

$$Y_{SL}=(S_{F}-P_{DS})/S_{F}\times 100\% \tag{3-31}$$

式中：S_{F}为总的待计算故障数。

K_{KD}用于衡量快速判稳算法对失稳故障的漏判情况，是主要指标，其值应尽可能为1；R_{YD}用于衡量快速判稳算法对稳定故障的误判情况，是次要指标，其值应尽可能为0；Y_{SL}用于衡量算法对计算故障的压缩率，是次要指标，其值越大越好。

采用文献［1］提出的特征量形成初始样本集，如果直接使用SVM进行训练和测试，则K_{KD}近似于0，效果极差。采用上述样本扩展、压缩方法，在选取某天前5日的历史数据作为训练样本，某天的数据作为测试样本时，对于该月第8日到第31日（第6、7日数据缺失）总共需判定的161058个故障，K_{KD}可以达到95.28%，R_{YD}达到75.67%，Y_{SL}达到83.67%。算法性能得到极大改善，基本达到实际应用水平。

3.6 小　　结

本章主要介绍小样本问题解决方法。首先，介绍数据挖掘中小样本问题的解决方案，分析了不同解决方案的优缺点，进而提出在机器学习领域解决小样本问题有效的方法是生成海量的有效样本数据，或者削减数据需求。其次，介绍了样本生成的通用方法，包括插值法、数据采样方法和生成对抗网络。接下来从实际应用出发分析了电网分析样本的需求及解决方案，着重介绍了两种常用的电网分析样本生成技术：基于蓝噪声采样的潮流样本生成技术和基于LSTM的潮流样本生成技术。最后，结合电力系统快速判稳问题介绍了一种削减数据需求的方法——电网分析样本压缩方法。

本章参考文献

［1］黄彦浩，于之虹，史东宇，等. 基于海量在线历史数据的大电网快速判稳策略［J］. 中国电机工程学报，2016，36（3）：596-603.

［2］GOODFELLOW I J，POUGET-ABADIE J，MIRZA M，et al. Generative adversarial networks［C］//

International Conference of Neural Information Processing System. 2014：2672－2680.

[3] VAPNIK V，LEVIN E，CUN Y L. Measuring the VC-dimension of a learning machine [J]. Neural Computation 1994，6（5）：851－876.

[4] POGGIO T，VETTER T. Recognition and structure from one 2D model view：observations on prototypes，object classes and symmetries[J]. Laboratory Massachusetts Institute of Technology，1992(1347)：1－25.

[5] 巩虹霏．虚拟样本生成技术研究与工业建模应用 [D]．北京：北京工业大学，2018.

[6] NIYOGI P，GIROSI F，POGGIO T. Incorporating prior information in machine learning by creating virtual samples [J]. Proceedings of the IEEE，1998，86（11）：2196－2209.

[7] HUANG C，MORAGA C. A diffusion-neural-network for learning from small samples [J]. International Journal of Approximate Reasoning，2004，35（2）：137－161.

[8] TANG J，JIA M，LIU Z，et al. Modeling high dimensional frequency spectral data based on virtual sample generation technique [C] //2015 IEEE International Conference on Information and Automation（ICIA）. 2015：1090－1095.

[9] MAO R，ZHU H，ZHANG L，et al. A new method to assist small data set neural network learning[C]// IEEE Intelligent System Design and Applications. 2006：17－22.

[10] 于浩洋，尹良，李书芳，等．生成对抗网络小样本雷达调制信号识别算法 [J]．西安电子科技大学学报，2021，48（6）：1－6.

[11] 孙曦音，封化民，刘飚，等．基于 GAN 的对抗样本生成研究 [J]．计算机应用与软件，2019，36（7）：202－207.

[12] 陈继林，陈勇，田芳，等．基于 LSTM 算法的电网仿真样本生成方法 [J]．中国电机工程学报，2019，39（14）：4129－4135.

[13] 马东升，董宁．数值计算方法 [M]．3 版．北京：机械工业出版社，2015.

[14] 汪江平．基于中点插值的非线性虚拟样本生成方法的研究及其建模应用 [D]．北京：北京化工大学，2019.

[15] 谭本东，杨军，赖秋频，等．基于改进 CGAN 的电力系统暂态稳定评估样本增强方法 [J]．电力系统自动化，2019，43（1）：149－157.

[16] LIU C，KAI S，RATHER Z H，et al. A systematic approach for dynamic security assessment and the corresponding preventive control scheme based on decision trees [J]. IEEE Transactions on Power Systems，2014，29（2）：717－730.

[17] THAMS F，VENZKE A，ERIKSSON R，et al. Efficient database generation for data-driven security assessment of power systems [J]. IEEE Transactions on Power Systems，2019，35（1）：30－41.

[18] REINERT B，RITSCHEL T，SEIDEL H P，et al. Projective blue-noise sampling[J]. Computer Graphics Forum，2016，35（1）：285－295.

[19] YELLOTT J I. Spectral analysis of spatial sampling by photoreceptors：topological disorder prevents aliasing [J]. Vision Research，1982，22（9）：1205－1210.

[20] BALZER M，SCHLOMER T，DEUSSEN O. Capacity-constrained point distributions：a variant of lloyds method [J]. Acm Transactions on Graphics，2009，28（3）：617－624.

[21] MENG X B，LI Y L，SHI D Y，et al. A method of power flow database generation base on weighted sample elimination algorithm [J]. Frontiers in Energy Research，2022，10：919842.

［22］ COOK R L. Stochastic sampling in computer graphics［J］. Acm Transactions on Graphics，1986，5（1）：51－72.

［23］ YUKSEL C. Sample elimination for generating poisson disk sample sets［J］. Computer Graphics Forum，2015，34（2）：25－32.

［24］ 王甜婧，汤涌，郭强，等. 基于知识经验和深度强化学习的大电网潮流计算收敛自动调整方法［J］. 中国电机工程学报，2020，40（8）：2396－2406.

［25］ 胡伟，郑乐，闵勇，等. 基于深度学习的电力系统故障后暂态稳定评估研究［J］. 电网技术，2017，41（10）：3140－3146.

［26］ HOCHREITER S，SCHMIDHUBER J. Long short-term memory［J］. Neural Computation，1997，9（8）：1735－1780.

暂 态 稳 定 评 估

4.1 概　　述

电力系统暂态稳定是指电力系统受到大干扰后，各同步电机保持同步运行并过渡到新的或恢复到原有运行方式的能力。大干扰包括短路故障，切除或投入线路、发电机、负荷，发电机失磁或者冲击性负荷作用等[1]。通常指大干扰暂态功角稳定。

分析电力系统暂态稳定的主要方法包括时域仿真法（又称逐步积分法）和直接法（又称能量函数法）。时域仿真法基于描述电力系统状态的一组联立的微分和代数方程，采用梯形隐式积分法等数值积分方法进行求解，得到离散时间序列点上的母线电压、线路功率、发电机功角等变量，然后根据发电机功角相对变化情况来判断系统暂态稳定性。一般采用机电暂态仿真方法，当需要详细分析直流输电系统动态响应过程时，可采用机电－电磁暂态混合仿真方法。

直接法基于李雅普诺夫直接法稳定性原理，通过比较干扰结束时电力系统的暂态能量函数值和临界值，直接判断大干扰下的稳定性，并可给出系统的暂态稳定域或稳定裕度。主要包括相关不稳定平衡点法、势能边界法和扩展等面积法等。

时域仿真法计算速度较慢、量化分析困难，但计算精度高、结果直观，在电力系统规划、运行中有不可替代的作用，是在线稳定分析的重要计算手段。直接法计算速度快、有量化分析能力，但采用简化的元件模型，误差较大，在在线安全稳定分析系统中常用来进行暂态稳定故障筛选。

近年来，机器学习方法在电力系统暂态稳定评估中逐渐得到应用。这类方法不考虑或较少考虑电网模型本身，而是基于大量的数据样本，自动发掘数据间的关联关系，来实现预测稳定结果或稳定裕度的目的。主要包括支持向量机、决策树、人工神经网络等浅层学习方法，以及深度置信网络、堆叠自动编码器、卷积神经网络（convolutional neural network，CNN）等深度学习方法。受训练样本和方法制约，该类方法无法保证100%准确，常用于故障筛选。

三类方法对比如表 4－1 所示。本章主要介绍基于支持向量机和卷积神经网络的暂态稳定评估方法[2-3]。

表 4-1　三类方法对比

对比内容	时域仿真法	直接法	机器学习方法
电网建模	需要详细的电网模型，包括静态模型和动态模型	简化的电网模型	不需要或部分需要
输入数据	故障前的全网潮流结果	故障前的全网潮流结果	通常为部分稳态特征或动态特征，或者两者的结合
输出结果	稳定结果、各类变量随时间变化的曲线	稳定结果和稳定裕度	稳定结果或稳定裕度
计算时间	机电暂态仿真为秒级，机电-电磁暂态混合仿真为分钟级	秒级	模型训练时间较长（通常为分钟到小时级），判稳时间极短（毫秒级）
准确性	模型和参数准确的前提下，可以保证稳定结果准确可靠	无法保证 100%准确	无法保证 100%准确
用途	电网规划方案校核、运行方式计算、在线安全预警、控制策略制定等	快速判稳、故障筛选等，不能直接应用结果，需要进一步校核	快速判稳、故障筛选等，不能直接应用结果，需要进一步校核

4.2　特　征　量

用于暂态稳定评估的特征量有两类：一类是稳态特征量，是指系统在遭受大干扰之前的物理量及由这些物理量统计得到的综合量，如发电机有功功率、无功功率、母线电压等，这部分特征量可通过数据采集与监控系统（supervisory control and acquisition，SCADA）采集后经状态估计后得到，如表 4-2 和表 4-3 所示；另一类是动态特征量，是指系统在遭受大干扰之后，干扰持续期间和干扰后的量测量以及由这些量测量计算得来的一些统计量，如故障后短时间窗内各发电机的功角信息等，这部分特征量可通过相量测量装置（phasor measurement unit，PMU）/广域量测系统（wide area measurement system，WAMS）得到，也可经短时间的时域仿真后得到，如表 4-4 和表 4-5 所示[4-7]。

利用机器学习的方法进行暂态稳定评估有两种思路，一种思路是在故障（故障类型、位置及持续时间）确定的情况下，以表 4-2 和表 4-3 所示例的稳态特征量作为稳定判别的原始输入空间，建立给定故障下故障前系统潮流分布与故障后系统稳定状态之间的映射关系；另一种思路的原始输入空间包含故障发生时刻、故障期间和故障切除时刻的动态特征量（如表 4-4 和表 4-5 所示例的部分），其稳定评估独立于故障类型、位置及持续时间。后者的局限在于不能明确指出运行方式中哪些因素影响了稳定水平，同时其需要用到故障后系统的状态量作为稳定评估的输入，因而一旦判断结果是系统失稳，则只能采取措施进行紧急控制，代价较大。而前者利用故障前的系统潮流量进行稳定评估，可以明确影响系统稳定水平的因素，且一旦判断系统在相应故障发生后可能失稳，可以提前采取预防控制措施进行调整[8]。

本书主要介绍前一种思路的稳定评估方法，采用的输入特征量为稳态特征量。

表 4-2　稳态特征量（原始物理量）

物理量	物理量
母线电压幅值	负荷有功功率
母线电压相角	负荷无功功率
发电机有功功率	负荷功率因数
发电机无功功率	交流线路有功功率
发电机功率因数	交流线路无功功率
发电机有功储备	直流线路有功功率
发电机无功储备	直流线路无功功率
发电机机械输入功率	并联电容器投入容量
发电机转动惯量	并联电抗器投入容量

表 4-3　稳态特征量（统计量）

统计量	统计量
系统最高电压	系统总转动惯量
系统平均电压	区域总转动惯量
系统最低电压	系统总有功负荷
系统总有功发电	系统总无功负荷
系统总无功发电	区域总有功负荷
区域总有功发电	区域总无功负荷
区域总无功发电	系统总有功网损
系统总有功储备	系统总无功网损
系统总无功储备	区域总有功网损
区域总有功储备	区域总无功网损
区域总无功储备	输电断面有功功率
系统总机械输入功率	输电断面无功功率
区域总机械输入功率	

表 4-4　动态特征量（原始物理量）

物理量	物理量
故障发生时刻发电机有功功率	故障期间某时刻发电机相对于惯量中心的转子角
故障发生时刻发电机无功功率	故障期间某时刻发电机转子角速度
故障发生时刻发电机端电压	故障切除时刻发电机转子角
故障发生时刻发电机加速功率	故障切除时刻发电机相对于惯量中心的转子角
故障发生时刻发电机加速能量	故障切除时刻发电机转子角速度
故障发生时刻发电机加速度	故障切除时刻发电机转子动能
故障发生时刻发电机转子角	故障切除时刻领前机和殿后机的转子角的差值
故障发生时刻发电机相对于惯量中心的转子角	故障切除时刻领前机和殿后机的转子角加速度的差值
故障发生时刻发电机转子动能	故障发生到故障切除时刻发电机转子角变化

续表

物理量	物理量
故障发生时刻发电机所受的有功功率冲击	故障发生到故障切除时刻发电机端电压变化
故障期间某时刻发电机转子角	故障发生到故障切除时刻发电机转子角速度变化

表 4-5　　动态特征量（统计量）

统计量	统计量
故障发生时刻系统总有功发电	故障期间某时刻所有发电机相对转子角的最大值、最小值、平均值、方差
故障发生时刻系统总无功发电	故障期间某时刻所有发电机转子角速度的最大值、最小值、平均值、方差
故障发生时刻所有发电机端电压的最大值、最小值、平均值、方差	故障切除时刻所有发电机转子角的最大值、最小值、平均值、方差
所有发电机初始加速功率的最大值、最小值、平均值、方差	故障切除时刻所有发电机相对转子角的最大值、最小值、平均值、方差
所有发电机初始加速能量的最大值、最小值、平均值、方差	故障切除时刻所有发电机转子角速度的最大值、最小值、平均值、方差
所有发电机初始加速度的最大值、最小值、平均值、方差	故障切除时刻所有发电机的转子动能的最大值、最小值、平均值、方差
故障发生时刻所有发电机转子角的最大值、最小值、平均值、方差	故障切除时刻具有最大转子动能发电机的转子角
故障发生时刻所有发电机相对转子角的最大值、最小值、平均值、方差	故障切除时刻具有最大转子角发电机的转子动能
故障发生时刻所有发电机转子动能的最大值、最小值、平均值、方差	故障发生到故障切除时刻发电机转子角变化的最大值、最小值、平均值、方差
故障发生时刻所有发电机所受的有功功率冲击的最大值、最小值、平均值、方差	故障发生到故障切除时刻发电机端电压变化的最大值、最小值、平均值、方差
具有最大初始加速度发电机的初始相对转子角	故障发生到故障切除时刻发电机转子角速度变化的最大值、最小值、平均值、方差
故障期间某时刻所有发电机转子角的最大值、最小值、平均值、方差	

从表 4-2 至表 4-5 可以看出，用于暂态稳定评估的特征量众多，特别值得注意的是，表 4-2 和表 4-4 中的原始物理量随电网规模的增大而急剧增多。大量的特征量导致训练样本集庞大，训练速度和稳定评估效果难以满足应用要求。为提升训练速度和稳定评估效果，需要对上述特征量进行有效选择和提取。

上述特征量中，有很多特征量与稳定分类的相关性较弱，或与其他特征量的相似性较高，这部分特征量被称为冗余特征量。特征量选择和提取的主要目的是从众多特征量中找出那些有效的特征，去除冗余特征。其中特征量选择指的是从一组特征量中挑选出有效的特征量以降低特征空间维度；而特征量提取指的是将原始数据构成的高维空间映射或变换为一个低维的样本空间。

特征量选择主要采用遗传算法、模拟退火、粒子群优化、蚁群优化等智能优化方法和粗糙集化简、交叠概率算法、最大相关最小冗余准则等数据分析方法，存在计算速度慢、难以适应大电网等不足。特征量提取主要采用主成分分析等方法。主成分分析法可在不损失原始数据主要信息、不影响评估效果的前提下，用少量有代表性的综合特征代替原有的输入特征，显著降低了输入空间维度，但失去了特征量的原始物理意义。特征量提取也可采用机器学习方法，例如，文献［9］采用线性支持向量机进行特征量提取，对特征时间序列进行降维，但只适用于特征包含不同时间序列的情况。深度置信网络等深度学习算法可以自动地进行特征量的有效提取，文献［10］的研究表明，即使在含有无关输入特征的情况下，深度置信网络也能得到优越的暂态稳定评估性能。

4.3　基于 SVM/SVR 的暂态稳定评估方法

本章采用支持向量机（SVM）/支持向量回归（SVR）进行暂态稳定评估有两种思路：一种思路是先通过大量包含不同运行方式的样本（样本已提前标注为稳定或失稳）训练 SVM 模型，然后采用训练好的模型对当前运行方式进行分类，判别当前运行方式是稳定还是失稳；另一种思路是先通过大量包含不同运行方式的样本（样本已提前标注好故障临界切除时间）训练 SVR 模型，然后采用训练好的模型对当前运行方式进行故障临界切除时间预测，通过故障临界切除时间来判别当前运行方式稳定还是失稳。后者的主要优点是不仅可以判别系统稳定性，还可以给出稳定裕度指标，但不足是准备训练样本时需要求取故障临界切除时间，计算量大幅度增加。

4.3.1　方法和流程

基于 SVM/SVR 的暂态稳定评估流程如图 4-1 所示。包含离线训练和在线应用两个阶段。

（1）离线训练包括以下流程。

1）运行方式生成。一般是通过离线仿真计算，针对特定网络进行大量运行方式下的各种故障仿真，以得到暂态稳定评估样本集。也可以通过在线安全稳定分析系统，收集过去一段时间内的历史数据（包括运行方式及暂态稳定计算结果）作为样本集。但在线安全稳定分析系统收集到的历史数据，其运行方式的覆盖性并不全面，往往还需要大量的离线仿真计算作补充。离线仿真计算生成样本时，为了使运行方式样本的分布范围尽可能广，一般采用如下的方式来产生运行方式数据集：在初始潮流方式基础上，使负荷水平逐步增长、减少。对每个负荷水平，设置不同的负荷增长、减少方式

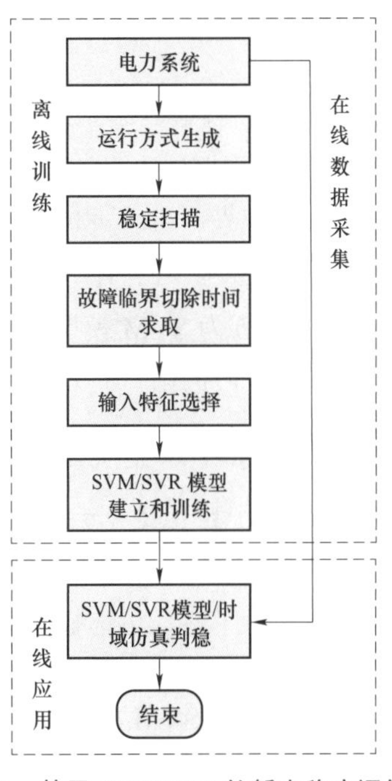

图 4-1　基于 SVM/SVR 的暂态稳定评估流程

和发电出力，并且考虑总发电与总负荷间的平衡。经过潮流计算，形成运行方式数据集。

2）稳定扫描。对运行方式数据集中的每个运行方式，针对预想故障集中的每个故障，采用时域仿真法判断系统是否稳定。此步骤仅 SVM 模型需要。

3）故障临界切除时间求取。对运行方式数据集中的每个运行方式，针对预想故障集中的每个故障，采用时域仿真法求取临界切除时间。此步骤仅 SVR 模型需要。

4）输入特征选择。特征量的选择对 SVM/SVR 模型效果至关重要。在特征量较多时，有时会掩盖主要特征，导致模型的效果不理想；特征量较少时，又可能无法全面表征系统状态，模型效果也不理想。这里根据经验采用发电机有功功率、负荷有功功率和关键线路有功功率作为输入特征。暂态稳定评估样本由样本输入特征和步骤 2）或步骤 3）得到的样本标签（稳定或失稳标签，或故障临界切除时间标签）组成。

5）SVM/SVR 模型建立和训练。建立 SVM 或 SVR 模型，采用径向基核函数。通过网格搜索结合五折交叉验证法得到最优惩罚因子和径向基核函数的参数。以 SVM 模型为例，将样本集随机分成 5 个大小相同且不相交的子集，每次取 1 个子集作为测试集，其余的 4 个子集作为训练集。将待搜索参数在一定的空间范围内划分成网格，遍历参数网格中所有的点。用训练集训练不同参数的 SVM 模型，将训练好的模型作用于测试集，得到测试集的分类正确率。这样循环进行 5 次，直到所有的子集都作为测试样本运行一遍。取 5 次所得分类正确率的平均值作为某组参数下的最终分类正确率值。分类正确率最大的那组参数则为最优参数。

（2）在线应用时，对于当前运行方式，结合 SVM/SVR 模型和时域仿真来判断系统是否稳定。当 SVM/SVR 模型评估出当前运行方式临近稳定边界（稳定裕度较小或失稳程度较低）时，进一步执行时域仿真，以提高稳定分类的正确率。具体地，对于 SVM 模型，设 $g(\boldsymbol{x})=\sum_{i=1}^{l}a_i y_i K(\boldsymbol{x}_i,\boldsymbol{x})+b$，当 $|g(\boldsymbol{x})|<\varepsilon$（即该样本与分类面的距离小于某一阈值）时，认为待评估的运行方式临近稳定边界，进一步执行时域仿真；对于 SVR 模型，当 $|t_{\mathrm{c}}-t_1|<\varepsilon$（即预测的故障临界切除时间与该故障的实际临界切除时间接近）时，认为待评估的运行方式临近稳定边界，进一步执行时域仿真。其中，$\boldsymbol{x}_i$ 为第 i 个样本的输入特征向量；y_i 为第 i 个样本的分类标识，$y_i\in\{-1,1\}$；l 为样本数；$\boldsymbol{x}$ 为当前待分类样本的输入特征向量；K 为核函数；α_i、b 为 SVM 模型的参数；t_{c} 为 SVR 模型预测的故障临界切除时间；t_1 为故障的实际临界切除时间。

4.3.2 SVM 综合分类模型

受文献［8］采用多个不同参数的分类器对结果进行综合的思路的启发，构造多个具有不同特征量的 SVM 模型[2]，按照保守性原则，对多个 SVM 模型的分类结果进行综合，一定程度上规避了特征量选择的问题。所谓保守性原则即最大限度地减少漏分类（将失稳样本判定为稳定）的样本数。

为此，对多个 SVM 模型的分类结果进行综合的方式为：对于某一测试样本，有 1 个分类模型判定为失稳，则归于失稳分类中；只有当所有的分类模型都判定为稳定时，才归于稳定分类中。这样可以降低漏分类数，其代价是提高了误分类（将稳定样本判定为失稳）

数。这样做的原因在于进行稳定评估时，对漏分类的容忍度更低，因漏分类对电力系统安全稳定性的影响要大得多。

图 4－2 给出了 SVM 综合分类模型示意，该图中各 SVM 模型所选取的特征量可以各不相同，也可以允许有部分交叉重叠。

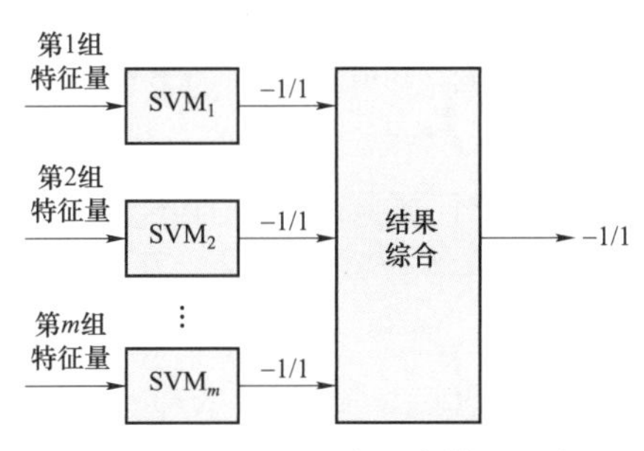

图 4－2　SVM 综合分类模型示意

在应用于在线暂态稳定评估时，为了便于对预想故障失稳情况进行预防控制，常以系统故障前的潮流量（节点功率、线路潮流等）作为输入特征量。此时特征量相对较少，为了保证结果综合前单一的 SVM 模型具备良好的分类性能，故特征量有部分交叉重叠。

具体特征量如何选择呢？电网运行中离线确定输电断面的极限传输功率、在线监控断面功率的做法给了我们启发。

离线确定输电断面极限功率时，一般选取几种典型的运行工况，针对某一特定的发电、负荷变化方式，计算若干个关键输电断面的极限功率。在运行时，实时监控这些关键输电断面的传输功率，越限时由调度员采取手动调整措施。这说明运行工况和关键输电断面的传输功率是稳定判别的关键特征量。

由于发电、负荷的分布能直观地体现运行工况的差异性，且线路较输电断面易识别，本书选取发电、负荷的功率作为综合分类模型中的重叠特征量，选取关键线路的功率作为非重叠特征量。

对应于图 4－2，第 i（$i=1$，2，…，m）个 SVM 模型的特征量选择如下：第 i 条关键线路的传输功率、各发电机有功功率、各负荷有功功率。m 为关键线路数量。

具体地，设共有 m 个不同参数的 SVM 模型。SVM_1、SVM_2、…、SVM_m 的 g 值（g 的定义见 4.3.1 节）分别为 g_1，g_2，…，g_m，其结果综合的原则如下：

（1）若 min（y_1，y_2，…，y_m）$>\varepsilon_1$，则判定为稳定。

（2）若 max（y_1，y_2，…，y_m）$<\varepsilon_2$，则判定为失稳。

（3）若条件（1）和（2）均不满足，则判定为不确定，将该样本送入时域仿真进行判稳。

4.3.3　关键样本集

采用 4.3.1 节所述方式构造出来的样本非常复杂，训练出来的模型分类效果往往不尽如人意。

在实际电网分析中，对于不同的发电、负荷变化方式，同一输电断面的极限传输功率是不同的。对于测试样本，只要知道了其发电、负荷变化方式，以及输电断面实际传输功率和相应的极限传输功率，就可以很容易地判别系统是否稳定。

本书将具有与测试样本类似的发电、负荷变化方式的样本称为关键样本。所有关键样本组成的样本集称为关键样本集。这样，就可以根据关键样本集而不是全部样本来构造稳定分类模型。

确定对应某一测试样本的关键样本集的方法如下：

首先，在获得所有的训练样本集后，根据不同的发电、负荷变化方式，对原始样本集进行分类，这样将形成若干个子样本集。

然后，对应某一测试样本，通过计算其与训练样本空间中所有样本的距离，找到与其距离最小的那个样本 s，s 所属的子样本集，即为对应于该测试样本的关键样本集。2 个样本间距离的计算公式如下：

$$D(\boldsymbol{x}_i,\boldsymbol{x}_j)=\|\boldsymbol{x}_i-\boldsymbol{x}_j\| \tag{4-1}$$

式中：$\boldsymbol{x}_i$、$\boldsymbol{x}_j$ 分别为样本 i 和样本 j 的输入特征向量。

针对暂态稳定评估问题，采用 SVM 综合分类模型进行分类的步骤如下：

（1）构造原始训练样本集和测试样本集。

（2）根据不同的发电、负荷变化方式，对原始训练样本集进行分类，形成 N 个子样本集。

（3）针对每个故障，选取 m 组特征量，分别对 m 个 SVM 模型进行训练，得到 $M\times m$ 个分类模型，M 为故障数。

（4）对测试样本集中的每个测试样本，找到其关键样本集 I，之后采用样本集 I 及相应故障对应的 m 个分类模型进行分类，得到 m 个分类结果，对分类结果进行综合，必要时结合时域仿真，得到最终的分类结果。

4.4 基于 CNN 的暂态稳定评估方法

4.4.1 方法和流程

卷积神经网络（CNN）用于暂态稳定评估时对应于二分类问题。

基于 CNN 的暂态稳定评估流程如图 4-3 所示。包含离线训练和在线应用两个阶段。

（1）离线训练包括：

1）运行方式生成。通过离线仿真计算生成大量运行方式，在此基础上进行各种故障仿真，以得到暂态稳定评估样本集。或通过在线安全稳定分析系统，收集过去一段时间内的历史数据作为样本集。

2）稳定扫描。对运行方式数据集中的每个运行方式，针对预想故障集中的每个故障，采用时域仿真法判断系统是否稳定。

3）输入特征选择和特征图构建。特征量的选择对稳定评估效果至关重要。通常采用智能优化、数据分析方法或根据经验进行特征量的选择。这里根据经验采用发电机有功功率、负荷有功功率和关键线路有功功率作为输入特征。在构建特征图时，本书采用了一种简单的处理方法，直接将一维特征依序排列成二维矩阵。暂态稳定评估样本由样本输入特征图和步骤 2）得到的样本标签（稳定或失稳）组成。

4）CNN 模型建立和训练。本书仿照 LeNet-5 结构[11]建立的 CNN 分类模型，包含 2 个卷积层、2 个池化层、1 个全连接层、1 个全连接 + Softmax 输出层，如图 4-4 所示。CNN 模型结构和参数对模型的分类效果有较大影响。对于小规模电网，1 层卷积层已能提取到足够的特征信息；对于本书所研究的中等规模电网，2 层卷积层即可提取到足够的特征信息。训练时采用 Adam 算法进行参数优化。

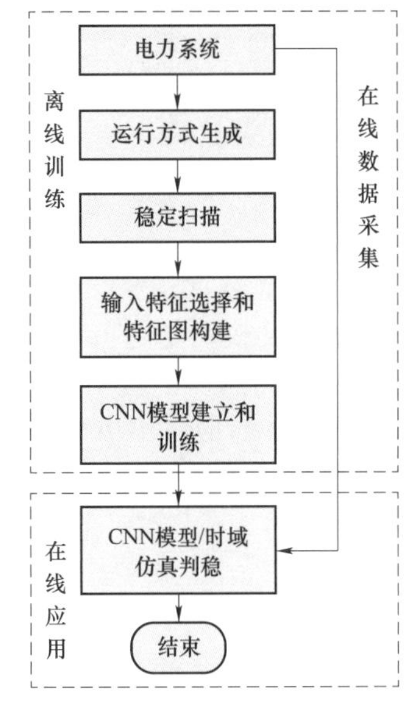

图 4-3　基于 CNN 的暂态稳定评估流程

（2）在线应用时，对于当前运行方式，结合 CNN 模型和时域仿真来判断系统是否稳定。首先根据输入特征形成特征图，然后采用离线训练好的 CNN 模型进行稳定评估。当 CNN 模型评估出当前运行方式临近稳定边界（稳定裕度较小或失稳程度较低）时，进一步执行时域仿真，以提高稳定分类的正确率。

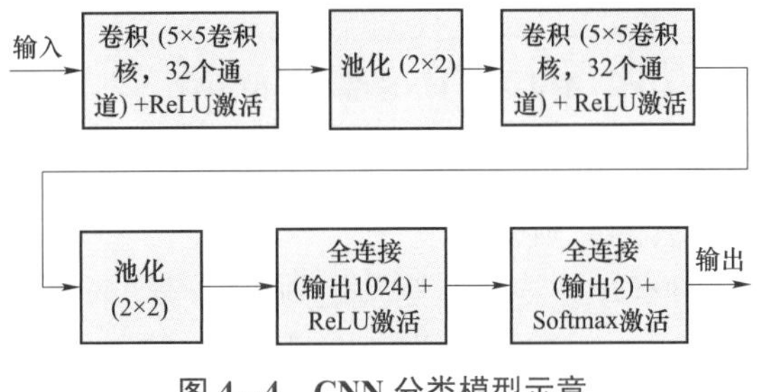

图 4-4　CNN 分类模型示意

4.4.2　应用时的问题和改进措施

（1）样本不均衡问题。当 CNN 用于暂态稳定评估时，存在样本不均衡的问题，即用于训练的样本中，稳定样本比失稳样本数多很多，这会导致无法完成训练或训练效果不佳的问题。

为此提出下述措施：在用批（batch）数据方式取数时，从稳定训练样本和失稳训练样本中各随机抽取批数量的 50%的样本。例如，若批数据为 50，则从稳定训练样本和失稳训练样本中各随机抽取 25 个样本。

（2）神经元失效问题。当输入小于 0 时，ReLU 激活函数的输出为 0，这会带来神经元失效问题，Leaky ReLU、PReLU 等 ReLU 的变种试图解决神经元失效问题。另一个解决方案是换用其他激活函数。谷歌于 2017 年 10 月提出了一种新型激活函数 Swish，具有不饱和、光滑、非单调性的特征，大量测试表明，同样的数据集、同样的模型结构下，采用 Swish 激活函数比 ReLU 激活函数可得到更好的性能。

本章采用 Swish 激活函数，如下式所示：

$$\sigma(\boldsymbol{x})=\frac{\boldsymbol{x}}{1+\mathrm{e}^{-\beta x}} \tag{4-2}$$

式中：β为可调参数。

此外，为了进一步提高性能，本书还采取了逐渐减少学习率和增加批数据大小的方式。

4.4.3 CNN 综合模型

由于初始权重是随机赋值的，即使采用相同的模型结构和学习率，每次得到的 CNN 模型都是不同的，一般的做法是训练多次，取其中性能最好的模型作为预测模型。但与 SVM[8]类似，只取一个模型进行预测，会浪费很多有用的信息。

这里，为了进一步提高分类性能，提出 CNN 综合模型。图 4–5 为 CNN 综合模型的简单示意。

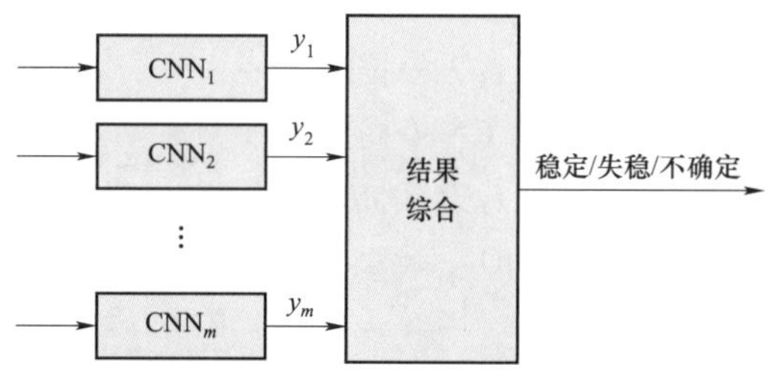

图 4–5　CNN 综合模型示意

设共有 m 个不同参数的 CNN 模型。CNN_1、CNN_2、…、CNN_m 的第 1 个输出分别为 y_1，y_2，…，y_m，其结果综合的原则如下：

（1）若 min（y_1，y_2，…，y_m）$>\varepsilon_1$，则判定为稳定。

（2）若 max（y_1，y_2，…，y_m）$<\varepsilon_2$，则判定为失稳。

（3）若条件（1）和（2）均不满足，则判定为不确定，将该样本送入时域仿真进行判稳。

ε_1、ε_2 的值通常取为［0.9，0.95］和［0.05，0.1］。

4.4.4 CNN 综合模型的物理意义

以 3 机 9 节点系统为例说明 CNN 综合模型的物理意义。3 机 9 节点系统接线情况如图 4–6 所示。仿真计算时发电机采用经典模型，负荷采用恒阻抗模型。以线路 L_3 的 GEN2-230 侧发生三相短路故障、0.11s 后切除该线路为例来分析 CNN 综合模型的分类结果。

利用 760 个样本训练得到的综合模型（m=5、ε_1=0.95、ε_2=0.05）进行分类，结果如图 4–7 所示，其中不确定 1 为稳定样本判定为不确定样本的情形，不确定 2 为失稳样本判定为不确定样本的情形。图 4–7 中横、纵坐标分别为发电机 G_2 和 G_3 的有功功率。由图 4–7 可知，稳定和失稳两种类型的样本之间存在互相重叠的情况，本书所提出的综合模型取若干个模型的稳定域的交集作为综合模型的稳定域，取若干个模型的失稳域的交集作为综合模型的失稳域，将重叠区域的大部分样本标识为不确定样本。图 4–7 中 A、B、C 分别为稳定域、失稳域、不确定区域示意。

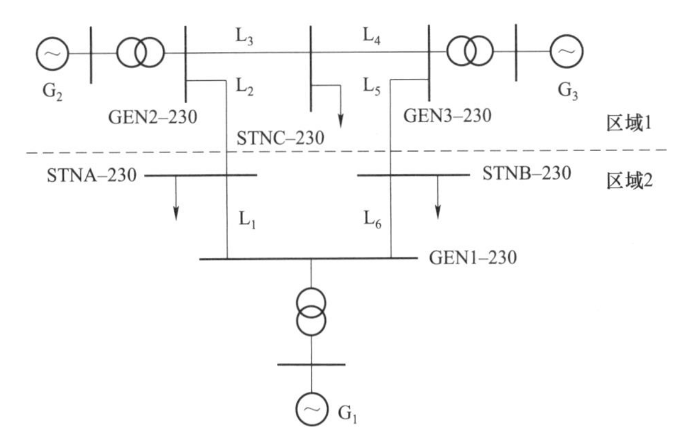

图 4－6　3 机 9 节点系统接线

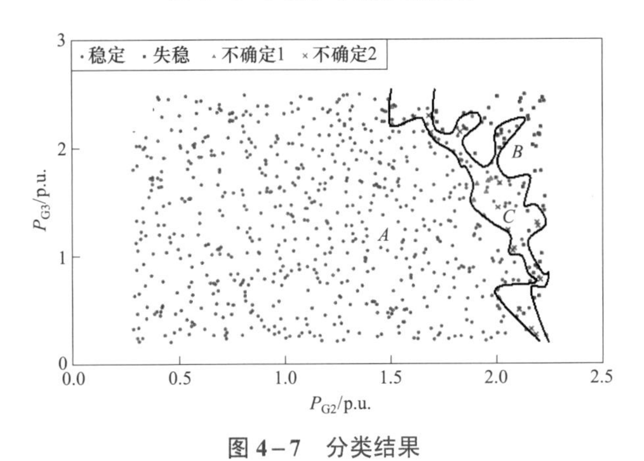

图 4－7　分类结果

4.5　算　例　分　析

4.5.1　基于 SVM/SVR 的暂态稳定评估方法

4.5.1.1　3 机 9 节点系统

（1）样本生成。对 3 机 9 节点典型算例系统进行分析，系统接线如图 4－6 所示，联络线 L_2 和 L_5 将该系统分为区域 1 和区域 2，采用电力系统分析综合程序（PSASP）进行仿真。

构造了 2 个样本集。样本集 1 的构造过程如下：在初始潮流方式基础上，通过调节发电、负荷，在 75%～150%（以 5%为变化步长）基准负荷下，对每个负荷水平设置 3 种不同的负荷增长/减少方式（区域 1、2 负荷同比增长/减少；仅增长/减少区域 1 负荷；仅增长/减少区域 2 负荷。负荷的增长/减少都是相对于基准负荷而言的），对每种负荷增长/减少方式各设置 6 种不同的发电出力。其中，基准负荷下只设置 6 种不同的发电出力。共得到 276 个潮流方式。每个潮流方式，对该系统的 6 条线路依次作 $N-1$ 暂态稳定扫描。故障类型为线路两侧三相永久性短路故障，故障发生后 0.1s 故障切除。合计得到 3312（276 × 12）

个稳定评估样本数据。

样本集 2 的构造过程如下：在初始潮流方式基础上，通过调节发电、负荷，分别使线路 1－线路 6 上的功率增长（功率增长的步长约 0.1p.u.），直到系统失稳或潮流不收敛。共得到 117 个潮流方式。$N-1$ 暂态稳定扫描时故障线路和故障类型同样本集 1。合计得到 1404（117 × 12）个稳定评估样本数据。

（2）特征量选择。综合分类模型的特征量选择已在第 4.3.2 节中给出。用于对比研究时，选取如表 4－6 所示的部分运行数据及其统计值作为全部输入特征量。

表 4－6　特　征　量

序号	特征量
1	系统总有功发电
2	系统总有功负荷
3	线路传输功率
4	发电机有功功率
5	节点有功负荷

（3）传统 SVM 方法分析结果。采用 LIBSVM3.2[12]作为训练和测试工具。采用径向基函数作为核函数，构造 SVM 模型，惩罚系数 $C=100$。以样本集 1 作为训练样本集，样本集 2 作为测试样本集。传统 SVM 方法的分类结果如下：在 1404 个测试样本中，漏分类个数为 6，占测试总数的 0.43%；误分类个数为 356，占测试总数的 25.4%。

（4）本书方法分析结果。以样本集 1 作为训练样本集，样本集 2 作为测试样本集。根据发电、负荷变化形式的不同，将样本集 1 划分为 18 个子样本集。对每个子样本集，针对每个故障，选取 6 组特征量，采用径向基函数作为核函数，构造 SVM 模型，惩罚系数 $C=100$。这样，共得到 18 × 12 × 6 个分类模型。6 组特征量分别包含图 4－6 中 6 条线路功率。$\varepsilon_1=1$，$\varepsilon_2=-1$。

对于测试样本集中的每个样本，首先找到其归属的关键样本集，然后根据该关键样本集和相应故障对应的 6 个 SVM 模型对其进行分类，再对分类结果进行综合。

表 4－7 给出了本书 SVM 方法和传统 SVM 方法的分类效果比较，还给出了仅采用关键样本集方法时的分类效果。

表 4－7　分 类 效 果 比 较

方法	漏分类样本数	误分类样本数	分类正确率（%）
传统 SVM（全部特征量）	6	356	74.2
关键样本集 SVM（全部特征量）	8	2	99.3
本书 SVM 方法（综合分类模型＋关键样本集），未结合时域仿真	6	6	99.1
本书 SVM 方法（综合分类模型＋关键样本集），结合时域仿真	0	0	100

从表 4－7 可见，相对于传统 SVM 方法，关键样本集 SVM 方法（全部特征量），误分类数大幅度减少，分类正确率大幅度提高；基于 SVM 综合分类模型和关键样本集的方法，较关键样本集 SVM 方法（全部特征量）减少了漏分类数，其代价是牺牲了误分类数；将基于 SVM 综合分类模型和关键样本集的方法，与时域仿真相结合，可实现 100%的分类正确率。

4.5.1.2　某省级电网算例

1. 样本生成

以某省级电网系统作为分析对象。其 500kV 主网接线示意如图 4－8 所示。该系统共分为西部、中部和东部 3 个区域，包含图中所示的 17 个分区。其中，西部区域包括分区 1、8、9、17；东部区域包括分区 4、12、14、15、16；其余分区属于中部区域。系统规模为：母线 2036 条，发电机 149 台，交流线 761 条，直流线 1 条。

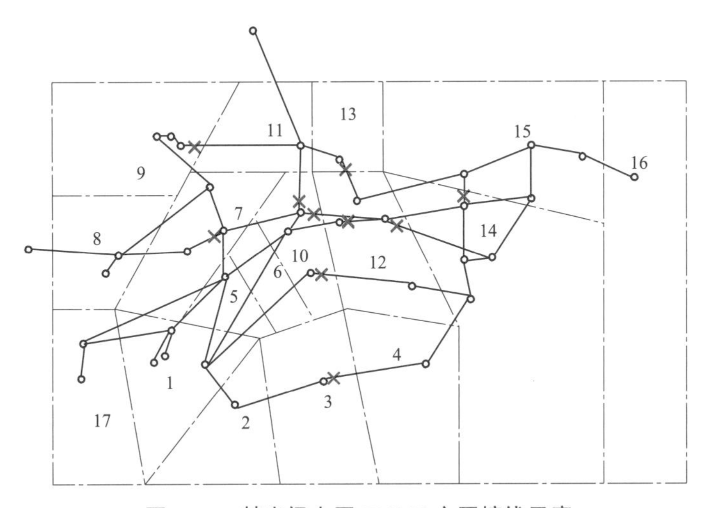

图 4－8　某省级电网 500kV 主网接线示意

构造了 2 个样本集。样本集 1 的构造过程如下：在初始潮流方式基础上，通过调节发电、负荷，在 75%～120%（以 1%为变化步长）基准负荷下，对每个负荷条件设置 7 种不同的负荷变化方式（按区域考虑负荷的变化，即仅东部变化、仅中部变化、仅西部变化、中西部同比变化、东西部同比变化、中东部同比变化、平均变化），对每种负荷变化方式各设置 7 种不同的发电出力（按区域考虑发电的调节，即仅东部调节、仅中部调节、仅西部调节、中西部同时调节、东西部同时调节、中东部同时调节、中西东部同时调节）。去掉潮流不收敛的样本后，共得到 2030 个潮流方式。每个潮流方式，选取了该系统重点关注的 10 条 500kV 线路（即图 4－8 中“×”标出，线路编号分别为 602002、600383、600218、600098、602305、600522、602591、600716、600695、600626）依次作 $N-1$ 暂态稳定扫描。故障类型为线路首端三相永久性短路故障，故障发生后 0.3s 或 0.2s 故障切除（为便于进行算法验证，人为加大了故障切除时间）。合计得到 20300（2030 × 10）个稳定评估样本。

样本集 2 的构造过程如下：在初始潮流方式基础上，通过调节发电、负荷，分别使 10 条 500kV 线路（线路编号同前）上的功率变化。调节灵敏度较大的若干台发电机出力，调节幅度为 75%～140%，调节负荷功率增减与发电机功率增减相匹配。共得到 124 个潮流方式。$N-1$ 暂态稳定扫描时故障线路和故障类型同样本集 1。合计得到 1240（124 × 10）个稳定评估样本。

在进行暂态稳定仿真时，发电机采用考虑 E_q''、E_d''、E_q' 电动势变化的 5 阶模型，考虑了励磁和调速器模型，部分发电机还考虑了电力系统稳定器（PSS）。采用电力系统分析综合程序（PSASP）进行仿真。

2. 传统 SVM 方法分析结果

采用 LIBSVM3.2 作为训练和测试工具。采用径向基函数作为核函数，构造 SVM 模型，惩罚系数 $C=100$。以样本集 1 作为训练样本集，样本集 2 作为测试样本集。传统 SVM 方法的分类结果如下：在 1240 个测试样本中，漏分类个数为 103，占测试总数的 8.3%；误分类个数为 24，占测试总数的 1.9%。

3. 本书 SVM 方法分析结果

以样本集 1 作为训练样本集，样本集 2 作为测试样本集。

训练时，根据发电、负荷变化方式的不同，将样本集 1 划分为 49 个子样本集。对每个子样本集，针对每个故障，选取 10 组特征量，采用径向基函数作为核函数，构造 SVM 模型，惩罚系数 $C=100$。这样共得到 49 × 10 × 10 个分类模型。10 组特征量分别包含图中标出的 10 条线路功率。

测试时，需根据与测试样本对应的关键样本集和相应故障，对对应的 10 个具有不同特征量的 SVM 模型的分类结果进行综合。

表 4－8 给出了本书方法和传统 SVM 方法的分类效果比较。从表 4－8 可见，本书所提出的基于 SVM 综合分类模型和关键样本集的方法分类效果较好，对于 1240 个测试样本，存在 44 个漏分类，42 个误分类。与传统 SVM 方法相比，不仅分类正确率从 89.8 增加到 93.1%，且漏分类数大幅度减少，符合保守性原则。上述结果验证了该方法在较大规模电网中应用的有效性。

表 4－8　分类效果比较

方法	漏分类样本数	误分类样本数	分类正确率（%）
传统 SVM（全部特征量）	103	24	89.8
本书 SVM 方法（综合分类模型＋关键样本集）	44	42	93.1

4. 结合法分析结果

选取其中 2 条线路，分别分析 SVM/SVR 方法与时域仿真法相结合进行稳定判别的效果。

随机选取样本集 1 中的 80%作为训练集，剩余 20%作为测试集。$\varepsilon_1=1, \varepsilon_2=-1$。

（1）线路 602591 故障。分别采用 SVM 方法和 SVR 方法的判稳效果见表 4－9。从表 4－9 可见，当采用 SVM 方法判稳时，对于 406 个测试样本，漏判（失稳样本被判定为稳定）2 个，误判（稳定样本被判定为失稳）1 个，正确率为 99.3%；采用 SVR 方法判稳时，漏判 2 个，误判 32 个，正确率为 91.6%；当采用 SVM 和时域仿真相结合的方法判稳时，漏判 0 个，误判 0 个，正确率为 100%；当采用 SVR 和时域仿真相结合的方法判稳时，漏判 0 个，误判 1 个，正确率为 99.8%。可见：

1）用于判稳时，SVM 方法要优于 SVR 方法。

2）将 SVM/SVR 方法与时域仿真法相结合，可大幅度提高判稳正确率。

3）SVM 和时域仿真相结合的方法要优于 SVR 和时域仿真相结合的方法，一是其正确率略高，二是 SVM 方法的筛除率（即 SVM 模型判断为稳定或失稳的样本占全部样本的比例）较高。筛除率越高，表明需要进一步进行时域仿真的样本数越少。

表 4－9　　判稳效果比较（线路 602591 故障）

方法	漏判样本数	误判样本数	正确率（%）	SVM/SVR 方法筛除率（%）
SVM	2	1	99.3	—
SVR	2	32	91.6	—
SVM 和时域仿真相结合	0	0	100	96.6
SVR 和时域仿真相结合	0	1	99.8	82.3

（2）线路 600695 故障。分别采用 SVM 方法和 SVR 方法的判稳效果见表 4－10。从表 4－10 可见，当采用 SVM 方法判稳时，对于 406 个测试样本，漏判 3 个，误判 1 个，正确率为 99.0%；采用 SVR 方法判稳时，漏判 2 个，误判 58 个，正确率为 85.2%；当采用 SVM 和时域仿真相结合的方法判稳时，漏判 0 个，误判 0 个，正确率为 100%；当采用 SVR 和时域仿真相结合的方法判稳时，漏判 0 个，误判 0 个，正确率为 100%。可见：

1）用于判稳时，SVM 方法要优于 SVR 方法。

2）将 SVM/SVR 方法与时域仿真法相结合，可大幅度提高判稳正确率。

3）SVM 和时域仿真相结合的方法要优于 SVR 和时域仿真相结合的方法，主要体现在 SVM 方法的筛除率较高。

表 4－10　　判稳效果比较（线路 600695 故障）

方法	漏判样本数	误判样本数	正确率（%）	SVM/SVR 方法筛除率（%）
SVM	3	1	99.0	—
SVR	2	58	85.2	—
SVM 和时域仿真相结合	0	0	100	95.8
SVR 和时域仿真相结合	0	0	100	57.0

4.5.1.3　算例分析结论

3 机 9 节点典型算例系统和某省级电网算例的分析结果表明：

（1）特征量的选取对于关键样本集 SVM 结果有较大影响。为降低漏分类率，采用基于不同特征量构造的若干个分类模型的综合结果进行分类的思路是可行的。

（2）基于 SVM 综合分类模型和关键样本集的暂态稳定评估方法在某省级电网中的分类效果较好，相对于传统 SVM 方法，分类正确率有所增加，漏分类数大幅减少，提高了 SVM 方法用于稳定评估时的实用性。

（3）将 SVM/SVR 方法与时域仿真相结合，当 SVM/SVR 模型评估的结果为不确定（该运行方式临近稳定边界）时，由时域仿真进行判稳，可进一步提高判稳正确率。该方法应用结果表明，将 SVM 模型与时域仿真相结合，可将判稳正确率从 99%左右提升到 100%，SVR 模型的判稳正确率更是大幅度提升。但因为研究的电网有限，该方法在其他电网中的应用效果如何，还有待于进一步验证。

4.5.2 基于 CNN 的暂态稳定评估方法

4.5.2.1 样本生成

为了验证本书方法的有效性，分析研究了某省级电网系统。其 500kV 主网接线如图 4-8 所示，重绘于图 4-9。该系统区域和规模介绍见 4.5.1.2 节。

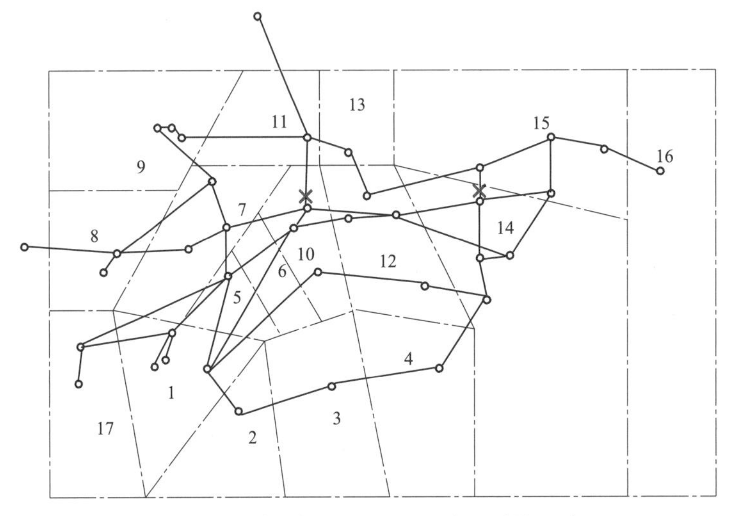

图 4-9 某省级电网 500kV 主网接线示意

潮流和时域仿真采用电力系统分析综合程序 PSASP。CNN 模型利用 TensorFlow 框架构建。对比研究用的 SVM 模型利用 LIBSVM3.2 建立。

为产生典型且必要的运行方式，使负荷在初始方式的 75%～120%内调节，并按区域设置若干种不同的负荷调节方式，且针对每种负荷调节方式设置若干种不同的发电出力调节方式。

样本集的具体构造过程如下：在初始潮流方式基础上，通过调节发电、负荷，在 75%～120%（以 1%为变化步长）基准负荷下，对每个负荷条件设置 7 种不同的负荷变化方式（按区域考虑负荷的变化，即仅东部变化、仅中部变化、仅西部变化、中西部同比变化、东西部同比变化、中东部同比变化、平均变化），对每种负荷变化方式各设置 7 种不同的发电出力（按区域考虑发电的调节，即仅东部调节、仅中部调节、仅西部调节、中西部同时调节、东西部同时调节、中东部同时调节、中西东部同时调节）。去掉潮流不收敛的样本后，共得到 2031 个潮流方式。

每个潮流方式选取了该系统重点关注的某两条 500kV 线路（即图 4-9 中“×”标出，线路编号分别为 602591、600695）依次作 $N-1$ 暂态稳定扫描。故障类型为线路首端三相永久性短路故障，故障发生后 0.1s 切除。其中，东部区域 14 和 15 分区之间的联络线故障为故障 1，中部区域 10 和 11 分区之间的联络线故障为故障 2。故障 1 合计 2031 个稳定评估样本，其中稳定样本 1792 个、失稳样本 239 个；故障 2 合计 2031 个稳定评估样本，其中稳定样本 1772 个、失稳样本 259 个。

4.5.2.2 CNN 分类模型结果

CNN 分类模型结构如图 4－4 所示，但将图 4－4 中的 ReLU 激活函数改为 Swish 函数，采用 Adam 算法进行参数优化，初始学习率为 0.0001，迭代 6000 步后为 0.00001，迭代 10000 步后为 0.000001。初始批数据大小为 50，迭代 6000 步后为 200，迭代 10000 步后为 300。

用于对比研究的 SVM 模型采用径向基函数作为核函数。采用网格搜索法和五折交叉验证得到最优参数。

采用五折交叉验证法进行效果比较，即将所有的 2031 个样本随机分成 5 组数据（每组数据占总样本的 20%），取其中 1 组数据作为测试样本，剩余的样本（占总样本的 80%）作为训练样本，取 5 组数据的平均值进行比较。对于交叉验证的 5 组数据，其判稳正确率、漏判率、误判率平均值见表 4－11 和表 4－12。其中正确率为结果判断正确的样本占总样本的比例，漏判率为漏判样本占失稳样本的比例，误判率为误判样本占稳定样本的比例。由表 4－11 和表 4－12 可见，故障 1 和故障 2 下 CNN 模型的正确率、漏判率、误判率分别为 99.11%、0.36%、0.94%和 98.87%、2.33%、0.97%，三者都略好于 SVM 模型。

为了验证 CNN 模型在少量训练样本上的性能，对于故障 2，采用较少的训练样本（占总样本的 20%）进行 CNN 模型和 SVM 模型的效果比较，结果见表 4－13。由表 4－13 可见，CNN 模型的正确率和漏判率分别为 97.81%和 7.60%，明显优于 SVM 模型，误判率为 1.40%，略优于 SVM 模型。可见，在仅有少量训练样本的情况下，CNN 模型较 SVM 模型有更优异的性能。

表 4－11　分类效果比较（故障 1）

方法	正确率（%）	漏判率（%）	误判率（%）
SVM	97.98	5.81	1.50
CNN	99.11	0.36	0.94

表 4－12　分类效果比较（故障 2）

方法	正确率（%）	漏判率（%）	误判率（%）
SVM	97.69	8.22	1.42
CNN	98.87	2.33	0.97

表 4－13　分类效果比较（故障 2，少量训练样本）

方法	正确率（%）	漏判率（%）	误判率（%）
SVM	94.78	30.47	1.51
CNN	97.81	7.60	1.40

4.5.2.3 CNN 综合模型结果

CNN 综合模型（m=5，ε_1=0.95，ε_2=0.05）结果如表 4－14、表 4－15 所示。表 4－14、

表 4－15 中的 5 组数据，都分别采用 CNN 综合模型进行分类。由于初始权重参数随机赋值，每次训练后得到的 CNN 模型的参数都不一样。综合模型中 5 个 CNN 模型的参数是同 1 组数据在 5 次训练后分别得到的参数。

由表 4－14、表 4－15 可知，故障 1 情况，对于交叉验证的 5 组数据，在采用 CNN 综合模型后，确定样本中，漏判数和误判数均为 0，确定样本实现了 100%的正确率，而不确定率（结果不确定的样本占总样本的比例）在 6%以内，说明该模型具有良好的故障筛选性能。故障 2 情况下效果较故障 1 略差，但也可接受。

表 4－16 还给出了故障 2 情况，不同的ε_1和ε_2取值情况下的效果比较。表 4－16 中ε_1和ε_2取值如下：① $\varepsilon_1=0.95$、$\varepsilon_2=0.05$；② $\varepsilon_1=0.7$、$\varepsilon_2=0.05$；③ $\varepsilon_1=0.95$、$\varepsilon_2=0.3$。由表 4－16 可知，当ε_1取值变小时，会增加漏判；当ε_2取值变大时，会增加误判。实际应用时，应选取较大的ε_1值和较小的ε_2值。但当ε_1取值过大或ε_2取值过小时，不确定样本数将会增加较多，会降低故障筛选性能。故应根据实际情况选取合适的参数。

表 4－14　CNN 综合模型结果（故障 1）

组号	确定样本正确率（%）	确定样本漏判数	确定样本误判数	不确定样本数	不确定率（%）
1	100	0	0	18	4.43
2	100	0	0	21	5.17
3	100	0	0	17	4.19
4	100	0	0	18	4.43
5	100	0	0	19	4.67

表 4－15　CNN 综合模型结果（故障 2）

组号	确定样本正确率（%）	确定样本漏判数	确定样本误判数	不确定样本数	不确定率（%）
1	100	0	0	28	6.90
2	99.75	1	0	15	3.69
3	100	0	0	25	6.16
4	99.75	1	0	17	4.19
5	100	0	0	20	4.91

表 4－16　CNN 综合模型结果比较（故障 2）

组号	ε_1和ε_2取值	确定样本正确率（%）	确定样本漏判数	确定样本误判数	不确定样本数	不确定率（%）
1	①	100	0	0	28	6.90
	②	100	0	0	23	5.67
	③	99.75	0	1	20	4.93
2	①	99.75	1	0	15	3.69
	②	99.75	1	0	12	2.96
	③	99.75	1	0	13	3.20

续表

组号	ε_1 和 ε_2 取值	确定样本正确率（%）	确定样本漏判数	确定样本误判数	不确定样本数	不确定率（%）
3	①	100	0	0	25	6.16
	②	100	0	0	18	4.43
	③	100	0	0	21	5.17
4	①	99.75	1	0	17	4.19
	②	99.51	2	0	12	2.96
	③	99.75	1	0	12	2.96
5	①	100	0	0	20	4.91
	②	100	0	0	15	3.69
	③	100	0	0	18	4.42

4.5.2.4　算例分析结论

某省级电网算例分析结果表明：

（1）对于故障 1 和故障 2，CNN 模型的正确率、漏判率、误判率分别为 99.11%、0.36%、0.94%和 98.87%、2.33%、0.97%，三者都略好于 SVM 模型。在少量训练样本情况下，CNN 模型性能优势更为明显。

（2）故障 1 情况下，对于交叉验证的 5 组数据，在采用 CNN 综合模型后，漏判数和误判数均为 0，确定样本实现了 100%的正确率，而不确定率在 6%以内，说明该模型具有良好的故障筛选性能；故障 2 情况下效果略差于故障 1，但也可接受。

（3）CNN 综合模型的故障筛选性能和阈值参数ε_1、ε_2的大小相关。当ε_1取值变小时，会增加漏判；当ε_2取值变大时，会增加误判。实际应用时，应选取较大的ε_1值和较小的ε_2值。但当ε_1取值过大或ε_2取值过小时，不确定样本数将会增加较多，会降低故障筛选性能。故应根据实际情况选取合适的参数。

4.6　小　　结

电力系统暂态稳定是电力系统稳定的一种主要类型。电力系统暂态稳定评估的方法主要有时域仿真法、直接法和机器学习方法，后两种方法常用于故障筛选。其中机器学习方法主要包括 SVM、决策树、人工神经网络等浅层学习方法，以及深度置信网络、堆叠自动编码器、CNN 等深度学习方法。

利用机器学习的方法进行暂态稳定评估有两种思路，一种思路是以稳态特征量作为稳定判别的原始输入空间，另一种思路的原始输入空间包含动态特征量。本章主要介绍前一种思路的稳定评估方法，采用的输入特征量为稳态特征量。

本章介绍了暂态稳定评估的 SVM/SVR 和 CNN 方法，以及机器学习方法和时域仿真相结合的暂态稳定评估方案。

重点介绍了基于 SVM 综合分类模型和关键样本集的电力系统暂态稳定评估方法，以及基于 CNN 综合模型的电力系统暂态稳定评估方法。本章还介绍了 CNN 深度学习方法中，针对样本不均衡问题和神经元失效问题的有效解决措施。

本章参考文献

［1］电力系统百科全书编辑委员会．中国电力系统百科全书（第三版）电力系统卷［M］．北京：中国电力出版社，2014.

［2］田芳，周孝信，于之虹．基于支持向量机综合分类模型和关键样本集的电力系统暂态稳定评估［J］．电力系统保护与控制，2017，45（22）：1－8.

［3］田芳，周孝信，史东宇，等．基于卷积神经网络综合模型和稳态特征量的电力系统暂态稳定评估［J］．中国电机工程学报，2019，39（14）：4025－4031.

［4］许涛．电力系统安全稳定的智能挖掘［D］．北京：华北电力大学，2004.

［5］刘燕芳，顾雪平．基于支持向量机的暂态稳定分类研究［J］．华北电力大学学报，2004，31（3）：26－29，55.

［6］曹曼．基于遗传模拟退火算法的暂态稳定评估特征选择［D］．北京：华北电力大学，2006.

［7］陈磊，刘天琪，文俊．基于二进粒子群优化算法的暂态稳定评估特征选择［J］．继电器，2007，35（1）：31－36，50.

［8］戴远航，陈磊，张玮灵，等．基于多支持向量机综合的电力系统暂态稳定评估［J］．中国电机工程学报，2016，36（5）：1173－1180.

［9］周艳真，吴俊勇，于之虹．基于转子角轨迹簇特征的电力系统暂态稳定评估［J］．电网技术，2016，40（5），1482－1487.

［10］朱乔木，党杰，陈金富，等．基于深度置信网络的电力系统暂态稳定评估方法［J］．中国电机工程学报，2018，38（3）：735－743.

［11］LECUN Y，BOTTOU L，BENGIO Y，et al. Gradient-based learning applied to document recognition［J］．Proceedings of the IEEE，1998，86（11）：2278－2324.

［12］CHANG C C，LIN C J. LIBSVM：a library for support vector machines［J］．ACM Transactions on Intelligent System Technology，2011，2（3）：389－396.

第5章

小干扰稳定评估

5.1 概　述

随着大型电力系统的互联，系统联系变得越来越紧密，也越来越复杂。在功率相互支援，可靠性和经济性提高的同时，大型互联电力系统的低频振荡严重危害了系统的安全运行。随着互联电力系统的规模日益增大，所引发的低频振荡问题已成为危及电网安全运行、制约电网传输能力的最主要问题之一。

低频振荡可分为局部振荡模式和区间振荡模式。在联系较紧密的发电机之间产生的振荡，由于电气距离较小，相应的振荡频率较高，一般为0.7～2.5Hz，称为局部振荡模式或区域内振荡模式；如果电气距离较大，则振荡频率较低，一般为0.1～0.7Hz，称为互联系统区间振荡模式。早期发生低频振荡的主要原因在于：一方面是快速励磁削弱了发电机阻尼转矩；另一方面是电力网络的发展必然要经历弱联系的过渡阶段。伴随着互联电网联系的加强，区间振荡模式的阻尼不断增强，然而区间电网振荡事故仍有发生，这就迫切需要对互联电网的振荡机理更深入地进行研究与分析，解释发生此类区间低频振荡的根本原因。

低频振荡分析的主要目的是发现系统是否存在弱阻尼甚至负阻尼的低频振荡模式（简称振荡模式）。当存在弱阻尼或负阻尼振荡模式时需采取必要的措施提高此类模式的阻尼，降低系统受到干扰以后发生低频振荡事故的概率，或者振荡发生以后可以快速平息。常见的低频振荡分析方法包括特征值分析法、时域仿真法、基于正规形理论的方法等，但是适用于分析大规模互联电网低频振荡问题的只有时域仿真法和特征值分析法。时域仿真法常用来分析大干扰下的低频振荡问题，即大干扰动态功角稳定问题；特征值分析法常用来分析小干扰下的低频振荡问题，即小干扰动态功角稳定问题。

特征值分析法建立在现代控制理论基础上，是研究电力系统小干扰稳定最有效的方法。该方法将描述电力系统动态过程的状态方程线性化，将电力系统视为用标准线性状态方程描述的一般动态系统，系统的小干扰稳定特性与状态方程中的状态矩阵的特征值（也称为特征根）和特征向量密切相关。特征值的实部表示振荡模式的阻尼，虚部对应振荡模式的频率，而特征向量则反映系统状态变量在该振荡模式下参与系统动态的行为。特征值分析法不仅可用于分析小干扰动态功角稳定问题，也可用于分析小干扰频率稳定、静态功角稳定和静态电压稳定问题。

在线安全稳定分析系统采用特征值分析法进行小干扰动态功角稳定分析[1-2]及辅助决策[3]。在线小干扰动态功角稳定分析在特征值求解的基础上，自动完成模态分析（即根据特征向量的分布进行机组分群）和振荡模式识别，进而找出指定的振荡模式，再根据指定振荡模式的频率和阻尼比信息进行告警。可见，目前的在线小干扰动态功角稳定分析主要经过了模型线性化、特征值和特征向量求解以及振荡模式分析这三步[4]，整体计算时间较长，以国调中心所辖电力系统为例，计算时间通常在 100s 以上。此外，由于实际系统中存在的振荡模式较多，因此在线应用时通常采用部分特征值法，可能出现遗漏重要振荡模式的情况。

与暂态稳定相比，针对小干扰动态功角稳定的机器学习方法的研究和应用相对较少，其核心问题在于如何通过模型对电网的连接关系和运行方式进行描述，以提高模型对电网不同运行方式的适应能力。文献［5］依据各厂站之间的电气距离确定输入量的排列方式，进而采用 CNN 针对小干扰动态功角稳定的指定振荡模式进行快速评估；文献［6］同样采用 CNN 模型，利用同步相量测量装置数据中的节点注入功率和线路功率作为输入量，构建类似于导纳矩阵的输入量方阵，其中线路功率放在线路两侧节点对应行和列的位置上，用于体现连接关系和运行状态。文献［7］采用图卷积网络，对电网结构和运行状态进行了更精细的刻画。上述文献都是对输入量进行了合理的排序，从而反映了电网的连接关系。文献［8］则是直接对神经网络的结构进行改造，以传统的全连接网络为基础，依据电网层级关系搭建模型，实现了机器学习模型与物理系统模型在一定程度上的对应，同时引入关键厂站对的电气距离作为运行方式的表征。文献［9］在此基础上结合套索（least absolute shrinkage and selection operator，LASSO）方法进行特征提取，再采用 K 近邻法（K-nearest neighbor，K-NN）搜索历史库中的相似样本，实现对小干扰动态功角稳定性的快速评估。本章介绍两种基于神经网络的小干扰动态功角稳定快速判别方法，分别为电网层级网络模型和图卷积模型，两种方法都考虑了电网的连接关系，有效地控制了模型的可训练参数数量，同时执行速度和准确率等性能指标均较好，泛化能力较强，适用于大电网的在线分析应用。

5.1.1 小干扰稳定评估方法

电力系统小干扰稳定是指系统受到小干扰后，不发生自发振荡或非周期性失步，自动恢复到起始运行状态的能力。系统小干扰稳定性取决于系统的固有特性，与干扰的大小无关。电力系统小干扰稳定性既包括系统中同步发电机之间因同步力矩不足或电压崩溃造成的非周期失去稳定（即通常所指的静态稳定，包括静态功角稳定和静态电压稳定），也包括因系统动态过程阻尼不足造成的周期性发散失去稳定（即通常所指的小扰动动态功角稳定和小扰动频率稳定）。通常前者一般不计调节器作用，采用简单模型即可计算，而后者一般要考虑各种调节器作用和复杂模型才能计算出正确结果。

从理论上来说，电力系统的小干扰稳定性相当于一般动力学系统在李雅普诺夫意义下的渐近稳定性。当前，通过仿真计算进行复杂电力系统小干扰稳定问题研究的方法主要是特征值分析法，其基本思想是将电力系统动态模型用一组非线性微分方程和一组非线性代数方程描述：

$$\begin{cases} \dfrac{\mathrm{d}\boldsymbol{X}}{\mathrm{d}t} = F(\boldsymbol{X},\boldsymbol{Y}) \\ 0 = G(\boldsymbol{X},\boldsymbol{Y}) \end{cases} \tag{5-1}$$

式中：$\boldsymbol{X}$ 为状态（微分）变量；$\boldsymbol{Y}$ 为代数变量；F 为微分方程组；G 为代数方程组。

在某一稳定工况附近线性化后的状态方程组为：

$$\begin{bmatrix} \dfrac{\mathrm{d}\Delta\boldsymbol{X}}{\mathrm{d}t} \\ 0 \end{bmatrix} = \begin{bmatrix} \boldsymbol{A} & \boldsymbol{B} \\ \boldsymbol{C} & \boldsymbol{D} \end{bmatrix} \begin{bmatrix} \Delta\boldsymbol{X} \\ \Delta\boldsymbol{Y} \end{bmatrix} = \boldsymbol{J} \begin{bmatrix} \Delta\boldsymbol{X} \\ \Delta\boldsymbol{Y} \end{bmatrix} \tag{5-2}$$

式中：$\boldsymbol{J}$ 为系统线性化矩阵；$\Delta\boldsymbol{X}$ 为状态变量的微增量；$\Delta\boldsymbol{Y}$ 为代数变量的微增量；$\boldsymbol{A}$、$\boldsymbol{B}$、$\boldsymbol{C}$、$\boldsymbol{D}$ 分别为线性化矩阵分块的 4 个部分。

在式（5－2）中消去非状态变量，可得描述线性系统的状态方程：

$$\Delta\dot{\boldsymbol{X}} = (\boldsymbol{A} - \boldsymbol{B}\boldsymbol{D}^{-1}\boldsymbol{C})\,\Delta\boldsymbol{X} = \boldsymbol{A}\Delta\boldsymbol{X} \tag{5-3}$$

式中：$\boldsymbol{A}$ 为 $n \times n$ 维系数矩阵，称为该系统的状态矩阵。根据李雅普诺夫稳定性原理，若计算得到的状态矩阵 $\boldsymbol{A}$ 特征根 $\lambda_1, \lambda_2, \cdots, \lambda_n$ 的实部均为负，则式（5－3）所描述的系统在相应的稳态工作点上是小干扰稳定的；反之，若有一个或多个根有正实部，则系统是不稳定的。

事实上，工程中不仅对系统稳定与否感兴趣，而且还希望知道在小干扰下系统过渡过程的许多特征。例如，对于小干扰后振荡性过渡过程，其特征包括振荡频率、衰减因子、相应振荡在系统中的分布（即反映在各个状态量中该振荡的幅值和相对振荡相位）、该振荡是由什么原因引起、同哪些状态量密切相关等，它们可为确定抑制振荡的装置最佳装设地点及为控制装置的参数整定提供有用的信息；对于非振荡性过渡过程，也有衰减时间常数及其同系统各状态量间的相关性等特征，它们可为相应控制对策提供有用的信息。从状态矩阵 $\boldsymbol{A}$ 还可以得到其他丰富的信息，包括振荡频率和振荡阻尼比、振荡模式的参与因子、机电回路相关比、振荡模态等。

（1）振荡频率和振荡阻尼比。一个实特征值相应于一个非振荡模式，而表示振荡模式的复特征值 λ 总是以共轭对的形式出现，即：

$$\lambda = \sigma \pm \mathrm{j}\omega \tag{5-4}$$

式中：σ 为振荡阻尼因子；ω 为振荡角频率。

每对复特征值相应于一个振荡模式，特征值的实部刻画了系统对振荡的阻尼，表征了系统的稳定性；而虚部则指出了振荡频率 f 为：

$$f = \frac{\omega}{2\pi} \tag{5-5}$$

另外还可以计算得到该模式的振荡阻尼比 ξ 为：

$$\xi = \frac{-\sigma}{\sqrt{\sigma^2 + \omega^2}} \tag{5-6}$$

振荡阻尼比决定了振荡幅值的衰减率和衰减特性。理论上振荡阻尼比大于零时，振荡即是衰减的，但在实际电力系统中，机电振荡模式的阻尼比应大于0.05。然而这并不是硬性的、固定不变的原则，如果随着系统运行方式变化，模态变化很小，较低的阻尼比（例如0.03）也是可以接受的。

（2）振荡模式的参与因子。参与因子（也称相关因子）p_{ki}的计算公式为：

$$p_{ki} = \frac{v_{ki} u_{ki}}{\boldsymbol{v}_i^{\mathrm{T}} \boldsymbol{u}_i} \tag{5-7}$$

式中：$\boldsymbol{u}_i$和$\boldsymbol{v}_i$分别为第i个振荡模式（即第i个特征根）所对应的右特征向量和左特征向量；u_{ki}和v_{ki}分别为右特征向量和左特征向量中的第k个元素。

参与因子是表征机组同某振荡模式相关性的物理量，参与因子越大，反映了该机组对该振荡模式的可观性和可控性越强。参与因子可以用于帮助选择控制装置的装设地点，如可根据系统中机组参与因子的大小决定在哪一台机组上安装电力系统稳定器（power system stabilizer，PSS）以抑制指定的低频振荡模式。

（3）机电回路相关比。机电回路相关比ρ_i可用于挑选与发电机转子功角或转速强相关的振荡模式，即机电模式。实际进行大电网稳定分析时，通常关注$\rho_i > 1$的振荡模式。机电回路相关比ρ_i的计算公式如下：

$$\rho_i = \left| \frac{\sum\limits_{X_k \in (\Delta\omega, \Delta\delta)} p_{ki}}{\sum\limits_{X_k \notin (\Delta\omega, \Delta\delta)} p_{ki}} \right| \tag{5-8}$$

式中：分子代表状态方程（5-3）里转速和功角状态量对应的参与因子之和；分母代表其他状态量对应的参与因子之和。

（4）振荡模态。振荡模态为振荡模式相应的特征向量。状态矩阵右特征向量的模反映了系统中各机组对同一振荡模式的响应程度，表现为振荡的强弱程度，即特征向量的模较大，则振荡就较强，反之就较弱。特征向量的相位反映了系统中各机组对同一振荡模式的同调程度：具有相同相位的机组是完全同调的；相位基本相同的机组则是基本同调的；相位差在180°左右的机组或机群是反调的，即相对发生振荡的。振荡模态反映了振荡的本质是哪些机组彼此之间摆动。

5.1.2 在线小干扰稳定评估

本章主要关注小干扰动态功角稳定问题，在下文中，如无特别说明，小干扰稳定特指小干扰动态功角稳定。

在线小干扰稳定评估主要关注大电网背景下的区域间或省间振荡模式，这些振荡模式通常频率较低（低于1Hz），参与机组较多，并且在模态图中机组可以明显地分为2～3个群。同时，在线分析过程中没有人工参与，系统需要自动完成机组分群和振荡模式识别，而机组分群又是振荡模式识别的基础，目前在线分析系统中通常采用数据聚类的方法来实现机组分群的功能[4]。

1. 数据聚类算法

聚类是将物理或抽象对象集合分组为由相似对象组成的多个类的过程。聚类分析已被应用于许多领域，其中包括模式识别、数据分析、图像处理和市场分析等。通过聚类，可以辨别出空旷和拥挤的区域，进而发现整个分布模式以及数据属性间存在的有价值的相互关系。聚类分析作为数据挖掘的一项功能，可以作为单独使用的工具来帮助分析数据的分布、了解各数据的特征、确定所感兴趣的数据类以便作进一步分析。

数据聚类算法指的是在不存在任何关于样本的先验知识的情况下，通过发现数据自身的内部结构，将数据以“聚类”的形式分组，即描述数据之间联系的“数据驱动”方法，属于非监督学习分类方法。与监督算法不同，人们事先对数据集的分布没有任何的了解。

融合算法（merging algorithm）属于数据聚类算法的一个分支。融合算法对于具有 n 个样本的集合，产生一个从 1 到 n 的聚类序列，这个序列有二叉树的形式，从而产生一个起始于一个个独立的样本，自下而上的合并算法。融合算法采用若干独立的聚类器分别对原始数据进行聚类，然后对这些结果进行组合，最终获得对原始数据的聚类结果。融合算法包含以下主要步骤：

（1）给定 n 个样本 $x_i(i=1,2,\cdots,n)$，最初把每个样本看成一类 $W_i=\{x_i\}$，设聚类数 $c=n$。

（2）当 $c>N$（N 为指定分群数量）时，重复进行以下操作：

1）利用合适的相似性度量尺度和规则确定最相近的两个聚类 W_i 和 W_j；

2）合并 W_i 和 W_j，形成新群 $W_{ij}=\{W_i,W_j\}$，从而得到一个类别数为 $c-1$ 的聚类解；

3）将 c 值递减，直至 $c\leqslant N$。

2. 小干扰模态分群算法

根据上述数据聚类算法的思想，参照其中的融合算法，设计了电力系统小干扰模态分群算法。该算法既适用于在线小干扰稳定计算，也适用于离线小干扰稳定计算分析，且不需要指定分群数量。算法步骤如下：

（1）分振荡模式读取特征根和特征向量，筛选掉等值机等不参与振荡的机组。

（2）对某一振荡模式下所有机组的相关因子进行排序，同时筛选掉参与因子小于 0.0001 的机组。

（3）初始化机组分群信息，初始认为每个机组独自形成一个群，记录群的数量 n，此时群数量与机组数量相同。

（4）计算所有机组对应的特征向量分量之间的夹角，作为两个机组间的距离，用此数值表征机组间的相似程度（或差异程度）。距离数值越大，代表两个机组差异越大；反之越小代表两个机组相似程度越高。

（5）循环迭代合并相似度较高的机群。其中，以机群内部两个机组间的最大距离代表机群的覆盖范围，即机群直径；以两个机群各选一个机组对应的最大距离作为两个机群的距离。

1）计算余下机群两两之间的距离，找出距离最小的两个机群；

2）计算这两个机群的机群直径，取其中较大的一个记作 $D_{\max}$；

3）若剩下机群数量超过五个，则合并距离最小的两个机群，机群数量减 1；

4）若剩下机群数量不超过五个，则计算合并后该群的机群直径 D_{group}；如果 $D_{group}>4D_{max}$，则取消合并，并且结束迭代；反之，则保持合并，继续迭代。

（6）所有余下机组分群按照所含机组数量，从多到少进行排序。

（7）将余下机群中所含发电机特征向量的平均幅值最大的一群作为第一群，将与第一群间距离最大的机群作为第二群。

（8）振荡模式主要表现为上述第一机群与第二机群间的振荡，分群结束，输出结果信息。

小干扰模态分群算法流程如图 5－1 所示。

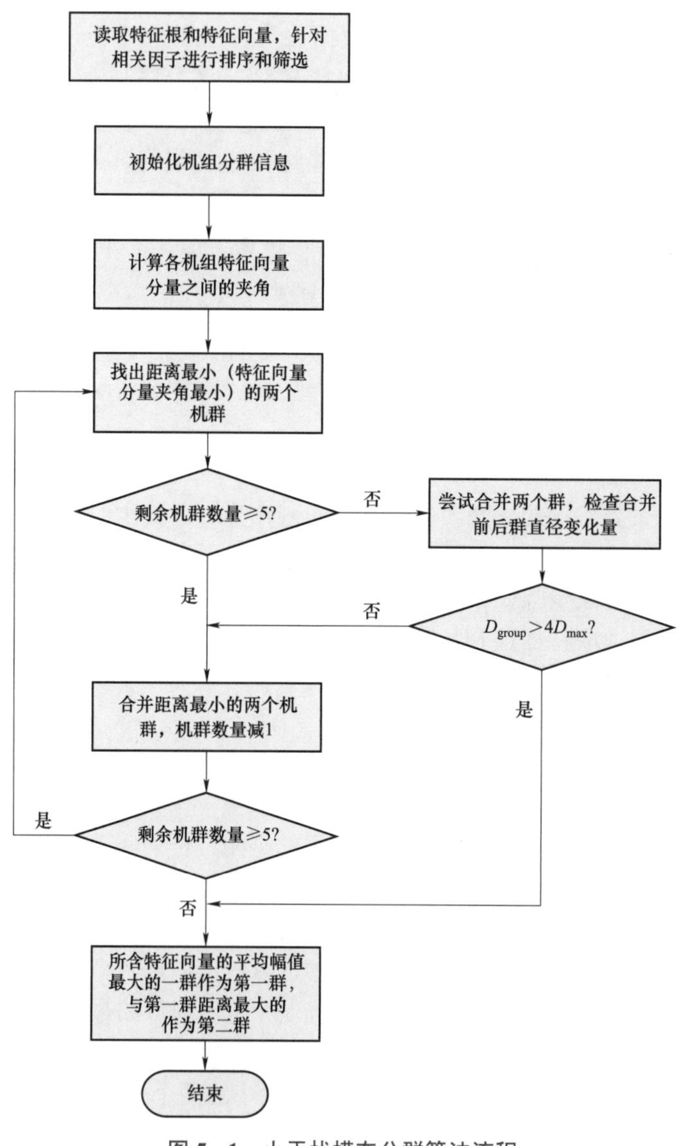

图 5－1　小干扰模态分群算法流程

3. 小干扰模态分群主要环节

小干扰模态分群的融合算法是否有效，主要取决于三个环节：两群距离计算方法、融合迭代结束判据，以及主要群和代表机组的挑选，下面分别叙述。

（1）两群距离计算方法。确定最近的两个聚类时，需要同时考虑相似性度量和用于评价聚类对间相似性的规则。用于描述多种聚类之间相异程度的方法，统称为联接规则。小干扰模态分群算法中采用的是完全联接规则（furthest neighbor，FN），它用两个聚类中相距最远的两个样本间的距离，来代表两个聚类的距离：

$$d(W_i,W_j)=\max_{x\in W_i,y\in W_j}\left\|x-y\right\| \tag{5-9}$$

式中：$d(\bullet)$ 为距离；x 和 y 为分属于 W_i 和 W_j 群的任意两个特征向量分量的辐角。

完全联接规则适用于各个类聚集得比较紧密，而且近似球状，大小也差不多的情况，小干扰模态图符合上述特征，因此可以取得较好的效果。

（2）融合迭代结束判据。研究融合迭代结束判据，首先要确定聚类的大小（直径），当聚类群包含两个或两个以上的样本时，定义群内距离最远的两个样本的距离为聚类群直径。聚类群 W_i 的直径 D_i 的计算公式如下：

$$D_i=\max_{x_{i1},x_{i2}\in W_i}\left\|x_{i1}-x_{i2}\right\| \tag{5-10}$$

式中：x_{i1} 和 x_{i2} 为同属于 W_i 群的任意两个特征向量分量的辐角。

合并距离最近的两个群 W_i 和 W_j，形成新群 W_{ij}，将新群直径 D_{ij} 与原有两个群直径的较大者 $D_{\max}$ 相比较，当比值大于某个限值时，认为不宜继续进行合并，即融合迭代结束。融合迭代结束判据的含义比较明确，如果合并后群的直径较合并前有很大的增长，说明此时需要合并的两个群相似性不够明显，不应该进行合并操作。

（3）主导机群和代表机组的挑选。小干扰模态分群算法需要最终挑选出两个主导发电机群和它们的代表机组。经过融合算法分析，所有发电机特征向量被聚合成 3～5 个子群；在所剩子群中，计算所有群内所含发电机特征向量的平均幅值，挑选出平均幅值最大的一群，即能量最大的一群作为第一群；计算其余群与第一群的距离，挑选与第一群距离最大的群作为第二群，这两个群即为主导机群；在这两个群中，各挑选五个特征向量幅值最大的发电机，作为每个群的代表机组。

4. 小干扰振荡模式辨识

电力系统在运行过程中，时时刻刻都面临着各种各样的功率扰动，同时也存在着很多振荡模式。这些振荡模式是客观存在的，无法消除，只能抑制。其中一些局部振荡模式由于参与机组较少，对大电网的威胁较小。对大电网安全运行影响较大的振荡模式为区域间振荡模式和省间振荡模式等。区域间振荡模式发生在区域电网通过交流系统互联的情况下，具体表现为区域间联络线出现功率振荡，例如华北—华中振荡模式；省间振荡模式为区域电网内部的省间联络线出现功率振荡情况，典型的振荡如内蒙古—山东振荡模式。

对于实际系统而言，由于各个电网的元件和参数是确定的，因此上述振荡模式只与电网的网络拓扑、机组状态和负荷水平等运行状态有关。换言之，在一定时间段内，主要振荡模式（包括振荡频率和主要参与机组）不会发生大的变化，例如华北—华中振荡模式的振荡频率在 0.1～0.2Hz，参与机组群分别为华北机组和华中机组。

基于在线数据和分析结果，实时发现这些关键振荡模式的状态，可以掌握当前电网发生扰动时的变化特性；而通过对振荡模式中一些特征的分析，就能够达到发现关键振荡模式的目的。具体来讲，可以通过振荡频率和参与机组来对振荡模式进行辨识，两个条件同时满足可认为匹配成功，然后再根据阻尼比分析结果，来判断该振荡模式是否存在风险。

（1）振荡频率。通过小干扰特征根分析可得到振荡频率结果，比较该频率是否在某已知振荡模式的频率范围之内，例如华北—华中振荡模式可设定为 0.1～0.2Hz 范围。

（2）参与机组。根据小干扰模态分群结果，把参与振荡的两个主要机群按区域进行划分，与已知振荡模式的参与机组区域进行匹配。

5.2 基于电网层级网络模型的小干扰稳定评估

在线小干扰稳定评估的主要目标是快速识别指定振荡模式的频率和阻尼比，分析过程需要经过模型线性化、特征值和特征向量求解以及振荡模式分析等三个串行步骤，是较为耗时的计算类型，容易成为整个系统的时间短板。为了提升在线分析的响应速度，可以采用在线分析系统产生的仿真算例作为样本，训练形成神经网络模型，预测指定振荡模式的频率和阻尼比，最终用于在线分析的快速判稳。

电力系统输电网络本身存在明显的分层特性，电网层级结构示意如图 5－2 所示。

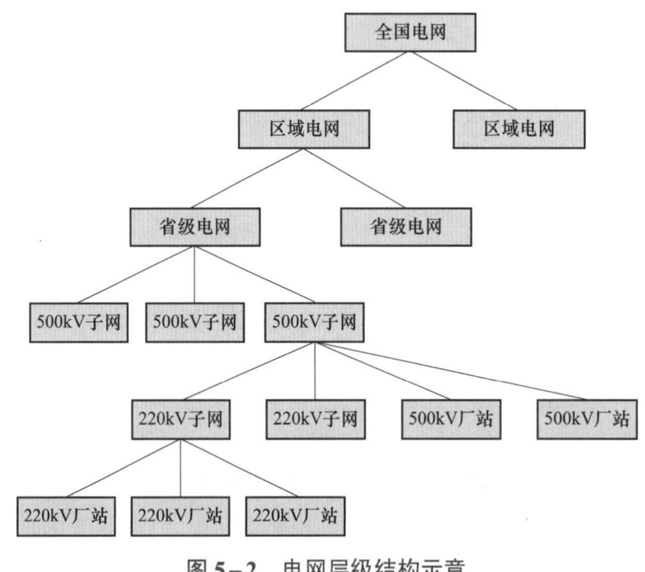

图 5－2　电网层级结构示意

（1）区域电网间采用直流输电系统或特高压交流线路互联，为非同步电网或弱连接的同步电网。

（2）区域内省级电网间大多采用 500kV 或 1000kV 的交流线路互联，省间电气距离通常比省内要大。

（3）省内主要以500kV交流线路为主干网络，相互间联系较为紧密，部分省内也可分为内部联系更加紧密的子群（500kV子网群）。

（4）220kV网络比较多样，省内一般包含若干个220kV子网，这些子网多则包含几十甚至上百个厂站，少则只有一个厂站，各个子网分别连接至一个或多个500kV厂站。

本方法基于电网连接关系的特点，构建电网层级网络（grid hierarchy net，GHNet）模型[8]，具体步骤包括：

（1）建立电网层级网络模型。根据电力系统在线分析数据特点，以厂站作为最小单元，把电网从下到上分为220kV子网、500kV子网、省级子网、区域级子网和全国网络五个层次。通过拓扑分析，建立五个层次网络之间所属关系，例如某省电网包含下属的全部500kV厂站，某500kV厂站包含下面连接的220kV子网，220kV子网包含子网内的全部220kV厂站。这样形成一个树状的网络模型，称为电网层级网络模型，如图5-3所示。

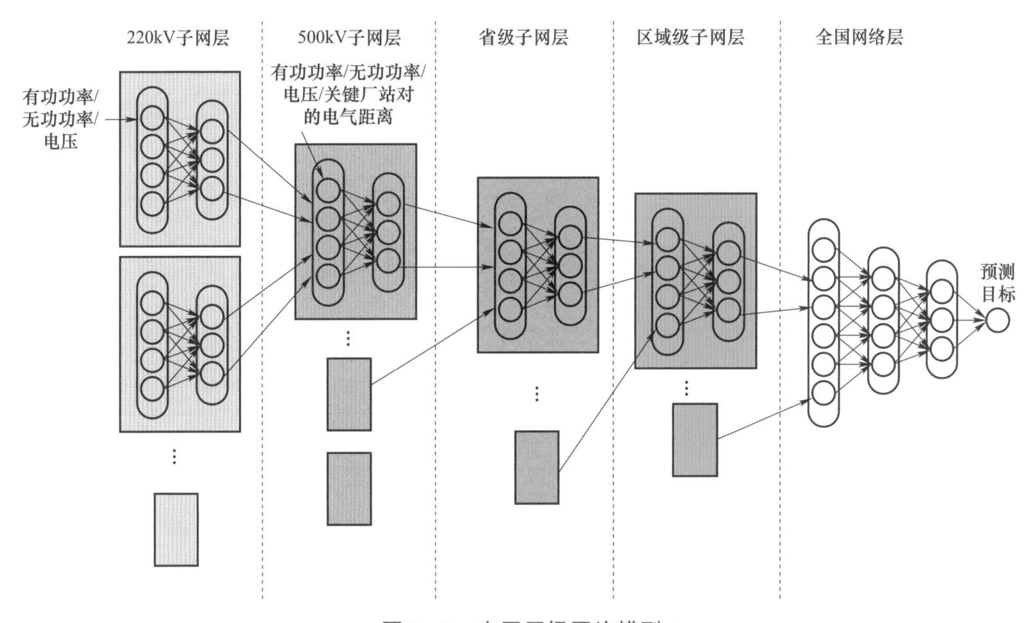

图5-3 电网层级网络模型

（2）确定输入量。层级网络的最小单元是厂站，厂站可以包含若干属性：如果为负荷站，则包含站内负荷的总有功功率和总无功功率；如果是发电厂，则包含厂内每台机组的投运状态、有功功率和机端电压；如果是换流站，则包含直流输电总有功功率和站内无功补偿装置的总无功功率。这样，第一层（220kV子网层）的输入量全部为220kV厂站的有功功率、无功功率、电压等输入量；第二层（500kV子网层）的输入量既包括从第一层（220kV子网层）汇聚上来的特征，又包括本层的500kV厂站的有功功率、无功功率、电压等输入量及关键厂站对的电气距离；第三层及以上的输入量全部为下层网络汇聚上来的特征。

（3）输入量归一化。对于每一个输入量，应先进行归一化处理，按照该输入量 V 在样本库中的最大值 V_{max} 和最小值 V_{min} 来映射到［0，1］的区间内，映射关系为（$V-V_{min}$）/（$V_{max}-V_{min}$）。

（4）训练模型。按照层级网络结构把所有子网进行连接，再把最上层节点与代表预测目标的输出节点相连，形成整体的判稳模型；用历史仿真样本的稳态量和预测目标作为网络输入和输出，对整个判稳模型进行训练。

（5）应用模型。训练后的网络和参数进行保存，未来直接用于新运行点稳定程度的快速判别。

本节介绍的网络模型适用于电网的各类稳定问题，包括暂态稳定、小干扰稳定、静态电压稳定等，且可以根据不同输入量或电网结构来进行调整，改变整个模型的参数数量。

5.2.1 稳态输入量

由于深度学习的模型通常较大，可以引入的输入量也较多，例如图片识别中输入量的数量通常在 1 万以上，有时甚至可以达到 100 万或更多。因此，GHNet 模型尽量选取原始的稳态特征量作为输入量，避免人为进行统计和加工，以提高模型的精细程度，GHNet 模型的稳态输入量如表 5－1 所示。

表 5－1　GHNet 模型的稳态输入量

设备类型	状态量
机组	投运状态、有功功率、机端电压
直流系统	直流输电总有功功率、站内无功补偿装置总无功功率
负荷站	负荷总有功功率、总无功功率
关键厂站对	厂站间电气距离

针对小干扰稳定而言，系统运行方式和机组运行状态起主导作用，其他状态量的影响较小，因此本章以主要厂站间电气距离、机组的有功功率和机端电压作为小干扰稳定评估模型的输入量。

5.2.2 电气距离输入量

电网运行方式对于稳定特性的影响较大，同时运行方式的表征也是一个难点。如果简单采用每个线路的投运状态作为输入量，则必然遇到稀疏问题，即不同样本会出现大量重复的输入量，增加模型训练的难度。GHNet 模型引入电气距离灵敏度的概念，将不同运行方式通过关键厂站对的电气距离变化来进行表征，再将挑选出来的电气距离作为模型输入量的一部分，以提高模型对于不同运行方式的适应能力。

电气距离反映了电力系统中节点之间的相互作用关系，数值越大，表明节点间的电气联系越弱。节点 i 和 j 之间的电气距离等于节点 i 和 j 之间联系阻抗 $Z_{ij,\mathrm{equ}}$ 的模值，$Z_{ij,\mathrm{equ}}$ 的计算公式为：

$$Z_{ij,\mathrm{equ}}=\left(Z_{ii}-Z_{ij}\right)-\left(Z_{ij}-Z_{jj}\right) \tag{5-11}$$

式中：Z_{ij} 为节点阻抗矩阵中第 i 行、第 j 列对应的元素。

系统运行方式的变化主要体现在电网网架结构的变化，即线路开断状态变化。电气距离灵敏度指线路开断状态变化前后系统任意两个节点之间电气距离的变化率：

$$\beta_{ij,k}=\frac{Z_{ij,k}-Z_{ij,0}}{Z_{ij,0}}\times 100\% \tag{5-12}$$

式中：$Z_{ij,0}$ 为初始运行方式下的节点 i 和 j 间的电气距离；$Z_{ij,k}$、$\beta_{ij,k}$ 分别为开断线路 k 后的节点 i 和 j 间的电气距离和电气距离灵敏度。

遍历系统所有的 $N-1$ 运行方式，对于每种 $N-1$ 运行方式，计算系统内任意两个节点间的电气距离灵敏度。根据计算得到的电气距离灵敏度，采用贪心算法挑选满足以下两个条件的 m 个厂站对作为关键厂站对：

（1）根据设定的灵敏度阈值，只有当厂站对的电气距离灵敏度大于或等于设定阈值时，表明此厂站对的电气距离对当前的 $N-1$ 运行方式敏感。

（2）m 个厂站对的电气距离必须反映系统关注的所有 $N-1$ 运行方式，即对于任意一个系统关注的 $N-1$ 运行方式，在这 m 个厂站对的电气距离中至少有一个对此运行方式敏感。

GHNet 模型引入关键厂站对的电气距离作为输入量，用于反映电网线路运行状态的变化。由于目前仅选用 500kV 及以上的厂站，因此电气距离输入量在 GHNet 模型的 500kV 子网层进行输入。

5.2.3　预测目标和损失函数

小干扰稳定评估的预测目标为指定振荡模式的阻尼比和振荡频率，均为浮点型数值，对应机器学习中的回归问题，采用均方误差（mean-square error，MSE）作为损失函数，如式（5-13）所示。训练过程中，通过最小化损失函数的方式实现模型对训练集的数据拟合。

$$L=\frac{1}{2m}\sum_{i=1}^{m}\left|y_i-y_i'\right|^2 \tag{5-13}$$

式中：L 为损失函数；m 为样本总数；y_i 为神经网络预测值；y_i' 为真实值。

5.2.4　GHNet 模型的优势

电网层级网络模型的优势主要包括：

（1）适用于大电网。GHNet 符合电网稳定分析的特性，可以建立电网稳定指标与每一个潮流输入量之间的关联关系，同时能够有效地控制可训练参数的数量，避免模型过大、所需训练样本过多的情况。

（2）可塑性强。可以依据稳定问题的特点，选择不同类型的输入量或不同区域的子网，进行灵活组织，例如针对局部特点明显的电压稳定问题，可采用某个省级电网及以下的子网来构建神经网络，控制模型规模，突出相关性强的输入特征。

（3）便于并行计算。由于 GHNet 的构建方法，每个子网仅由其自身的输入决定，与其他同级子网的输入均无关，因此便于构建基于并行计算的训练和应用方法，进一步提升计算效率。

（4）泛化能力较强。引入了关键厂站对的电气距离作为输入量，有效地反映了电网线路运行状态的变化，并且避免了输入量的稀疏问题，提升了模型对电网不同运行方式的适应能力。

5.3 基于图卷积的小干扰稳定评估

图神经网络用于处理非欧结构的数据，对图结构数据有比卷积网络更强的表达能力，经过几年的发展形成了多个分支，如运用谱分析理论进行图卷积等，特别是 2017 年 Kipf T N 等提出的图卷积网络（graph convolutional network，GCN）[10]。采用图卷积网络表达和刻画电网，能够准确抓住电网中潮流传播的特征，比常规的卷积神经网络更符合电网的物理特性。

对于图数据 $G=(v,\varepsilon)$，v 为图中顶点的集合，ε 为图中边的集合，可定义其邻接矩阵 $\boldsymbol{A}$ 中的元素 A_{ij} 和度矩阵 $\boldsymbol{D}$ 中的元素 D_{ii} 如式（5-14）所示，两个矩阵均为 N 阶方阵，N 为图 G 的顶点数量，D_{ij} 为 0。

$$\begin{cases} A_{ij}=\begin{cases} 1;\text{顶点}i\text{与}j\text{之间存在边} \\ 0;\text{其他} \end{cases} \\ D_{ii}=\sum_{j=1}^{N}A_{ij} \end{cases} \tag{5-14}$$

GCN 是作用在图结构的数据上的卷积网络，将共享的卷积核作用在整个图上，拟合图结构上数据的特定目标函数。GCN 需要两部分输入，一是对图上每个节点 i 的特征描述 x_i，用维度为 $N\times F$ 的矩阵 $\boldsymbol{H}^{(l)}$ 表示（N 为图上节点个数，F 为每个节点的特征维度）；二是用于描述图结构的矩阵，这里使用图的邻接矩阵 $\boldsymbol{A}$。经图卷积处理之后，输出矩阵 $\boldsymbol{H}^{(l+1)}$。则整个 GCN 由多层图卷积操作层构成，对于第 l 层的最简图卷积操作为：

$$\boldsymbol{H}^{(l+1)}=f\left(\boldsymbol{H}^{(l)},\boldsymbol{A}\right)=\delta\left(\boldsymbol{A}\boldsymbol{H}^{(l)}\boldsymbol{W}^{(l)}\right) \tag{5-15}$$

式中：$\boldsymbol{W}^{(l)}$为第 l 层的权重矩阵；δ为该层的非线性激活函数，通常选择 ReLU 作为激活函数。在此基础上增加两点改进，首先由于邻接矩阵的对角线元素为 0，无法考虑节点自身特征，为此将单位阵$\boldsymbol{I}_N$与邻接矩阵$\boldsymbol{A}$相加，引入对节点自身特征的考虑，因此修正邻接矩阵$\tilde{\boldsymbol{A}}$和度矩阵元素$\tilde{D}_{ii}$如式（5-16）所示；其次，由于在多层卷积之间多次与$\boldsymbol{A}$做矩阵乘法，会使得输出的特征向量大小改变，影响网络稳定性，为此将矩阵$\boldsymbol{A}$归一化使得每行的和为 1，以避免上述问题。此时，可得到第 l 层的图卷积计算如式（5-17）所示[10]。

$$\begin{cases} \tilde{\boldsymbol{A}} = \boldsymbol{A} + \boldsymbol{I}_N \\ \tilde{D}_{ii} = \sum_{j=1}^{N} \tilde{A}_{ij} \end{cases} \tag{5-16}$$

$$\boldsymbol{H}^{(l+1)} = f\left(\boldsymbol{H}^{(l)}, \boldsymbol{A}\right) = \delta\left(\tilde{\boldsymbol{D}}^{-\frac{1}{2}} \tilde{\boldsymbol{A}} \tilde{\boldsymbol{D}}^{-\frac{1}{2}} \boldsymbol{H}^{(l)} \boldsymbol{W}^{(l)}\right) \tag{5-17}$$

5.3.1　特征量选择

实际电力系统本身就是一个复杂的图结构系统，可以依据电网的连接关系来构建图卷积模型，模型中以厂站为单元进行建模，以厂站之间的连接关系来构建邻接矩阵，形成一个覆盖全网的图卷积网络。厂站作为图结构中的节点，可以选择表 5-2 所示的全部或部分物理量作为节点特征量。

表 5-2　构成特征量的物理量

物理量	含义	物理量	含义
U	母线电压幅值	$\cos\theta_{\mathrm{L}}$	负荷功率因数
θ	母线电压相角	P_{AC}	交流线路有功功率（取I侧）
P_{G}	发电机有功功率	Q_{AC}	交流线路无功功率（取I侧）
Q_{G}	发电机无功功率	P_{DC}	直流线路有功功率（取I侧）
$\cos\theta_{\mathrm{G}}$	发电机功率因数	Q_{DC}	直流线路无功功率（取I侧）
P_{L}	负荷有功功率	Q_{PC}	并联电容器投入容量
Q_{L}	负荷无功功率	Q_{PL}	并联电抗器投入容量

5.3.2　数据预处理

本章采用［0，1］归一化，如式（5-18）所示：

$$y = (y_{\max} - y_{\min}) \times \frac{x - x_{\min}}{x_{\max} - x_{\min}} + y_{\min} \tag{5-18}$$

式中：x 为未经处理的样本数据；y 为归一化后的数据；x_{max} 和 x_{min} 分别为原始数据 x 在样本集中的最大值和最小值；y_{max} 和 y_{min} 为映射的范围参数，[0,1] 归一化时，$y_{max}=1$，$y_{min}=0$。

5.3.3 训练流程

邻接矩阵 $\boldsymbol{A}_i$ 与节点特征 $\boldsymbol{H}_i$ 共同构成了样本 i 的特征量。显然，上述电力网络定义与深度拓扑 GCN 适用的任务是一致的。因此，用深度拓扑 GCN 来对电力系统小干扰稳定特性进行建模和评估，GCN 模型如图 5-4 所示。邻接矩阵和节点特征作为 GCN 的输入，然后得到的输出作为节点的新特征，成为下一层 GCN 的输入，如此重复 N_{GCN} 次。

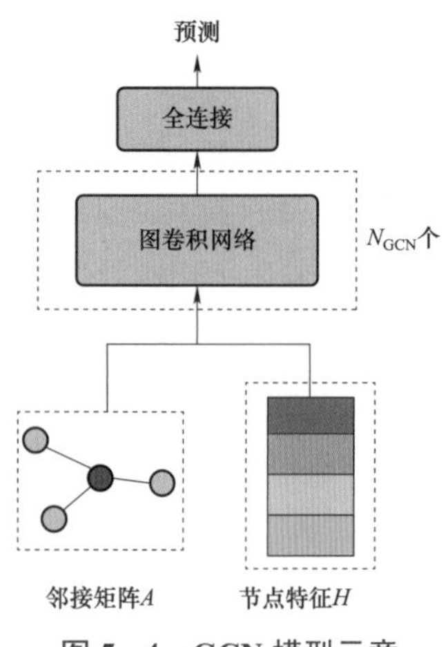

图 5-4 GCN 模型示意

5.4 算 例 分 析

5.4.1 基于电网层级网络模型的小干扰稳定评估

以东北电网为例进行分析。东北电网由辽宁电网、吉林电网、黑龙江电网和蒙东电网组成，分析所用在线数据覆盖了东北电网 220kV 及以上的所有设备。东北电网最主要的小干扰稳定振荡模式为辽宁南部-黑龙江东部振荡模式（简称辽宁-黑龙江振荡模式），其中辽宁机群的代表机组主要分布在红沿河厂、绥中厂、营口厂、清河厂等地，黑龙江机群的代表机组主要在双鸭山厂、七台河厂、鹤岗厂、宝清厂等地。采用 2018 年 11 月 6 日 16 点的在线数据进行小干扰稳定仿真分析，得到辽宁-黑龙江振荡模式的阻尼比为 11.52%，振荡频率为 0.5635Hz，模态图如图 5-5 所示，即各个机组对应特征向量的复数，图中右

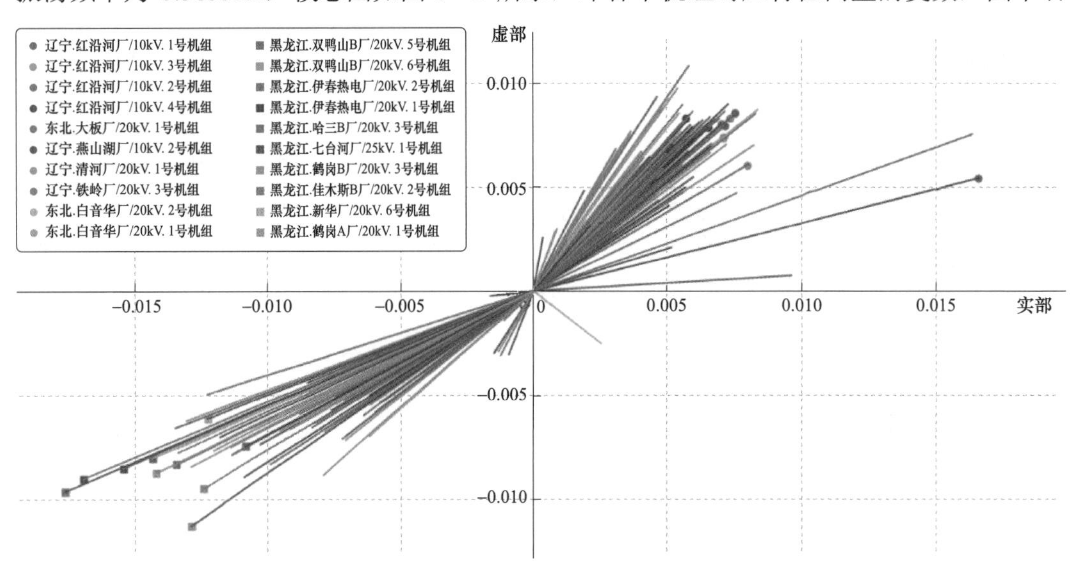

图 5-5 辽宁-黑龙江振荡模式的模态图（2018 年 11 月 6 日 16 点）

上角为辽宁机群，圆圈符号为 10 个辽宁机群的代表机组，左下角为黑龙江机群，方块符号为 10 个黑龙江机群的代表机组。

在线小干扰稳定分析重点关注主要振荡模式的阻尼比和频率两个指标，本算例分别构建和训练三个 GHNet 模型：GHNet-d、GHNet-f 和 GHNet-all。其中模型 GHNet-d 输出一个预测量，为振荡阻尼比；模型 GHNet-f 输出一个预测量，为振荡频率；模型 GHNet-all 同时输出两个预测量，为振荡阻尼比和频率。除了在输出量上有所差异外，三个模型的结构、输入量、数据集和训练方法等均保持一致，基本信息如表 5-3 所示。

表 5-3　　小干扰快速判稳模型基本信息

模型名称	GHNet-d	GHNet-f	GHnet-all
训练集样本数量	14790 个，占比 90%		
验证集样本数量	822 个，占比 5%		
测试集样本数量	821 个，占比 5%		
输入量	机组有功功率和机端电压各 275 维，关键厂站对电气距离 70 维，共 620 维		
输出量	阻尼比	频率	阻尼比和频率
模型参数数量	12129	12129	12162
迭代次数	200		

（1）三个 GHNet 模型均包含从 220kV 子网层到区域级子网层的四层结构，每层构建两层神经网络，再加上输出层共计九层神经网络。

（2）采用相同的输入量，主要包括 275 个机组的有功功率和机端电压，以及 35 个关键厂站对的电气距离，需要说明的是每个电气距离信息同时在两侧厂站进行输入，因此占据 70 个输入量，输入量总体共计 620 维。如果单纯采用全连接网络，其通常做法是上一层神经元数量是下一层的一半，如此推算出从输入层到第一个隐含层之间的可训练参数数量就有 19.22 万个（$620 \times 620 \div 2 = 192200$），而 GHNet 整个模型的参数数量只有约 1.2 万个，可见 GHNet 可以有效地控制模型的参数数量。

（3）以东北电网 2018 年 11～12 月的实际在线数据为基础，共计 16433 个历史运行点，所有样本中辽宁－黑龙江振荡阻尼比的最大值和最小值分别为 15.32%和 10.34%，振荡频率的最大值和最小值分别为 0.6092Hz 和 0.5489Hz。采用 90%、5%、5%的比例随机将数据集划分为训练集、验证集和测试集，其中训练集 14790 个样本，验证集 822 个样本，测试集 821 个样本，同时在训练和测试过程中保持数据集、验证集和测试集不变。

（4）采用 Adam 优化方法[11]，初始学习率设定为 0.001；预测目标和损失函数如 5.2.3 节所述，训练集迭代 200 次，每隔 10 次进行 1 次模型保存；采用绝对误差和相对误差在测试集的统计结果（平均值、最大值）作为评价模型优劣的依据，绝对误差和相对误差如式（5-19）所示。

$$\begin{cases} E_{\mathrm{A}} = |y - y'| \\ E_{\mathrm{R}} = \dfrac{|y - y'|}{y'} \times 100\% \end{cases} \tag{5-19}$$

式中：E_{A} 为单样本的绝对误差；E_{R} 为单样本的相对误差；y 为预测值；y' 为真实值。

分别对三个模型进行训练，训练过程中的损失函数变化曲线如图 5-6 至图 5-8 所示。由于验证集损失函数的数值变化（虚线）存在波动，为了看清总体变化趋势，对其进行平滑处理（点划线），可见训练集和验证集的损失函数值保持同步下降，且验证集的损失函数数值没有明显高于训练集，说明训练过程未出现过拟合情况。同时，训练完成 200 次迭代后，模型准确度指标已达到较高水平，满足在线分析需求，因此以第 200 代的模型作为最优模型。

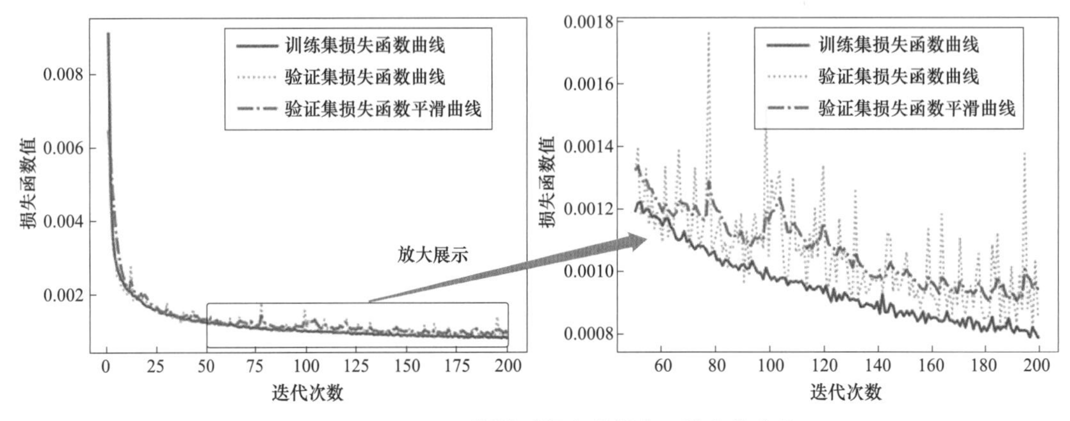

图 5-6　GHNet-d 训练过程中的损失函数变化曲线

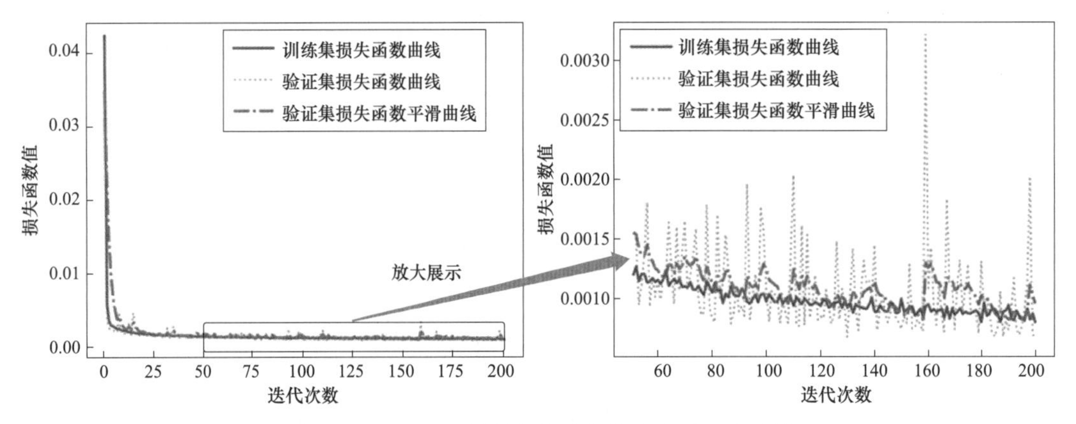

图 5-7　GHNet-f 训练过程中的损失函数变化曲线

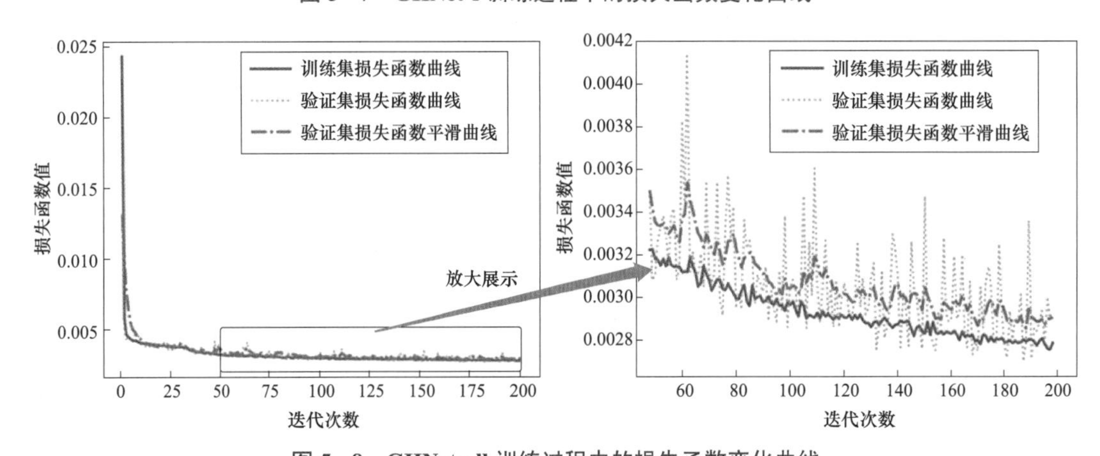

图 5-8　GHNet-all 训练过程中的损失函数变化曲线

小干扰快速判稳模型预测误差如表 5－4 所示，预测的原始绝对误差分布如图 5－9 至图 5－12 所示。为与相对误差值进行区分，表 5－4 中阻尼比采用小数形式表示。绘制误差直方图时采用了带正负号的原始误差值，以表现整体的分布效果。从图和表中可以看出：① GHNet-d 与 GHNet-f 的平均绝对误差和最大绝对误差均较小，说明模型很好地拟合了 2018 年 11～12 月期间辽宁－黑龙江振荡模式的特性，满足在线分析对于预测精度的要求；② 对比 GHNet-d 与 GHNet-f 的结果，在相同的规模和训练方法下模型对于振荡频率的预测更加精准，说明振荡阻尼比的问题复杂度更高，也更难以拟合；③ GHNet-all 模型效果稍差，主要体现在平均绝对误差明显高于另外两个模型。这个结果也是可以预见到的，因为三个模型的规模大致相同，而前两个模型分别需要拟合一组映射关系（运行点到振荡阻尼比或运行点到振荡频率），GHNet-all 则需要同时拟合两组映射关系，即使在两个预测目标存在相关性、中间层特征可能重复利用的情况下，拟合能力仍然稍显不足，可以通过扩大模型规模的方式来提高精度，达到在线应用的要求。

表 5－4　小干扰快速判稳模型预测误差

模型名称	GHNet-d	GHNet-f	GHNet-all	
预测对象	阻尼比	频率	阻尼比	频率
平均绝对误差	0.0008	0.0006Hz	0.0030	0.0026Hz
平均相对误差（%）	0.64	0.11	2.22	0.46
最大绝对误差	0.0049	0.0115Hz	0.0187	0.0128Hz
最大相对误差（%）	3.27	1.93	16.18	2.20

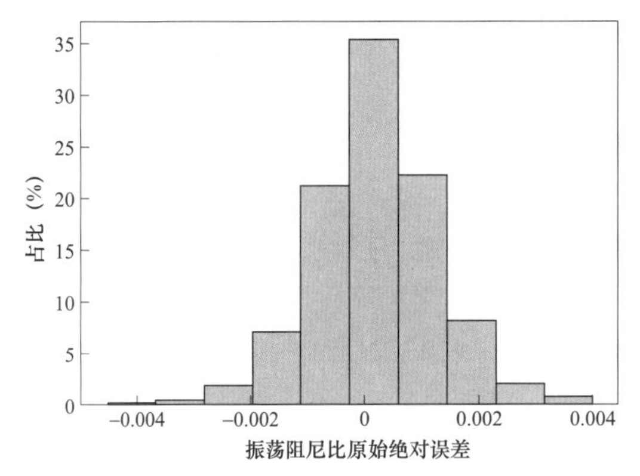

图 5－9　GHNet-d 预测振荡阻尼比原始绝对误差分布

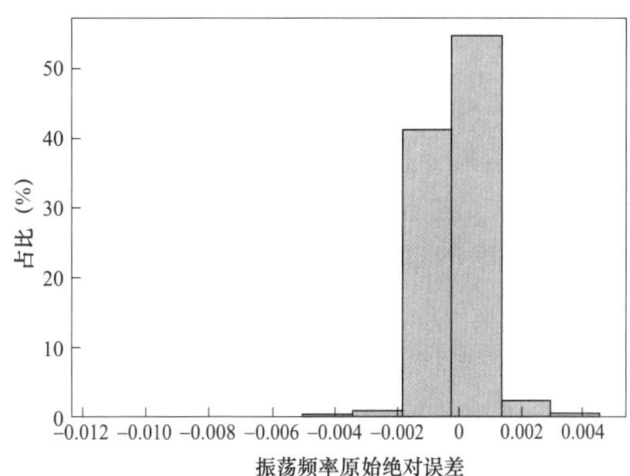

图 5－10　GHNet-f 预测振荡频率原始绝对误差分布

上述训练过程在单台工作站上完成，该工作站配置 Intel Core i7－8565U @1.80GHz CPU 和 8G 内存，训练迭代 200 次的总体时间约为 1200s；实际应用时，含在线数据加载在内的单个运行点的总执行时间约为 1.406s，其中神经网络进行小干扰稳定评估的时间约为 0.047s。

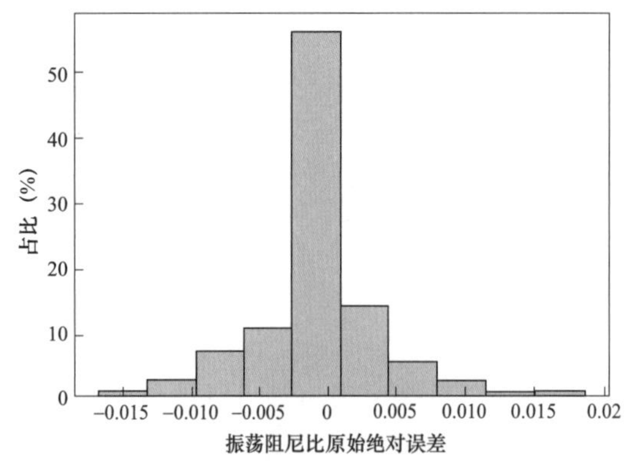

图 5-11 GHNet-all 预测振荡阻尼比原始绝对误差分布

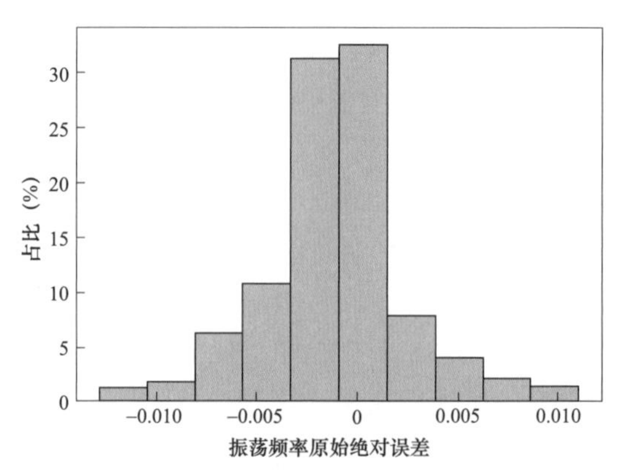

图 5-12 GHNet-all 预测振荡频率原始绝对误差分布

5.4.2 基于图卷积的小干扰稳定评估

以国调中心 2017 年 1 月在线计算数据为基础，验证本方法的有效性。当月华北—华中处于联网运行状态，因此在线数据中包含国调中心直调以及华北、华中所有 220kV 以上的电网设备。采用电厂机组总有功功率作为特征，每个电厂可能有多个机组，用多个机组的有功功率最小值、最大值、平均值、总和 4 个物理量作为电气特征。根据统计，电厂数量为 559 个，因此 $\boldsymbol{H}_i$ 的维度大小为 559 × 4，$\boldsymbol{A}_i$ 的维度大小为 559 × 559。然后经过 2 层拓扑 GCN（$N_{GCN}=2$）和 1 层全连接网络，得到预测值。训练时采用 Adam 优化方法，默认训练学习率为 0.0001，本节仍采用 5.2.3 节所述的预测目标和损失函数进行模型训练。

（1）基线模型。采用文献［5］所述深度学习卷积神经网络（CNN）模型作为基线模型。为了保证实验的公平性、合理性，在本算例中基线模型和拓扑 GCN 模型的参数量级和优化函数、使用的优化技巧均保持一致，基线模型和拓扑 GCN 模型都采用了相同的训练方法，相同的数据集划分方法。

（2）结果分析。首先分别采用 CNN 和图卷积网络（GCN）建立 4 个模型，每个模型输出 1 个预测结果，其中 CNN-f 和 GCN-f 模型用于预测华北－华中振荡模式的频率，CNN-d 和 GCN-d 模型用于预测华北－华中振荡模式的阻尼比，则分别预测频率和阻尼比的结果如表 5-5 所示。可以看出，GCN 模型预测频率和阻尼比的结果都略优于 CNN 模型，体现在平均相对误差和最大相对误差均较 CNN 模型略小。这说明 GCN 模型有更强的表达能力，对于拓扑图结构的数据，能够抽取更加有效的特征。

表 5-5 分别预测华北－华中振荡模式的频率和阻尼比的结果

模型	预测目标	平均相对误差（%）	最大相对误差（%）
CNN-f	频率	0.97	11.94
CNN-d	阻尼比	2.26	24.97
GCN-f	频率	0.96	11.81
GCN-d	阻尼比	2.19	24.35

接下来分别采用 CNN 和 GCN 建立 CNN-fd 和 GCN-fd 两个模型，每个模型输出两个预测结果，即同时预测华北－华中振荡模式的频率和阻尼比，结果如表 5－6 所示。可以看出，GCN 模型预测频率和阻尼比的结果明显优于 CNN。结合前文结果，说明了 GCN 模型处理拓扑图结构数据的有效性。

表 5－6　　同时预测华北－华中振荡模式的频率和阻尼比的结果

模型	预测目标	平均相对误差（%）	最大相对误差（%）
CNN-fd	频率	1.80	12.47
	阻尼比	2.93	27.97
GCN-fd	频率	1.28	11.63
	阻尼比	2.57	26.50

GCN 模型预测华北－华中振荡模式的频率和阻尼比的时间小于 0.45s，华北－华中电网单次小干扰稳定计算耗时约 65s。可见，GCN 模型的计算速度有大幅度提升。

5.5　小　结

本章面向小干扰稳定问题，提出了预测指定振荡模式的频率和阻尼比的两种深度神经网络模型，即电网层级网络模型和图卷积模型。两种模型都利用了电网的先验知识，一定程度上考虑了电网的连接关系，在输入量和模型层数均较多的情况下仍能较好地控制模型的可训练参数数量，具有较好的精度和泛化能力，适用于大电网分析应用。

本章参考文献

［1］严剑峰，周孝信，史东宇，等．电力系统在线动态安全监测与预警技术［M］．北京：中国电力出版社，2015.

［2］董昱，胡超凡，葛睿，等．大电网在线分析理论及应用［M］．北京：中国电力出版社，2014.

［3］于之虹，李芳，孙璐，等．小干扰稳定调度控制策略在线计算方法［J］．中国电机工程学报，2014，34（34）：6191－6198.

［4］史东宇，鲁广明，顾丽鸿，等．基于数据聚类的电力系统在线小干扰稳定机组分群算法［J］．华东电力，2013，41（11）：2223－2228.

［5］SHI D Y，YAN J F，GAO B，et al.Study on quick judgment of small signal stability using CNN［C］//The 14th IET International Conference on AC and DC Power Transmission. Chengdu，China，2018.

［6］李洋麟，江全元，颜融，等．基于卷积神经网络的电力系统小干扰稳定评估［J］．电力系统自动化，2019，43（2）：50－57.

［7］郭梦轩，管霖，苏寅生，等．基于改进边图卷积网络的电力系统小干扰稳定评估模型［J］．电网技术，2022，46（6）：2095－2103.

[8] SHI D Y，ZHANG L L. Research on quick judgment of power system stability using grid hierarchy net[C]//The 4th International Conference on Electrical Engineering and Green Energy（CEEGE 2021）. Munich，Germany，2021.

[9] SHI D Y，LV Y，YU Z H，et al. Study on stability feature extraction of power system using deep learning [C] //The 3rd International Conference on Power and Energy Engineering. Qingdao，China，2019.

[10] KIPF T N，WELLING M. Semi-supervised classification with graph convolutional networks[C]//The 5th International Conference on Learning Representations. Toulon，France，2017.

[11] KINGMA D P，BA J L. Adam：A method for stochastic optimization [C] //The 3rd International Conference for Learning Representations. San Diego，America，2015.

第6章

电压稳定评估

6.1 概　　述

电力系统是一个复杂的大规模、非线性动态系统，其稳定分析是电力系统规划和运行的最重要也是最复杂的任务之一。长期以来，功角稳定问题一直受到高度关注，对其发生的机理也有了较为清楚的认识，功角稳定性的分析和控制都达到了比较高的标准，并且得到了实际应用。然而，作为电力系统稳定性的另一个侧面，电压稳定问题的研究进展却相对较慢，直到20世纪80年代世界各地电压崩溃事故的频频发生，才逐渐吸引了国际电工界的广泛关注。

近30年来，电力系统向大机组、大电网、高电压和远距离输电发展，这对于合理利用资源、提高经济效益和保护环境具有重要意义。同时，随着电力系统负荷的增加，我国电网的结构和规模有了长足的发展，这就给电力系统的安全运行带来了一些新的挑战，尤其是日益严重的电压稳定问题。电压失稳的最严重后果就是发生电压崩溃的恶性事故，如1987年7月23日日本东京电力系统的事故，损失负荷8168MW[1]；1996年7月2日美国西部电力系统发生大面积停电，影响了约150万～200万用户，持续了1.5～3h[2]；2003年8月14日美国东北部和加拿大东部的部分地区发生大范围停电，是北美历史上最严重的停电事故，这次停电波及了约24000km^2，超过5000万人受到影响[3-4]。这些事故都是因为电压失稳而导致大面积长时间停电，造成巨大的经济损失和社会生活的紊乱。在我国也出现过因为电压失稳而导致系统崩溃的记录，如1973年7月12日大连地区电网因电压崩溃造成大面积停电，此外湖北与四川电网在20世纪70年代也都发生过电压崩溃事故，我国的电力科研人员对电压稳定性问题也进行了广泛的研究[5-7]。

在电压稳定问题研究的早期，研究人员普遍认为电压稳定问题属于静态的范畴，研究集中在用静态的观点来探讨电压失稳的机理或基于潮流方程求取极限运行条件。随着研究的深入，电压稳定问题的动态本质引起了人们的注重，人们逐渐认识到要从根本上解释电压失稳机理必须建立电力系统的动态模型，用各种动态的分析方法来研究电压崩溃现象的本质，才能更好地避免电压崩溃的发生[7]。国际大电网会议（CIGRE）和国际电气与电子工程师学会（IEEE）把电力系统电压稳定分为小扰动电压稳定和大扰动电压稳定[8]，我国采用类似的分类方式，分为静态电压稳定（小扰动电压稳定）和大扰动电压稳定[9]，分别与之对应；在此基础上，我国又把大扰动电压稳定分为暂态电压稳定（短期过程）和长期过程电压稳定[9]。本书采用了我国对于电压稳定的定义和分类方法，同时由于在线分析的计算周期通常为5～15min，对于中长期等时间跨度较大的分析方法需求较弱，因此本章重点围绕静态电压稳定和暂态电压稳定开展研究，二者虽然机理和稳定指标不同，但都可以应用机器学习技术进行稳定的快速判别。针对上述两类电压稳定问题，已有学者引入机器学习技术进行了一些尝试，所用方法也较多，包括支持向量机、Boost 算法、决策树、深度学习等，其中深度学习技术具有数据拟合能力强、自动提取特征等优点，因此本章重点针对深度学习技术开展研究和验证。

6.2 静态电压稳定评估

6.2.1 问题描述

电力系统的静态电压稳定是指电力系统受到小扰动后，系统所有母线保持稳定电压的能力[9]，通常采用连续潮流法进行分析。由于潮流方程组的多解和系统电压不稳定现象密切相关，当系统接近电压崩溃点时，潮流计算将不收敛。连续潮流法通过增加一个方程改善了潮流的不收敛性，连续潮流法不仅能求出静态电压稳定的临界点，而且还能描述电压随负荷增加的变化过程，绘制出功率－电压曲线，同时还能考虑各种元件的动态响应。连续潮流法具有很强的鲁棒性，能够考虑各种非线性控制及一定的不等式条件约束；其缺点是算法对功率－电压曲线上的许多点都要做潮流计算，算法速度较慢，且一般不能精确计算出临界点。

6.2.2 稳定指标

为了防止电压失稳和电压崩溃事故，调度运行人员最为关心的问题是：当前电力系统运行状态是不是电压稳定的，系统离崩溃点还有多远或稳定裕度有多大。因此必须制定一个确定电压稳定程度的指标，以便调度运行人员做出正确的判断，采取相应的对策。由于电压稳定指标是对系统接近电压崩溃程度的一种量度，因此如何定义一个指标直接取决于对电压崩溃的理解。不同的理解将构造出不同的电压稳定指标。

常用的静态电压稳定指标可分为状态指标和裕度指标。两类指标都能够给出系统当前运行点离电压崩溃点距离的某种量度。状态指标利用当时的系统状态信息，计算简单，但线性程度不好，物理意义不明确，只能给出系统当时的相对稳定程度。相对于状态指标而言，裕度指标具有以下优点：能给运行人员提供一个较直观的表示系统当前运行点到电压崩溃点距离的量度；系统运行点到电压崩溃点的距离与裕度指标的大小呈线性关系；可以比较方便地计及过渡过程中各种因素如约束条件、发电机有功功率分配、负荷增长方式等的影响。

目前在线分析多采用裕度指标作为电压稳定指标，裕度指标的定义为：从系统给定运行状态出发，按照某种模式，通过负荷或传输功率的增长逐步逼近电压崩溃点，则系统当前运行点到电压崩溃点的距离可作为判断电压稳定程度的指标，称之为裕度指标。从以上定义可看出，决定裕度指标的关键因素主要有三个：崩溃点的确定、从当前运行点到崩溃点的路径的选取以及模型的选择。本章采用负荷有功功率裕度 K_p 和负荷增长有功功率 P_{lim} 作为电压稳定的裕度指标，分别如式（6-1）和式（6-2）所示。

$$K_p = \frac{P_{max} - P_0}{P_0} \times 100\% \tag{6-1}$$

$$P_{lim} = P_{max} - P_0 \tag{6-2}$$

式中：P_0 为在初始运行点的负荷有功功率；P_{max} 为在电压稳定临界点的负荷有功功率。

上述两个指标主要用于描述当前运行状态下，当指定的发电和负荷按预设方式同步增长时，达到功率－电压曲线拐点或潮流不收敛时的裕度指标，分别采用增长百分比和增长总功率两种方式进行描述。这两个指标越大，代表当前运行点距离电压崩溃点越远，系统也就越安全。

6.2.3 基于电网层级网络模型的静态电压稳定裕度评估

（1）模型和方法。由于静态电压稳定具有明显的分区分层特性：① 局部电网内的负荷功率变化呈现较强的相关性，而负荷变化对于静态电压稳定起着决定性的作用，这一点对于受端电网来说尤其明显；② 局部电网中的母线相互间电气距离较小，电压变化呈现相似的特性，例如同时偏高或偏低。这两个特点有利于先在局部进行降维和特征提取，再把特征逐层汇集形成全网特征，并进行稳定性判别，适合采用电网层级网络模型（GHNet）。

基于 GHNet 的静态电压稳定裕度评估可分为模型训练阶段和应用阶段，其中模型训练阶段主要步骤如下：

1）构建 GHNet 模型。以厂站为单元，依据电网连接关系和分层特点构建网络模型，从下到上分为 220kV 子网、500kV 子网，省级子网、区域级子网和全国网络五个层次。各子网内部采用全连接神经网络，同级子网相互间不直接互联，而是以全连接形式与上级网络进行连接，如此构成树状结构的整个神经网络，即 GHNet。GHNet 的输入为各个厂站的稳态量，并依据厂站在 GHNet 中的位置进行输入和连接，输出为静态电压稳定的关键指标。GHNet 模型结构详见第 5 章。

2）确定输入量。静态电压稳定主要与电力系统的负荷、机组、直流等设备状态以及系统运行方式较为相关，因此选择负荷站总有功功率和总无功功率、机组有功功率和机端电压，以及关键厂站对电气距离作为输入量，其中直流换流站以总功率的形式转换为负荷站进行处理。输入量确定后，依据各输入量的最小值和最大值进行归一化处理，将神经网络的实际输入量映射至［0，1］区间之内。

3）确定输出量。在线静态电压稳定评估重点关注负荷有功功率裕度和负荷增长有功功率，选择这两个指标作为 GHNet 的输出值，即预测目标。由于上述两个预测目标的数值范围存在巨大差异，当它们一起作为神经网络的输出时，数值较大的负荷增长有功功率误差在损失函数中必然占据主导位置，整个神经网络也会倾向于对它进行拟合，造成两个目标预测效果的不平衡。因此，需要对输出量进行归一化处理，如式（6-3）所示，这样可以将神经网络的输出调整至相同的数值范围，实际应用时再通过式（6-4）进行反向处理，得到实际的预测值。

$$y_{\text{norm}} = \frac{y - y_{\min}}{y_{\max} - y_{\min}} \tag{6-3}$$

$$y = y_{\min} + y_{\text{norm}}(y_{\max} - y_{\min}) \tag{6-4}$$

式中：y 为稳定指标；$y_{\min}$ 和 $y_{\max}$ 分别为数据集中稳定指标的下限和上限；y_{norm} 为归一化后的稳定指标。

4）模型训练。静态电压稳定评估的预测目标为指定增长模式的有功功率裕度和负荷增长有功功率，均为浮点型数值，对应机器学习中的回归问题，采用均方误差（mean-square error，MSE）作为损失函数，如式（6－5）所示。训练过程中，通过最小化损失函数的方式实现模型对训练集的数据拟合。

$$L = \frac{1}{2m}\sum_{i=1}^{m}\left|y_i - y_i'\right|^2 \tag{6-5}$$

式中：m 为样本总数；y_i 为神经网络预测值；y_i' 为真实值；L 为损失函数。

训练完成后，所得模型和相关处理程序即可部署于调控中心的运行环境。当系统接收到新的运行点数据后，立刻触发静态电压稳定裕度评估模块。模型应用阶段主要步骤如下：

1）处理在线数据。程序接收和解析文本格式的在线数据，从中获取静态电压稳定裕度评估所需的稳态输入量。

2）处理模型输入量。将稳态输入量进行归一化处理，并按照 GHNet 模型的输入量顺序进行排列。

3）调用 GHNet 模型。用归一化后的输入量驱动 GHNet 计算，得到静态电压稳定裕度评估的关键指标，并进行界面展示。

（2）算例分析。以东北电网 2018 年 11～12 月的实际在线数据为基础进行验证，共计 16433 个历史运行点。本算例在进行静态电压稳定评估时采用的是辽宁作为受端电网进行负荷增长，黑龙江和吉林作为送端电网进行发电增长的模式，主要考察黑龙江、吉林向辽宁送电的能力，因此在构建神经网络时也采用东北电网所对应的 GHNet 模型，即包含了从 220kV 子网到区域级子网的四级模型。本算例构建了两个相同结构的神经网络：GHNet-vs1 和 GHNet-vs2，其中模型 GHNet-vs1 采用原始的负荷有功功率裕度和负荷增长有功功率作为输出值；模型 GHNet-vs2 则采用归一化处理后的数值作为输出值。算例的模型及训练信息如表 6－1 所示。

表 6－1　　静态电压稳定裕度评估模型及训练信息

模型名称	GHNet-vs1	GHNet-vs2
训练集样本数量	14790 个，占比 90%	
验证集样本数量	822 个，占比 5%	
测试集样本数量	821 个，占比 5%	
输入量	机组有功功率和机端电压各 275 维，负荷站总有功功率和总无功功率各 637 维，关键厂站对电气距离 70 维，共 1894 维	
输出量	负荷有功功率裕度和负荷增长有功功率	归一化后的负荷有功功率裕度和负荷增长有功功率
模型参数数量	78201	
迭代次数	300	

训练经过 300 次迭代，两个模型训练过程中的损失函数变化曲线如图 6－1 和图 6－2 所示。可见，GHNet-vs1 的训练集和验证集的损失函数值保持同步下降，训练过程未出现过拟合，因此选第 300 代的模型作为 GHNet-vs1 的最优模型；而对于 GHNet-vs2 而言，从第 150 代左右开始，验证集的损失函数值基本保持不变，与训练集的差距越来越大，说明此后训练仅提升了训练集的预测准确率，可能存在过拟合的情况，因此选第 150 代的模型作为 GHNet-vs2 的最优模型。

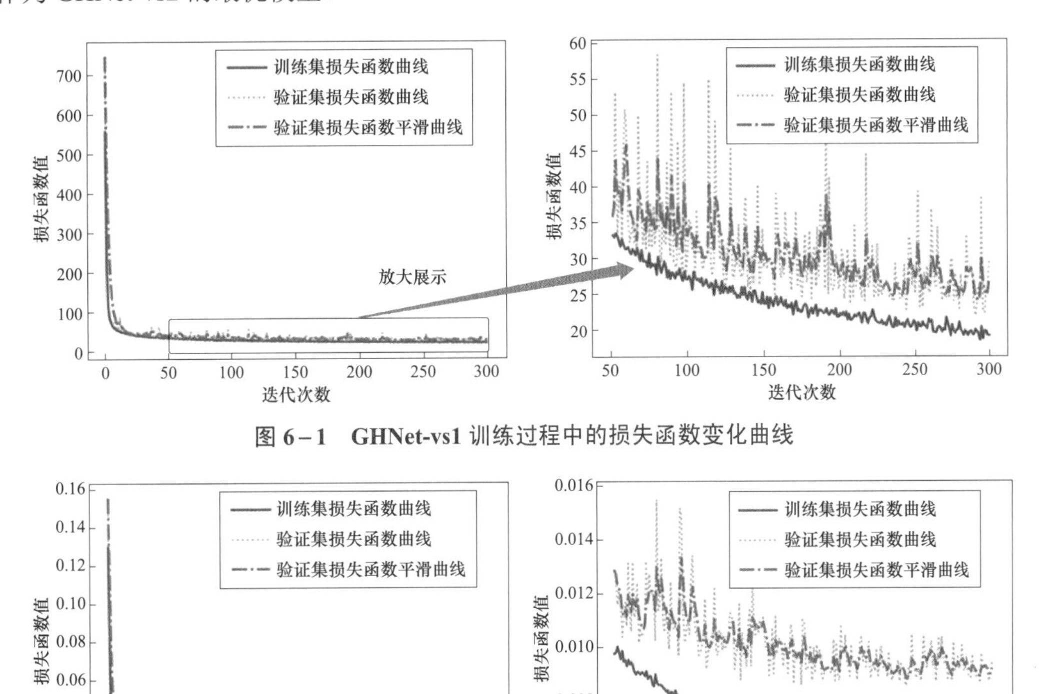

图 6－1　GHNet-vs1 训练过程中的损失函数变化曲线

图 6－2　GHNet-vs2 训练过程中的损失函数变化曲线

静态电压稳定裕度评估模型预测误差如表 6－2 所示，预测的原始绝对误差分布如图 6－3 至图 6－6 所示，其中负荷有功功率裕度没有按照百分比形式，而是按照小数形式输出，便于进行误差分析。从图和表中可以看出：① 两个模型对于负荷有功功率裕度和负荷增长有功功率均有较好的预测，GHNet-vs1 平均相对误差低于 1.6%，GHNet-vs2 平均相对误差低于 0.8%，均满足在线分析的要求；考查未经绝对值运算的误差分布，两个模型的原始绝对误差和相对误差均呈现类似正态分布的形态，接近零误差的测试样本占比处于绝对优势，负荷有功功率裕度绝对误差小于 0.01 的占比分别达到 92.57%和 99.51%，负荷增长有功功率的绝对误差小于 100MW 的占比分别达到 91.11%和 93.91%；② 对比 GHNet-vs1 模型的两个预测目标，负荷增长有功功率的预测效果明显优于负荷有功功率裕度，其平均相对误差和最大相对误差均小于后者，说明模型对于两个预测目标的拟合存在不平衡的情况，对负荷增长有功功率的拟合有倾向性，与之前的分析相一致；③ 横向对比两个模型，负荷增长有功功率的预测效果大致相当，而负荷有功功率裕度则是 GHNet-vs2 模型明显占优，这一点可以从图 6－3 和图 6－5 更加清晰地看到，GHNet-vs2 在零误差附近的占比明显高于 GHNet-vs1，同时 GHNet-vs2 在迭代至第 150 代时收敛，而 GHNet-vs1 在迭代至第 300 代时才收敛，可见预测目标的归一化无论对模型预测效果还是训练收敛速度，都起到了较好的提升作用。

表 6－2　　静态电压稳定裕度评估模型预测误差

模型名称	GHNet-vs1		GHNet-vs2	
预测目标	负荷有功功率裕度	负荷增长有功功率	负荷有功功率裕度	负荷增长有功功率
平均绝对误差	0.0044	45.5757MW	0.0021	41.3430MW
平均相对误差（%）	1.57	0.79	0.75	0.72
最大绝对误差	0.0280	364.5273MW	0.0185	371.66MW
最大相对误差（%）	9.91	5.66	5.78	5.86

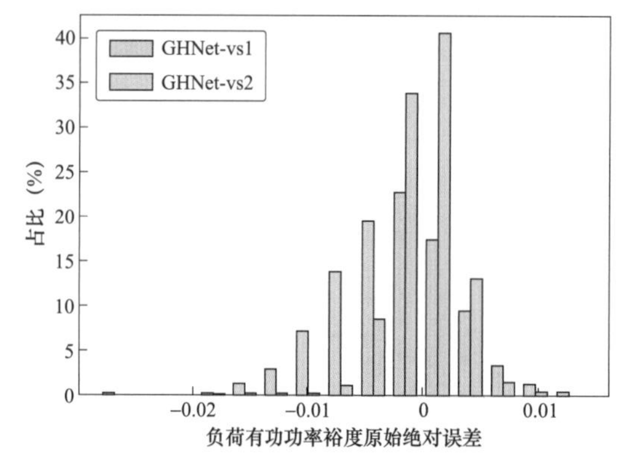

图 6－3　负荷有功功率裕度预测原始绝对误差分布

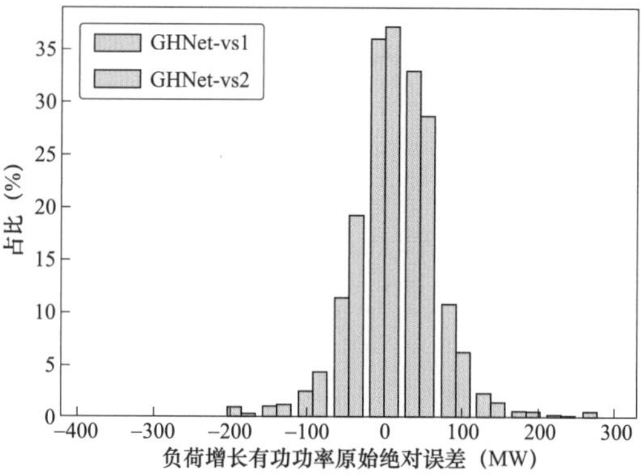

图 6－4　负荷增长有功功率预测原始绝对误差分布

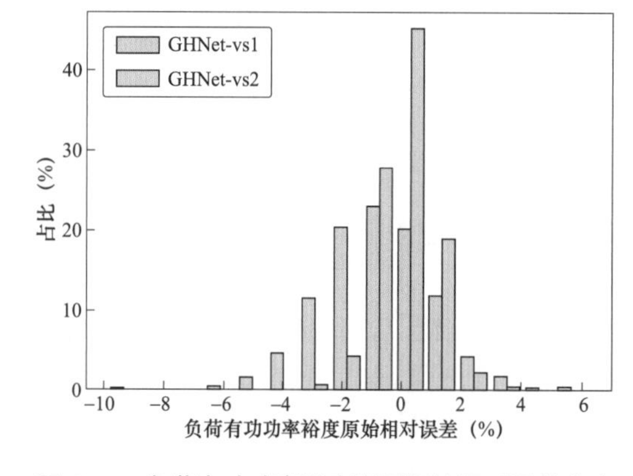

图 6－5　负荷有功功率裕度预测原始相对误差分布

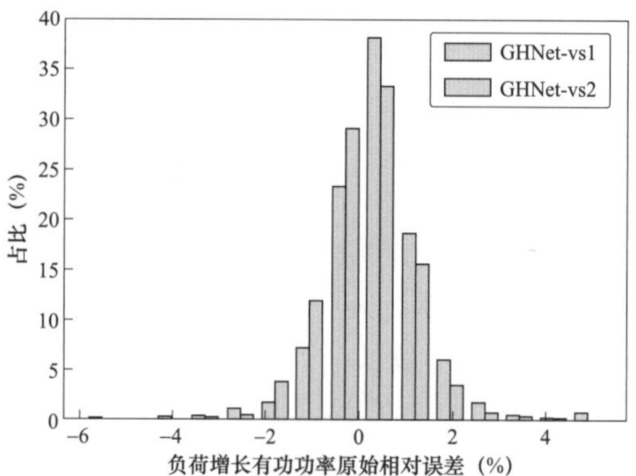

图 6－6　负荷增长有功功率预测原始相对误差分布

上述训练过程在单台工作站上完成，该工作站配置 Intel Core i7－8565U @1.80GHz CPU 和 8G 内存，训练迭代 300 次的总体时间约为 1035s；实际应用时，含在线数据加载在内的单个运行点的总执行时间约为 1.132s，其中神经网络进行静态电压稳定裕度评估的时间约为 0.041s。

6.3 暂态电压稳定评估

6.3.1 问题描述

电力系统的暂态电压稳定是指电力系统受到大扰动后，系统所有母线保持稳定电压的能力[9]。随着交直流互联大电网在我国的初步建成，部分故障引发的暂态电压稳定问题日益突出，例如大功率的直流输电系统发生闭锁故障时，既可能在受端电网出现低电压情况，造成减负荷或相近直流输电系统的换相失败，又可能在送端出现过电压情况，引起新能源机组的脱网。目前在线分析系统通常采用时域仿真法进行暂态电压稳定的评估。

6.3.2 稳定指标

文献［9］建议电力系统受到扰动后，暂态过程中负荷母线电压应该在 10s 以内恢复到 0.80p.u.以上，中长期过程中负荷母线电压能够保持或恢复到 0.90p.u.以上，以此作为判据可以给出暂态电压稳定的定性判断。在定量判断方面，针对重要母线的暂态低电压（过电压）问题，可选择故障切除后的最低（最高）电压和低于（高于）设定阈值的持续时间作为稳定指标，最低（最高）电压越低（高）和持续时间越长代表电压恢复能力越差，也就是电压稳定问题越严重。暂态电压稳定指标示意如图 6－7 所示，图中曲线为典型的暂态过程中电压变化曲线。故障发生在 1.0s，故障前母线电压为 1.0p.u.，仿真结束时刻（10.0s）母线电压稳定在 1.0p.u.左右，系统保持稳定状态。暂态过程中，电压最低达到 0.7769p.u.，电压低于 0.8p.u.的持续时间约 0.47s，这两个数值可以作为暂态电压稳定的主要指标，也是本章构建机器学习模型的预测目标。

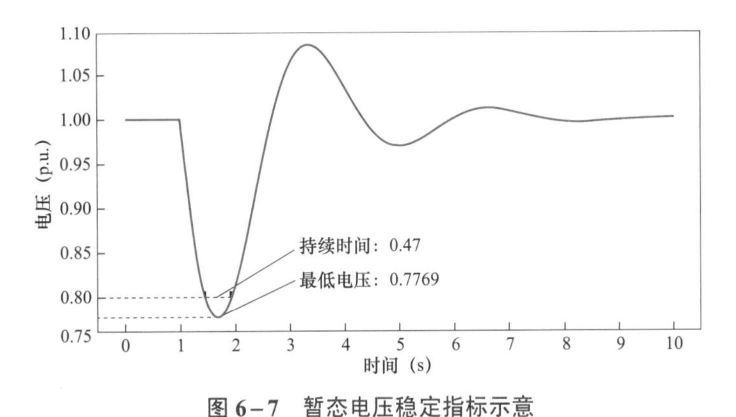

图 6－7　暂态电压稳定指标示意

6.3.3 基于电网层级网络模型的暂态电压稳定评估

（1）模型和方法。暂态电压稳定问题同样具有分区分层特点，适合采用电网层级网络模型（GHNet）对其进行快速评估。基于 GHNet 的暂态电压稳定评估同样分为模型训练阶段和应用阶段，其中模型训练阶段主要步骤如下：

1）构建 GHNet 模型。以厂站为单元，依据电网连接关系和分层特点构建五层 GHNet 模型，GHNet 的输入为各个厂站的稳态量，输出为指定故障下暂态电压稳定的关键指标，同时可根据实际情况选用全部或部分 GHNet 模型。GHNet 模型结构详见第 5 章。

2）确定输入量。选择负荷站总有功功率和总无功功率、机组有功功率和机端电压，以及关键厂站对电气距离作为输入量，并进行归一化处理。

3）确定输出量。在线暂态电压稳定评估重点关注重要厂站的最低电压和低电压（电压低于某一阈值）持续时间，选择这两个指标作为 GHNet 的输出值，即预测目标。这两个指标的数值通常在同一数量级内，因此无需进行输出量的归一化处理。

4）模型训练。暂态电压稳定评估的预测目标为重要厂站的最低电压和低电压持续时间，均为浮点型数值，对应机器学习中的回归问题，采用均方误差作为损失函数，如 6.2.3 节的式（6－5）所示。训练过程中，通过最小化损失函数的方式实现模型对训练集的数据拟合。

训练完成后，即为模型的应用阶段，所得模型和相关处理程序即可部署于调控中心的运行环境。当系统接收到新的运行点数据后，暂态电压稳定快速评估模块通过在线数据处理、模型输入量处理和 GHNet 模型调用等步骤完成评估。

（2）算例分析。以国调中心 2021 年 2 月 1 日～3 月 12 日的实际在线数据为基础进行验证，共计 3670 个历史运行点；设置澧复I线三永故障，监视集里站和水湾站母线的电压曲线，以暂态最低电压和电压低于阈值（为便于分析，选取阈值为 0.9p.u.）的持续时间作为预测目标。采用 GHNet 模型进行暂态电压稳定性的快速判别。由于所设故障和监视母线均在湖南电网，而电压稳定问题通常呈现局部性，即与局部电网的运行状态强相关。同时考虑到样本数量有限，如果构建较大的神经网络则容易引起过拟合问题，因此仅采用湖南电网所对应的 GHNet 模型，即包含了从 220kV 子网到省级子网的三级模型。本算例分别构建和训练两个相同结构的 GHNet 模型：GHNet-tv1 和 GHNet-tv2，其中模型 GHNet-tv1 输出两个预测量，分别为故障期间集里站和水湾站的最低电压，模型 GHNet-tv2 输出两个预测量，分别为集里站和水湾站的低电压持续时间，暂态电压稳定快速判稳模型及训练信息如表 6－3 所示。

表 6－3　暂态电压稳定快速判稳模型及训练信息

模型名称	GHNet-tv1	GHNet-tv2
训练集样本数量	3303 个，占比 90%	
验证集样本数量	184 个，占比 5%	
测试集样本数量	183 个，占比 5%	
输入量	机组有功功率和机端电压各 122 维，负荷站总有功功率和总无功功率各 186 维，共 616 维	
输出量	集里站、水湾站最低电压	集里站、水湾站低电压持续时间
模型参数数量	16116	
迭代次数	500	

分别对两个模型进行训练，训练过程中的损失函数变化曲线如图 6－8 和图 6－9 所示。

可见，GHNet-tv1 的训练集和验证集损失函数值始终保持同步下降，未发生过拟合，取第 500 代作为最优模型；GHNet-tv2 从第 300 代开始验证集的损失函数值基本不再下降，因此取第 300 代作为最优模型。

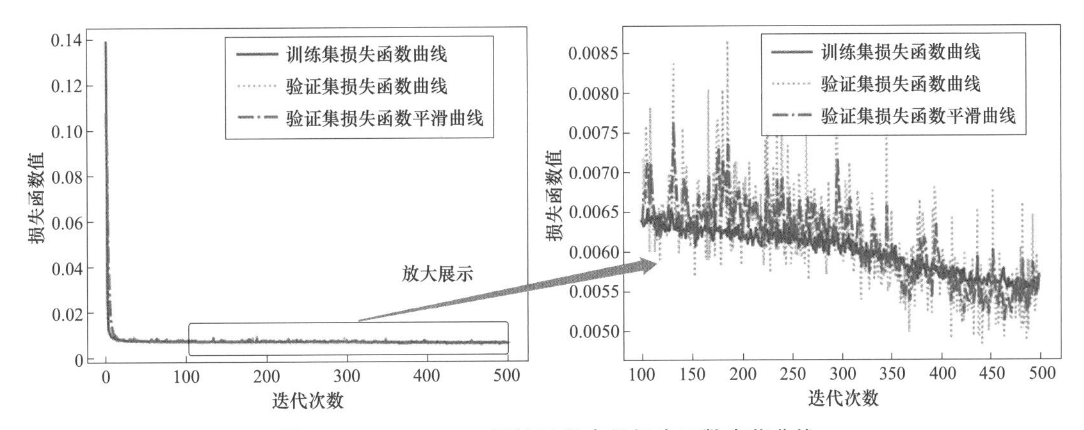

图 6-8 GHNet-tv1 训练过程中的损失函数变化曲线

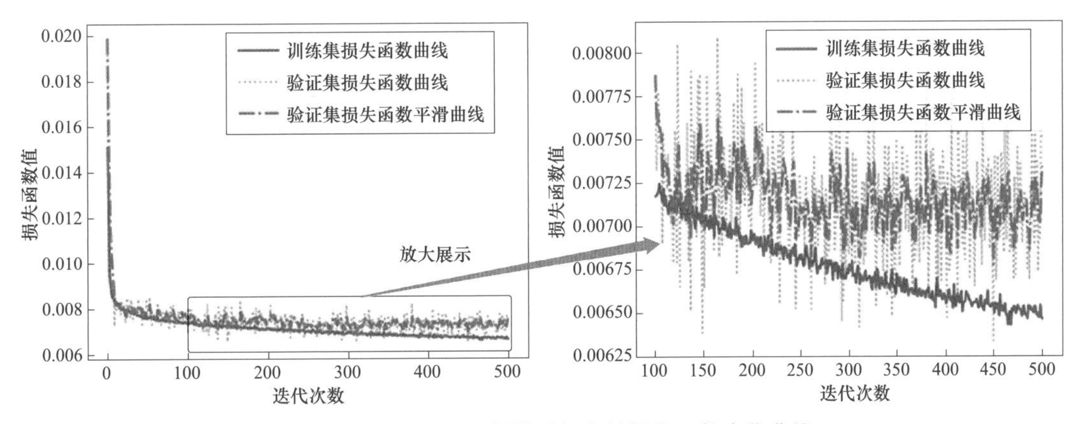

图 6-9 GHNet-tv2 训练过程中的损失函数变化曲线

针对澧复Ⅰ线故障后，集里站和水湾站的母线最低电压预测误差如表 6-4 所示，未经绝对值运算的最低电压原始绝对误差分布和原始相对误差分布如图 6-10 和图 6-11 所示；集里站和水湾站的母线低电压持续时间预测误差如表 6-5 所示，未经绝对值运算的低电压持续时间原始绝对误差分布和原始相对误差分布如图 6-12 和图 6-13 所示。

表 6-4 母线最低电压预测误差

模型名称	GHNet-tv1	
预测目标	集里站最低电压	水湾站最低电压
仿真结果范围（p.u.）	0.6601～0.8100	0.7146～0.8939
平均绝对误差（p.u.）	0.0073	0.0046
平均相对误差（%）	0.99	0.56
最大绝对误差（p.u.）	0.0358	0.0226
最大相对误差（%）	5.19	2.71

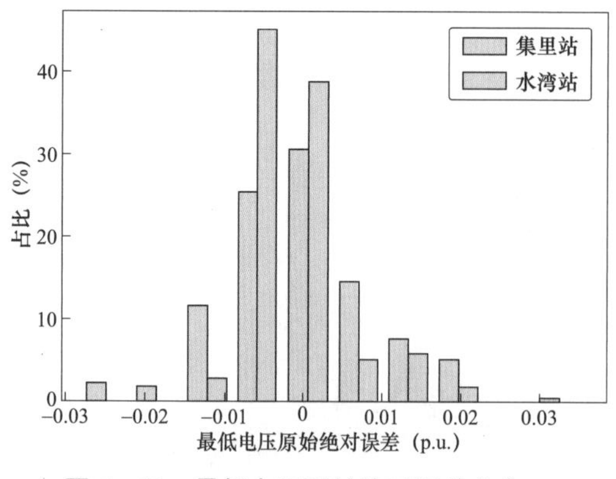

图 6-10 最低电压原始绝对误差分布

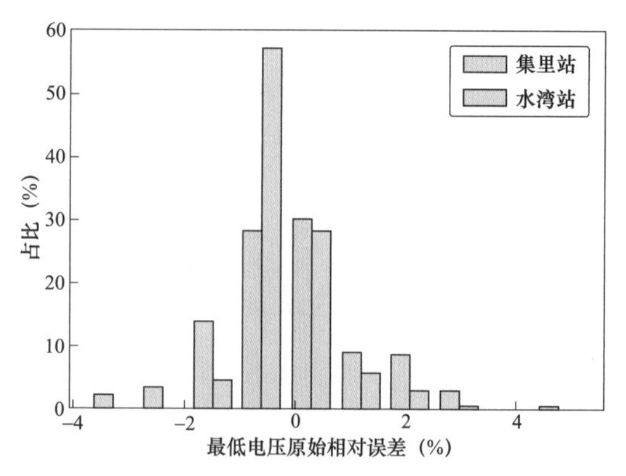

图 6-11 最低电压原始相对误差分布

表 6-5 母线低电压持续时间预测误差

模型名称	GHNet-tv2	
预测目标	集里站低电压持续时间	水湾站低电压持续时间
仿真结果范围（s）	0.01～0.13	0.01～0.12
平均绝对误差（s）	0.0040	0.0110
平均相对误差（%）	8.32	34.49
最大绝对误差（s）	0.0203	0.0591
最大相对误差（%）	43.04	262.02

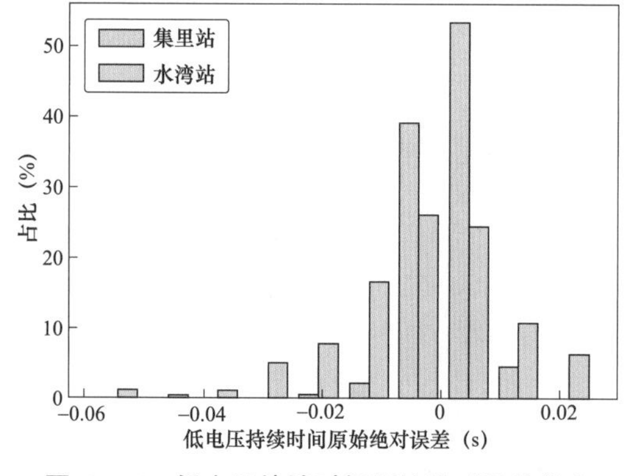

图 6-12 低电压持续时间原始绝对误差分布

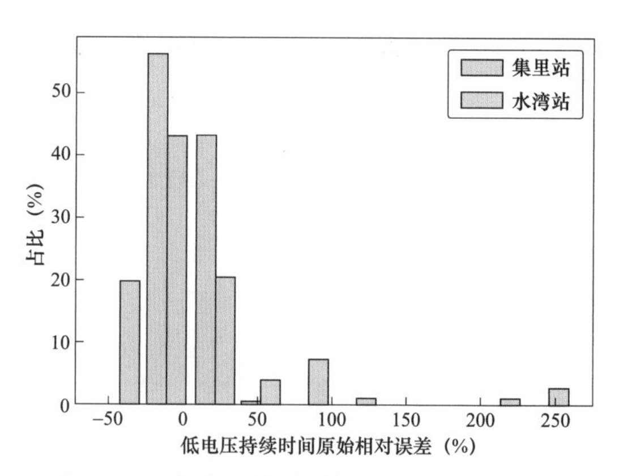

图 6-13 低电压持续时间原始相对误差分布

从图和表中可以看出，GHNet-tv1 模型对于最低电压的预测效果较好，绝对误差和相对误差均较低，满足在线分析要求。GHNet-tv2 模型对于低电压持续时间的预测效果较差，主要体现在相对误差较大，尤其是水湾站低电压持续时间的平均相对误差和最大相对误差分别达到了 34.49%和 262.02%。

针对水湾站低电压持续时间 t_{low} 的预测结果，按照仿真结果分三组进行统计，分组统计结果如表 6-6 所示。

表 6－6　　水湾站低电压持续时间预测结果分组统计结果

分组	$t_{low}<0.05s$	$0.05s\leqslant t_{low}<0.1s$	$t_{low}\geqslant 0.1s$
训练集数量分布	2021	1077	205
训练集分布占比（%）	61.19	32.61	6.20
测试集数量分布	103	65	15
测试集分布占比（%）	56.28	35.52	8.20
测试集平均绝对误差（s）	0.0073	0.0173	0.0235
测试集平均相对误差（%）	37.91	28.23	22.73

从分组统计中可以看出：

1）相对误差偏高主要是由低电压持续时间的真实值（仿真结果）偏低引起的，这在$t_{low}<0.05s$时尤为明显，而相对误差最大值262.02%对应的运行点也出现在这个区间内，其持续时间真实值只有 0.01s。低电压持续时间较短说明系统的暂态电压稳定状态较好，此时对稳定评估的精度要求也相对较低。换言之，暂态低电压持续时间评估指标应更关注绝对误差，而相对误差的要求则可适当放宽。

2）三组样本的平均绝对误差大致在同一数量级，说明模型对 2021 年 2～3 月的系统运行空间进行了全面拟合，同时可以看出测试集平均绝对误差与训练集的样本数量呈现负相关，说明拟合效果存在不平衡，不同运行空间的样本越多则拟合效果越好。本算例中$t_{low}\geqslant 0.1s$的训练样本占比只有 6.21%，属于严重不足的情况，而低电压持续时间较长代表系统稳定性较差，又需要重点关注，因此在实际应用中，可以采用修改样本权重或自动生成新运行点样本等方式进行修正，提升模型的适应能力。

上述训练过程在单台工作站上完成，该工作站配置 Intel Core i7－8565U @1.80GHz CPU 和 8G 内存，训练迭代 500 次的总体时间约为 111s；实际应用时，含在线数据加载在内的单个运行点的总执行时间约为 1.089s，其中神经网络进行暂态电压稳定评估的时间约为 0.036s。

6.4　小　结

本章针对电压稳定的分区分层特点，采用电网层级网络模型（GHNet）分别对电力系统的静态和暂态电压稳定状态进行快速评估，取得较好的效果。算例分析表明，训练所得模型的速度和准确率指标均较高，满足在线电压稳定评估的计算要求。

本章参考文献

［1］ KURITA A，SAKURAI T. The power system failure on July 23，1987 in Kokyo［C］//IEEE Conference on Decision and Control. Austin Texas，America，1988.

［2］ 何大愚．对于美国西部电力系统 1996 年 7 月 2 日大停电事故的初步认识［J］．电网技术，1996，20（9）：35－39.
［3］ 周孝信，郑健超，沈国荣，等．从美加东北部电网大面积停电事故中吸取教训［J］．电网技术，2003，27（9）：40－42.
［4］ 胡学浩．美加联合电网大面积停电事故的反思和启示［J］．电网技术，2003，27（11）：1－6.
［5］ 余贻鑫．电压稳定研究述评［J］．电力系统自动化，1999（21）：1－8.
［6］ 周双喜．电力系统电压稳定性及其控制［M］．北京：中国电力出版社，2004.
［7］ 汤涌．电力系统电压稳定分析［M］．北京：科学出版社，2021.
［8］ IEEE/CIGRE Joint Task Force on Stability Terms and Definitions.Definition and classification of power system stability［J］．IEEE Transactions on Power Systems，2014，19（2）：1387－1401.
［9］张智刚．《电力系统安全稳定导则》学习与辅导［M］．北京：中国电力出版社，2020.

第 7 章

频率稳定评估

7.1 概　　述

频率稳定是指电力系统遭受严重有功功率不平衡扰动时，系统频率能够保持或恢复到允许的范围内的能力，它取决于系统发电和负荷之间维持或恢复平衡的能力。频率失稳将导致发电机组切机和/或负荷跳闸，甚至频率崩溃，导致大面积停电[1]。

新能源发电通常经过电力电子变流器接入电网。电力电子设备隔离的新能源发电在常规控制下呈现零惯量。随着新能源渗透率的提高，电网的转动惯量越来越低。损失大量风电后系统频率急剧跌落，导致频率失稳事件时有发生[2-3]。对于多直流受端电网，一方面新能源和馈入直流的增加替代了大量常规机组，系统转动惯量下降，调频能力降低，相同功率缺额造成的电网频率跌幅加大；另一方面，直流输电规模大，发生直流换相失败闭锁时，受端电网易出现大功率缺额。同时，新能源涉网性能较差，风机、光伏可能大规模脱网，还易于引发连锁故障事故。因此，随着新能源渗透率的提高，电网运行的复杂性和频率安全风险增加。

电网运行对严重功率不平衡扰动引起的频率变化提出了安全约束[4]。频率稳定评估的主要内容是通过预测电力系统扰动后的频率稳态值、频率最高值或最低值，来判断是否存在频率安全稳定问题。频率稳定评估的主要方法包括基于数学模型的方法和基于机器学习的方法。

基于数学模型的频率稳定评估方法包括数值积分法、线性化模型法、单机单负荷模型法和直接法。① 数值积分法通过建立电力系统中各元件的详细数学模型，采用数值方法逐步积分求解系统的非线性微分代数方程，可以获得扰动后系统的频率响应。② 线性化模型法是一种将系统微分代数方程线性化，继而用特征根方法求解系统频率响应的方法[5]。③ 单机单负荷模型法是将系统全部发电和全部负荷分别等值为单台发电机和单个负荷来进行频率响应分析的方法。经典的单机单负荷模型有系统频率响应（system frequency response，SFR）模型和计及调速器平均系统响应的单机单负荷频率响应（average system frequency，ASF）模型[6-7]。ASF 模型保留了所有发电机调速器 – 原动机模型。SFR 模型是在 ASF 模型的基础上，以一个具有再热环节的调速器 – 原动机模型等效代替所有发电机的调速器 – 原动机模型。④ 直接法基于扰动时系统雅可比矩阵因子表，近似求取系统加速功率，通过代数运算求得系统稳态频率[8-9]。

数值积分法准确性高但计算速度慢，难以满足“实时计算、实时控制”的紧急控制新模式对实时性的要求。线性化模型法较单机单负荷模型法更为准确，较数值积分法更快，但仍然存在精度和速度的不足。单机单负荷模型法计算速度快，但该方法忽略了网损及负荷的电压调节效应，假设所有发电机转速一致，并将所有发电机转子等值为一个转子，准确性不够高。直接法具有良好的计算精度，但无法计算最低频率和最高频率，且由于预测时需要每个节点的电压幅值和相角测量值，在量测数据不全的情况下，精度和鲁棒性受到影响。

机器学习从数据中学习规律，预测时能兼顾精度和速度。电力系统调度中心通过数据采集与监控系统（supervisory control and data acquisition，SCADA）和广域量测系统（wide area measurement system，WAMS）等采集电网大量的状态信息和数据。海量的历史数据和实时数据蕴含了电力系统丰富的特征信息，为基于机器学习的频率稳定评估提供了数据基础。

基于机器学习的频率稳定评估方法可分为仅采用机器学习模型的方法[10–16]和机器学习与数学模型相结合的方法[17–18]。机器学习模型从单隐含层前馈神经网络[10]、支持向量机/支持向量回归模型[11]、随机森林法[12]等浅层模型，发展到卷积神经网络、深度置信网络、长短期记忆网络和卷积长短期记忆网络等深度学习模型[13–16]。浅层机器学习算法因算法本身有限的数据处理能力，难以应用于大规模实际电网。深度学习的概念是相较于机器学习中的浅层学习算法提出的。深度学习模型在训练过程中通过逐层的非线性变换实现抽象特征的提取，提高预测的准确性。机器学习与数学模型相结合的方法能综合各自的优势进行互补，提升模型预测性能。

本章主要论述基于深度学习的频率稳定评估的模型和方法，包括基于卷积神经网络（CNN）、长短期记忆网络（LSTM）、卷积长短期记忆网络（ConvLSTM）的模型和方法，以及将改进 ASF 模型和 CNN 模型进行融合的混合模型方法。并分别以 IEEE 10 机 39 节点系统、加入新能源的改进 IEEE 10 机 39 节点系统和某实际电力系统为例进行应用分析[13–17]。

7.2 频率稳定评估深度学习模型建模过程与评价标准

7.2.1 建模过程

基于深度学习的频率稳定评估可分为建模过程和应用过程，其中建模过程如图 7–1 所示。

建模过程主要分为以下几个部分：

（1）样本采样与生成：对电网运行历史数据进行采样或结合电力调度中心安全评估系统积累的仿真数据生成样本，或利用电力系统仿真软件对实际系统进行仿真计算生成样本。电力系统调度中心通过 SCADA 和 WAMS 实时采集系统信息，可以提供电网的实时运行数据；另一方面，安全评估系统基于预想故障集的仿真计算也积累了海量的仿真数据，二者均可为机器学习预测模型提供离线训练所需的数据集。模型研究时通常基于仿真生成样本，利用电力系统仿真软件，在电力系统中设定故障集，进行时域仿真，获取所需样本数据。

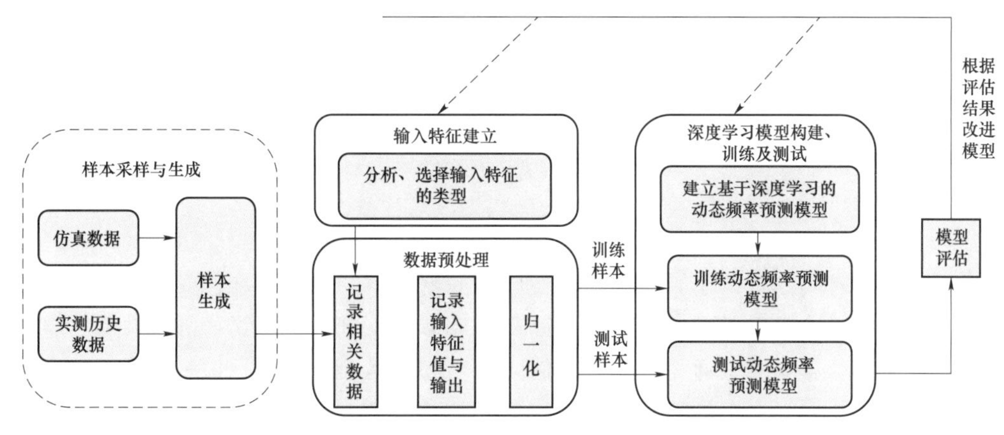

图 7-1　基于深度学习的频率稳定评估模型建模过程

（2）输入特征建立：深度学习模型具有强大的特征映射和提取的能力，一般不需要像浅层神经网络那样进行大量的特征选择工作。通常按照实际预测任务，给出与输出相关的原始输入特征集，并考虑实际系统运行时量测数据可获得性等因素，以及考虑不同的深度学习模型结构，在原始输入特征集中进行选择。

（3）数据预处理：根据所选择的输入特征，建立样本输入特征量以及监督学习中需要的具有预测任务标签的输出量集合，经过归一化后形成样本集。按比例随机划分为训练样本和测试样本。

（4）深度学习模型构建：根据预测任务的类型，构建合适的深度学习模型。确定模型层数、每层神经元的个数、正则化项的系数和各层初始学习速率等超参数。然后通过训练样本进行深度学习模型的参数学习。机器学习中的超参数学习一般是组合优化问题。通常是按照人的经验设定，或者通过搜索的方法对一组超参数组合进行不断试错调整。

（5）模型训练及评估：训练数据用于训练深度学习模型，得到输入和输出的映射关系，测试集则用于检验预测模型的准确性。根据测试结果不断完善模型，直至训练集和测试集的评价指标满足预测任务要求。

应用过程如下：在线应用时，基于电网实时量测数据构建输入特征量，在进行数据预处理（包括噪声去除、无用数据清洗、不完备数据填充、数据归一化等）后，利用训练好的频率稳定评估模型，将输入数据映射为相应的输出，即扰动后频率响应曲线、稳态频率、最低频率或最高频率。

7.2.2　原始输入特征集

7.2.2.1　深度学习频率稳定评估的模型基础

电力系统受到不平衡功率扰动时，发电机机械功率 P_m 和电磁功率 P_e 失去平衡，转子加速或减速，转子运动方程为：

$$2H\frac{\mathrm{d}\omega}{\mathrm{d}t}=P_m-P_e \tag{7-1}$$

式中：H 为发电机惯性时间常数；ω 为转子电角速度。各发电机转子电角速度不同导致系统中各节点频率不同，频率呈现时空分布特性。但各节点频率通常围绕惯量中心频率发生变化，并且二者随着时间逐渐趋近。惯量中心频率 ω_{sys} 定义为：

$$\omega_{sys} = \frac{\sum_{i=1}^{n} H_i \omega_i}{\sum_{i=1}^{n} H_i} = \frac{\sum_{i=1}^{n} H_i \omega_i}{H_{sys}} \tag{7-2}$$

式中：n 为系统发电机数量；H_i 和 ω_i 分别为第 i 台发电机的惯性时间常数和转子电角速度；H_{sys} 为系统惯性时间常数，是系统中所有发电机的惯性时间常数之和。

电力系统是一个高阶非线性复杂系统。严重功率不平衡故障通常会导致频率、电压和其他系统变量的大幅偏移。频率稳定性问题也通常与设备响应不足、控制和保护设备协调不良或发电储备不足有关。通过电力系统中各元件和电力网数学模型，包括每台发电机及其控制系统的数学模型和潮流方程，可建立得到描述扰动后系统频率响应等动态特性的微分代数方程组，如式（7－3）所示：

$$\begin{cases} \dot{\boldsymbol{x}} = \boldsymbol{f}(\boldsymbol{x}, \boldsymbol{y}) \\ \boldsymbol{g}(\boldsymbol{x}, \boldsymbol{y}) = 0 \end{cases} \tag{7-3}$$

式中：$\boldsymbol{x}$、$\boldsymbol{y}$ 分别为状态向量和代数向量。该方程组高阶高维非线性，一般通过数值方法求解，非常耗时，难以在线应用。本章将给出基于深度学习的扰动后系统各发电机最低频率、惯量中心最低频率和惯量中心频率响应曲线的预测模型。

机器学习模型的预测精度受多种因素的影响，包括被预测系统的复杂性和不确定性等。例如在机器学习广泛应用的风电出力预测领域，利用历史出力预测未来出力的机器学习模型尽管在模型上不断地改进，但总是难以在精度上有较大的突破，主要原因在于风电的时间序列动态目前尚无成熟的模型表示，而且动态过程固有的强随机性导致预测结果必然会存在较大误差。而频率响应求解中的数学模型比较成熟，为机器学习模型取得较高的预测精度提供了模型基础。

7.2.2.2 扰动后频率响应影响因素及原始输入特征集

影响电网扰动后频率特性的参数和变量，是原始输入特征构建的重要参考。浅层神经网络的开发工作量主要在特征提取上。而深度学习模型具有特征学习能力，无需进行特征提取。根据频率稳定评估中对扰动后最低频率、稳态频率或扰动后频率响应的预测任务，通过扰动后频率响应影响因素的分析，可确定预测模型的原始输入特征集。

系统发生不平衡功率扰动时，发电机将根据同步系数来承担系统的不平衡功率[19]。发电机节点 i 与功率扰动节点 k 之间的同步系数 P_{sik} 定义为：

$$P_{sik} = U_i U_k (B_{ik} \cos\delta_{ik} - G_{ik} \sin\delta_{ik}) \tag{7-4}$$

式中：U_i、U_k 分别为扰动后瞬间节点 i 和节点 k 的电压幅值；δ_{ik} 为 U_i 和 U_k 之间的相角；G_{ik}、B_{ik} 分别为节点 i 和节点 k 之间的转移电导和电纳。因此，各机组在扰动瞬间承担的不平衡功率值与各机组到功率扰动点的电气距离及扰动后系统节点电压相关。电气距离上靠近功率扰动点的发电机将承担更大的不平衡功率。

根据转子运动方程，各发电机电磁功率和机械功率的不平衡使得各发电机转速发生变化。此时，各发电机转速变化不同。当各发电机转速相等时，各发电机承担的不平衡功率按照发电机惯量大小进行分配，为：

$$P_{i\Delta}=(H_i/H_{\text{sys}})P_\Delta \tag{7-5}$$

式中：$P_{i\Delta}$ 为第 i 台发电机承担的不平衡功率；P_Δ 为系统不平衡功率。

当发电机转速变化大于调速器死区时，调速器将调节原动机出力，其大小以及相应频率的变化与原动机–调速器的动态特性、发电机的备用容量等相关。单机单负荷频率响应模型法中，调速器的限幅等非线性环节通常都被忽略，无法计及发电机备用容量的影响。

扰动后系统频率响应还与扰动大小以及扰动前系统状态紧密相关。采用微分代数方程组求解扰动后频率响应需要已知扰动后状态变量的初值。功率不平衡还与负荷的频变、压变特性以及网损有关。因此，考虑扰动后频率响应的影响因素，可构成表 7–1 所示的原始特征集。

表 7–1　　原始特征集

序号	特征量
1	扰动前各发电机机械功率
2	扰动后瞬间或短时间内各发电机频率变化率
3	扰动后瞬间或短时间内各发电机不平衡功率
4	扰动前、扰动后瞬间或短时间内各发电机备用功率
5	扰动后瞬间或短时间内各发电机转子转速
6	扰动前、扰动后瞬间或短时间内各发电机电磁功率
7	扰动后瞬间或短时间内各发电机无功功率
8	扰动前、扰动后瞬间或短时间内各节点有功负荷和无功负荷
9	扰动前、扰动后瞬间或短时间内各节点电压幅值和相角

表 7–1 存在冗余特征，例如扰动前系统处于稳态时，各发电机机械功率与电磁功率相等；扰动后瞬间各发电机不平衡功率也可由扰动前和扰动后瞬间各发电机电磁功率计算得到。根据不同深度学习模型结构以及考虑量测数据可获得性等因素，可在原始特征集中选择和建立深度学习模型输入特征量。输入特征量还可以通过表 7–1 原始特征集计算得到，例如由扰动后瞬间或短时间内各发电机转子转速可计算得到相应时刻的系统惯量中心频率。

扰动前后的数据主要由 WAMS 量测获得。假设系统各节点均配置了同步相量测量装置，各节点电压幅值和相角、负荷功率、发电机电磁功率、各发电机转子转速等均可通过量测获取。构建机器学习输入特征量时，要考虑实际量测数据的可获取性，也要考虑特征输入量能适应电网运行方式特别是拓扑的变化。

7.2.3 评价标准

为了衡量一个机器学习模型的性能，需要通过测试集中的未知数据对模型进行测试。设测试集有 m 个样本，其中第 i 个样本为 $(\boldsymbol{x}_i, y_i)$，$\boldsymbol{x}_i$ 为输入特征量，y_i 为样本的标签值，为真实值。将第 i 个样本的 $\boldsymbol{x}_i$ 输入到已训练好的模型，得到预测结果为 $\hat{y}_i$，则根据预测结果与样本标签值的比较来进行模型评价。针对频率稳定评估的回归预测任务，主要评价指标如下。

（1）绝对误差（absolute error，AE），计算公式为：

$$E_{\mathrm{AE}}=\left|\hat{y}_i-y_i\right| \tag{7-6}$$

式中：E_{AE} 为绝对误差，是每个样本预测值与相应样本标签值之差的绝对值。最大绝对误差值 $\max E_{\mathrm{AE}}$ 是测试集中所有样本的绝对误差的最大值，可以直观反映预测中可能出现的最大偏差，用于判断预测误差是否会超过可接受范围。

（2）平均绝对误差（mean absolute error，MAE），计算公式为：

$$E_{\mathrm{MAE}}=\frac{1}{m}\sum_{i=1}^{m}\left|\hat{y}_i-y_i\right| \tag{7-7}$$

式中：E_{MAE} 为平均绝对误差，是所有样本绝对误差的平均值，用来衡量样本集预测值与样本标签值的平均差距。平均绝对误差的值越小，说明预测模型描述原始样本数据的精确度越高。

（3）平均绝对百分比误差（mean absolute percentage error，MAPE），计算公式为：

$$E_{\mathrm{MAPE}}=\frac{1}{m}\sum_{i=1}^{m}\left|\frac{\hat{y}_i-y_i}{y_i}\right|\times 100\% \tag{7-8}$$

式中：E_{MAPE} 为平均绝对百分比误差，是绝对误差与其样本标签值比值的平均值，以百分比表示。如果某个样本标签值为 0，则 MAPE 无法进行计算。

（4）均方根误差（标准误差）（root mean squared error，RMSE），计算公式为：

$$E_{\mathrm{RMSE}}=\sqrt{\frac{1}{m}\sum_{i=1}^{m}(\hat{y}_i-y_i)^2} \tag{7-9}$$

式中：E_{RMSE} 为均方根误差，是均方误差的算术平方根。均方根误差对样本集中那些偏离样本标签值较大的预测值非常敏感。

7.2.4 算例系统和样本组织

7.2.4.1 IEEE 10 机 39 节点系统

IEEE 10 机 39 节点标准测试系统由 10 台发电机、39 个节点、12 台变压器和 34 条线路组成，系统基准频率 60Hz。该系统中发电机均采用 GENROU 模型，励磁系统采用 IEEE T1 模型，原动机－调速器采用 IEEE G1 模型。负荷采用静态模型，设置 40%恒阻抗负荷、60%恒功率负荷模型。

某些算例采用了改进 IEEE 10 机 39 节点系统，系统接线图如图 7－2 所示。改进系统在原标准测试系统的第 35 号节点，经由节点 35－40 之间的线路，在节点 40 处接入了一个额定容量为 900MVA 的风电场，风电场采用含有虚拟惯量控制系统的 GEWTG 模型。100%负荷水平下，系统中所有发电机总的有功出力为 6206MW，系统风电渗透率为 14.5%。

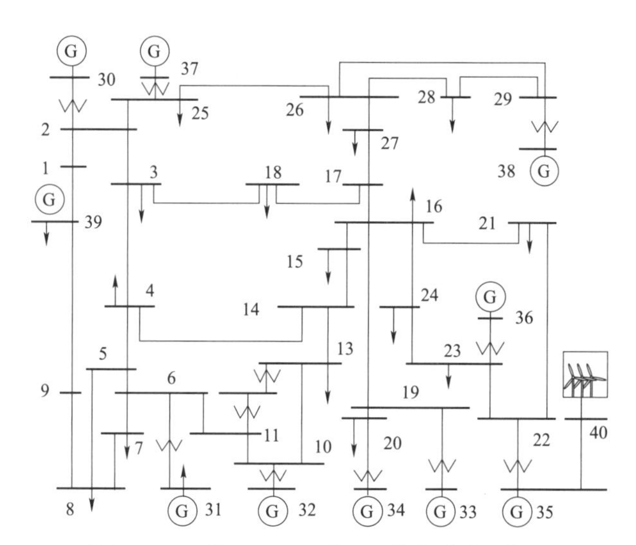

图 7-2　改进 IEEE 10 机 39 节点系统接线图

7.2.4.2　某实际电力系统

某实际电力系统由 90 台发电机、500 条母线组成，其地理接线示意如图 7-3 所示。该系统的发电机总容量为 14626.74MVA，电压等级包括 345、138、13.8kV。发电机均采用 GENROU 模型，励磁系统采用 SEXS 模型，原动机-调速器分别采用 TGOV1、GAST 和 HYGOV 模型，负荷采用 40%恒阻抗负荷、60%恒功率负荷模型。

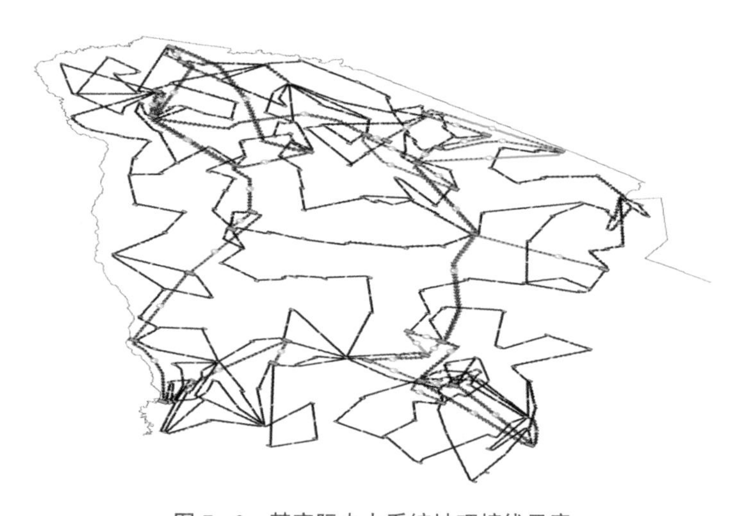

图 7-3　某实际电力系统地理接线示意

7.2.4.3　样本组织

频率稳定评估旨在预测电力系统发生严重功率不平衡扰动后的稳态频率、最低频率、最高频率或频率响应曲线。本章算例中的电力系统数据均是通过仿真获得。通过 Python 调用 PSS/E 软件，进行时域仿真。步骤如下：

（1）设置系统的运行方式。在系统中设置 50.25%～100%共 200 种负荷水平，并相应调节各机组出力，使系统潮流收敛。不同的负荷水平下，改进 IEEE 10 机 39 节点系统风电渗透率均为 14.5%。

（2）设置有功功率不平衡扰动，如发电机切机、负荷增长等扰动，并在 PSS/E 中进行时域仿真。仿真条件设置为在 0s 时发生切机或负荷增长扰动，仿真时长为 60s。记录输入特征量或计算输入特征量以及标签所需要的变量值，包括扰动时各发电机电磁功率和转速，每个节点的电压相角等。

（3）将输入特征量按式（7－10）进行归一化操作，与惯量中心频率响应曲线或最低频率等标签一起，形成样本。随机选取训练样本集和测试样本集。

$$X_{\mathrm{norm}} = (X - X_{\min}) / (X_{\max} - X_{\min}) \qquad (7-10)$$

式中：X_{norm} 为归一化后的值；X 为归一化前的值；$X_{\max}$ 和 $X_{\min}$ 分别为归一化前样本集中该输入特征量的最大值和最小值。

7.3　扰动后惯量中心最低频率预测

本节基于系统广域量测数据，提出惯量中心最低频率预测的卷积神经网络模型，以及将改进 ASF 模型和 CNN 模型进行融合的混合模型，后者是一种数学模型与机器学习模型相结合的模型。卷积神经网络能够从电网空间分布的输入特征量中提取与电网动态频率相关的多层次特征。将改进 ASF 模型和 CNN 模型进行融合的混合模型能够综合数学模型和机器学习模型的优势。

7.3.1　基于卷积神经网络的惯量中心最低频率预测

卷积神经网络包含一个输入层、若干个卷积层与池化层、全连接层以及输出层。卷积层与上一层局部连接，每一组局部连接共享权值。池化层减少了输入的规模，同时提高了模型的鲁棒性。通过多层卷积层、池化层的特征转换，把原始输入特征量变成更高层次、更抽象的表示。二维卷积神经网络的输入特征量以张量表示，具有多类特征时为三维张量特征图。

7.3.1.1　三维张量输入特征图构建

电力系统中各节点之间有空间距离和电气距离。电气距离决定了电力系统节点之间的电气联系和相互影响程度。电力系统在功率扰动发生瞬间，离扰动点电气距离越近的发电机分配的不平衡扰动功率越大[19]。因此，选取电气距离表示节点的空间分布。

节点 i 和 j 之间的电气距离 D_{ij} 等于节点 i 和 j 之间联系阻抗 $Z_{ij,\mathrm{equ}}$ 的模值，$Z_{ij,\mathrm{equ}}$ 可通过节点阻抗矩阵元素求得[20]：

$$Z_{ij,\mathrm{equ}} = (Z_{ii} - Z_{ij}) - (Z_{ij} - Z_{jj}) \qquad (7-11)$$

式中：Z_{ij} 为节点阻抗矩阵第 i 行第 j 列的元素。

电气距离表示的电力系统节点在空间呈现高维分布。利用 t 分布随机临近嵌入（t-distributed stochastic neighbor embedding，t-SNE）算法[21]可将高维的节点分布降维映射到二维平面。t-SNE 算法是一种基于概率的非线性降维算法。其基本思想是将高维与低维空间中节点之间的欧氏距离转换为概率分布的形式，尽可能减少降维前后两个概率分布的偏差，从而保持节点在降维前后的距离关系。

t-SNE 算法利用高斯分布描述高维空间节点间的距离，利用自由度为 1 的 t 分布来描述低维空间中节点的距离。条件概率 $p_{j|i}$ 表示高维空间节点 u_j 与节点 u_i 的相似度：

$$p_{j|i}=\frac{\exp\left[-\left\|u_i-u_j\right\|^2/\left(2\sigma_i^2\right)\right]}{\sum_{k\neq i}\exp\left[-\left\|u_i-u_k\right\|^2/\left(2\sigma_i^2\right)\right]} \tag{7-12}$$

式中：$\left\|u_i-u_j\right\|$ 表示节点 u_j 与节点 u_i 之间的欧氏距离参数；σ_i 为以节点 u_i 为中心的高斯函数的方差。对于不同的节点 u_i，σ_i 的取值不一样。

定义高维空间节点联合概率分布 p_{ij} 为：

$$p_{ij}=\frac{p_{i|j}+p_{j|i}}{2n} \tag{7-13}$$

式中：n 为节点的数量。假设高维空间节点 u 被降维映射到低维空间节点 v。定义低维空间节点 v 的联合概率分布 q_{ij} 为：

$$q_{ij}=\frac{\left(1+\left\|v_i-v_j\right\|^2\right)^{-1}}{\sum_{k\neq i}\left(1+\left\|v_k-v_i\right\|^2\right)^{-1}} \tag{7-14}$$

式中：$\left\|v_i-v_j\right\|$ 表示低维空间节点 v_i 与 v_j 之间的欧氏距离。

为保持节点在降维前后的距离关系，优化两个分布之间的偏差使其最小，即目标函数 C 为式（7－15）所示的 KL 散度（Kullback-Leibler divergences）。优化后得到降维后二维平面的节点坐标。该坐标值（a，b）在［0，1］区间内。可根据节点的平面分布情况，将节点坐标进行适当放大并取整。

$$C=\sum_i\sum_j p_{ij}\log\frac{p_{ij}}{q_{ij}} \tag{7-15}$$

卷积神经网络三维张量输入特征图的构建步骤如下：

（1）根据式(7－11)计算各节点之间的电气距离。对于 n 个节点的电力系统，形成 $n\times n$ 维电气距离矩阵，其中矩阵元素 D_{ij} 为节点 i 和 j 之间的电气距离。

（2）利用 t-SNE 算法建立电网在二维平面的坐标。将上述计算的电气距离 D_{ij} 作为节点 u_i 与节点 u_j 之间的欧氏距离代入式（7－12），再根据式（7－13）计算高维空间联合概率分布 p_{ij}；将待求二维平面的节点坐标，带入式（7－14）进行欧氏距离计算，给出二维空间联合概率分布 q_{ij} 的表达式。最小化式（7－15）所示的目标函数 C，得到电网各节点在二维平面的坐标值，其中节点 i 的二维平面横纵坐标为 $\left(v_{i1},v_{i2}\right)$。选取合适的整数 h，将原始的［0，1］区间节点坐标通过线性归一化放大到［1，h］区间，并对［1，h］区间的节点坐标取整，得到整数形式的二维节点坐标 $\left(v_{\text{int}\,i1},v_{\text{int}\,i2}\right)$。

（3）通过样本输入特征量和电网节点坐标 $\left(v_{\text{int}\,i1},v_{\text{int}\,i2}\right)$ 建立二维卷积神经网络的三维张量输入特征图$\boldsymbol{X} \in R^{h \times h \times D}$，其中$D$等于输入特征量类型数目，$h \times h$为二维张量输入特征图矩阵维数。将第$d$类特征量（$d \leqslant D$）赋值给二维张量输入特征图中相关电网节点坐标所对应的矩阵元素$\boldsymbol{X}\left(v_{\mathrm{int}\,i1}, v_{\mathrm{int}\,i2}, d\right)$；与该特征值不相关的电网节点的元素值为零，例如对应于发电机电磁功率的特征量，非发电机节点的元素值为零；非电网节点的元素值为 0。每一类特征量通过赋值得到二维张量输入特征图，将所有特征图叠加，得到三维张量输入特征图。

以 IEEE 10 机 39 节点系统为例进行说明。该系统各节点间的电气距离如表 7－2 所示。将降维得到的［0，1］区间二维坐标放大到［1，100］的区间中，并对坐标值进行取整，得到该系统在二维平面上的整数坐标值。据此绘制节点分布，如图 7－4 所示。

表 7－2　　IEEE10 机 39 节点系统各节点间电气距离

节点编号	节点之间的电气距离 D_{ij}（Ω）								
	1	2	3	4	5	…	36	37	38	39
1	0	0.0322	0.0387	0.0429	0.0434	…	0.0976	0.0628	0.1017	0.0216
2	0.0322	0	0.0122	0.0239	0.0289	…	0.0732	0.0317	0.0724	0.0420
…	…	…	…	…	…	…	…	…	…	…
38	0.1017	0.0724	0.0737	0.0832	0.0887	…	0.1234	0.0919	0	0.1094
39	0.0216	0.0420	0.0448	0.0445	0.0424	…	0.1023	0.0719	0.1094	0

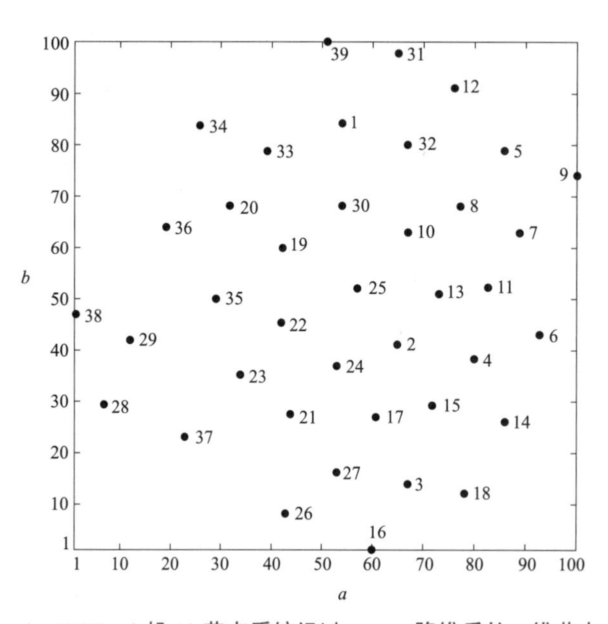

图 7－4　IEEE 10 机 39 节点系统经过 t-SNE 降维后的二维节点分布

通过图 7－4 可以直观地看出 IEEE 10 机 39 节点系统各节点在二维平面上的分布。以节点 15 为例，其到节点 14、17、18 的电气距离分别为 0.0163、0.0145、0.0188，相应地，映射到二维平面后节点 15 与上述节点的距离较近。而节点 15 到节点 36、37、38 的电气距离分别为 0.0553、0.0554、0.0813，相应地，映射到二维平面后其距离较远。

7.3.1.2　算例分析

分别对改进 IEEE 10 机 39 节点系统和某实际电网进行惯量中心最低频率预测。在表 7－1 的原始特征集中，选择扰动后瞬间各发电机频率变化率、各发电机不平衡功率、各节点电压相角、各节点有功负荷，以及扰动前和扰动后瞬间各发电机电磁功率等 6 类特征构建输入特征量。深度学习模型建模时通过仿真获得样本数据。实际应用时，频率稳定评估深度学习模型的相关输入特征量由广域量测系统数据计算获得。

1. 改进 IEEE 10 机 39 节点系统

针对改进 IEEE 10 机 39 节点系统，利用 PSS/E 进行 1400 次不平衡功率扰动仿真。根据前文样本组织的方法生成归一化输入特征量和标签值，计算各节点之间的电气距离 D_{ij}。利用 t-SNE 算法降维到二维空间，将降维得到的［0，1］区间二维值坐标放大到［1，100］的区间中并进行取整，得到该系统在二维平面上的整数节点坐标，如表 7－3 所示。相比图 7－4 所示标准系统的节点之间电气距离分布，改进 IEEE 10 机 39 节点系统增加了节点 40 及接在节点 40 的 900MVA 风电场。

表 7－3　　　　经过 t-SNE 降维后的二维整数节点坐标

节点编号	整数形式节点坐标	
	a	b
1	54	84
2	65	41
3	67	14
…	…	…
38	1	47
39	51	100
40	6	78

将某个样本输入特征量赋值给节点所对应坐标的矩阵元素。因为有 6 类输入特征量，二维卷积神经网络特征通道数 D 为 6。得到该样本 100 × 100 × 6 的三维张量输入特征图，或 6 个 100 × 100 二维张量特征图。图 7－5 展示了某次扰动后瞬间系统各节点电压相角值对应的二维张量特征图，不同的颜色深浅显示了节点电压相角随空间的变化。类似地，建立所有 1400 个仿真数据的样本集，其中三维张量特征图作为 CNN 的输入，扰动后电力系统惯量中心最低频率值作为 CNN 的标签值。

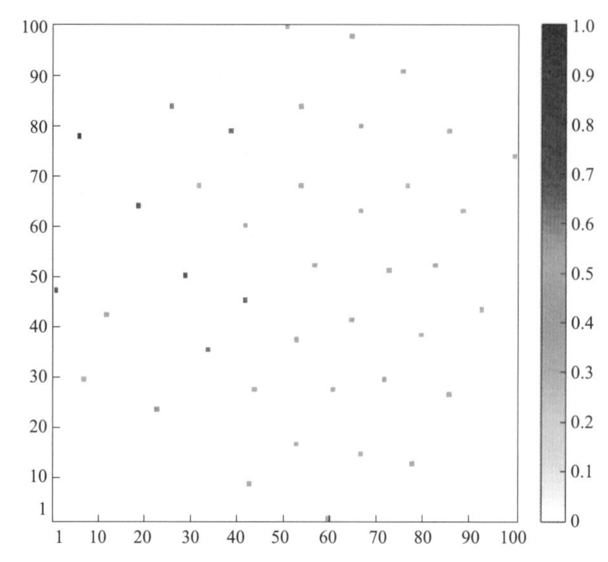

图 7－5　某次扰动后瞬间系统各节点电压相角值对应的二维张量特征图

1400 个样本中，随机选取其中 1000 个样本作为训练样本集，400 个样本作为测试样本集。采用典型的 LetNet-5 五层卷积神经网络架构，模型如图 7－6 所示。经过试验，选择卷积核的大小为 10 × 10；两个卷积层的卷积核数量分别为 32、64，滑动步长为 1；池化窗口为 2 × 2，相应的窗口滑动步长为 2；全连接层神经元数量为 256；卷积层和全连接层的激活函数为 ReLU 函数。模型训练采用 Adam 自适应优化算法，设置初始学习率α为 10^{-6}，一阶矩估计指数衰减率 β_1 为 0.9，二阶矩估计指数衰减率 β_2 为 0.999，训练次数设置为 1000 次。

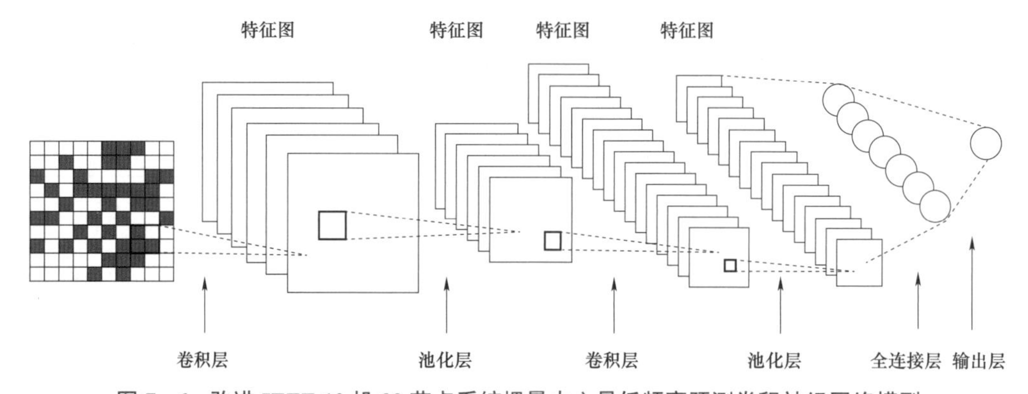

图 7－6　改进 IEEE 10 机 39 节点系统惯量中心最低频率预测卷积神经网络模型

对训练好的机器学习模型用测试样本集数据进行测试，并与支持向量回归 v-SVR 模型进行比较，其中支持向量回归惩罚因子 C 取值 25.47，径向基核函数参数σ取值0.59，v 参数取值0.01。CNN 与 v-SVR 的最低频率预测误差比较结果如表 7－4 所示，可见，两种机器学习方法均取得了较好的预测精度。与 v-SVR 模型相比，基于 CNN 的预测模型在进行惯量中心最低频率预测时，平均绝对误差（MAE）、平均绝对百分比误差（MAPE）和均方根误差（RMSE）均显著降低，可见其精度更高。

表 7－4 CNN 与 v-SVR 的最低频率预测误差比较结果

预测模型	MAE（Hz）	MAPE（%）	RMSE（Hz）
CNN	1.3×10^{-3}	3.1×10^{-3}	2.4×10^{-3}
v-SVR	4.1×10^{-3}	6.8×10^{-3}	1.1×10^{-2}

电力系统量测可能存在着噪声。为了检验所建 CNN 模型在量测噪声下的性能，在样本数据中加入 5%～25%的高斯白噪声，利用含有噪声信号的样本对两个模型分别进行训练与测试，得到的预测平均绝对误差比较结果如表 7－5 所示。可见，在样本数据中含有噪声的情况下，CNN 模型预测的平均绝对误差比 v-SVR 模型预测的更小，显示出 CNN 在噪声下具备更强的鲁棒性。

表 7－5 不同噪声时 CNN 与 v-SVR 的最低频率预测平均绝对误差比较结果

预测模型	不同噪声信号比例对应的测试集 MAE（Hz）				
	5%	10%	15%	20%	25%
CNN	1.8×10^{-3}	6.3×10^{-3}	1.2×10^{-2}	2.1×10^{-2}	3.2×10^{-2}
v-SVR	7.4×10^{-3}	1.1×10^{-2}	1.7×10^{-2}	2.5×10^{-2}	3.6×10^{-2}

2. 某实际电力系统

针对 90 机 500 节点某实际电力系统，利用 PSS/E 进行 1400 次不平衡功率扰动仿真，生成 1400 个样本，随机取 1000 个样本作为训练样本集，其余 400 个样本作为测试样本集。用电气距离表示节点间距离。通过 t-SNE 降维法将系统中所有节点映射到 100 × 100 的二维平面，得到节点分布如图 7－7 所示，其中实心圆点和×分别表示发电机节点和负荷节点，空心圆点表示其他节点。

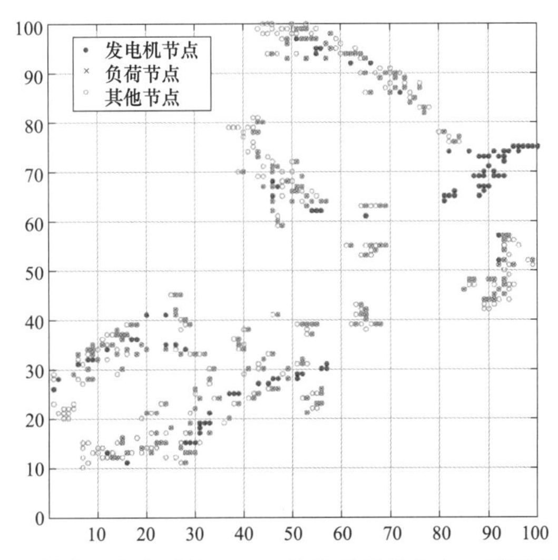

图 7－7 某实际电力系统 t-SNE 降维后的节点在二维平面的分布

基于二维平面节点坐标及节点对应的各样本输入特征量，得到各样本特征通道 D 等于 6 的神经网络三维张量输入特征图，或 6 个二维张量特征图。其中，某样本扰动后瞬间各发电机电磁功率、各节点有功负荷、各节点电压相角的二维张量输入特征图如图 7-8 所示。

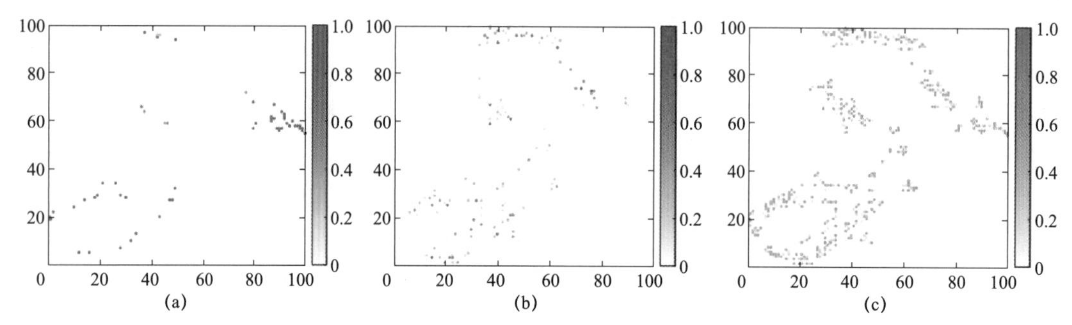

图 7-8　扰动后瞬间各发电机电磁功率、各节点有功负荷和电压相角的二维张量输入特征图

（a）电磁功率特征图；（b）节点有功负荷特征图；（c）节点电压相角特征图

图 7-9 给出了 82 号节点的发电机与 145 号节点的发电机分别发生切机故障后瞬间的系统各发电机不平衡功率的二维张量特征图。其中，82 号节点和 145 号节点对应的坐标分别为（37，62）和（77，72）。故障发生后瞬间，与故障节点距离越近的节点受到故障的影响越强，承担的不平衡功率越大，图中显示的颜色也越深。这也再次证明了卷积神经网络张量输入特征图能够反映电力系统节点状态的空间关联信息。

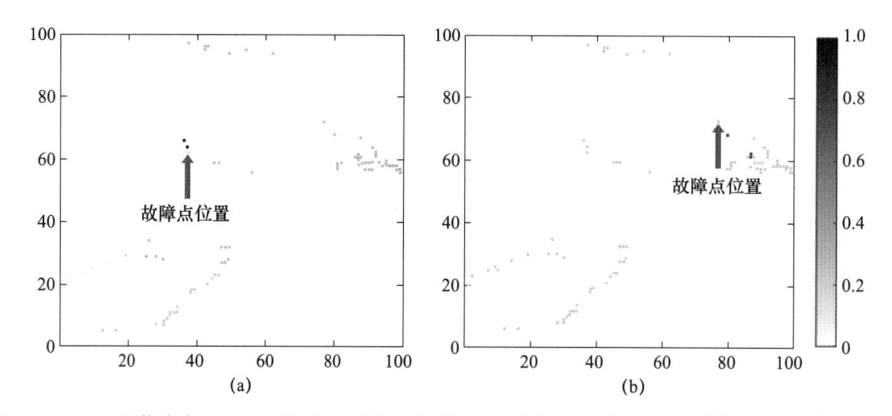

图 7-9　82 号节点与 145 号节点分别发生切机故障瞬间的各发电机不平衡功率张量特征图

（a）82 号节点发电机切机故障；（b）145 号节点发电机切机故障

将训练样本的三维张量特征图作为输入，扰动后惯量中心最低频率标签值作为输出，对二维 CNN 模型进行训练。经过试验，得到卷积核大小为 5 × 5，其他超参数同 IEEE 10 机 39 节点系统预测模型，激活函数为 ReLU。

测试样本集最低频率预测误差如表 7-6 所示，可以看出，MAE、MAPE 和 RMSE 误差指标均较小。图 7-10 给出了所有测试样本的预测值与样本标签值。可见，CNN 模型预测的最低频率值与标签值非常接近。与改进 IEEE 10 机 39 节点系统的预测误差相比，该实际系统规模更大，除 MAPE 稍差外，其余预测误差的数量级相当，表明电网规模增大后，基于相同结构的二维 CNN 模型的最低频率预测也具有较好的准确度。

表 7－6　　CNN 模型最低频率预测误差

预测方法	MAE（Hz）	MAPE（%）	RMSE（Hz）
CNN	2.1×10^{-3}	3.4×10^{-2}	3.0×10^{-3}

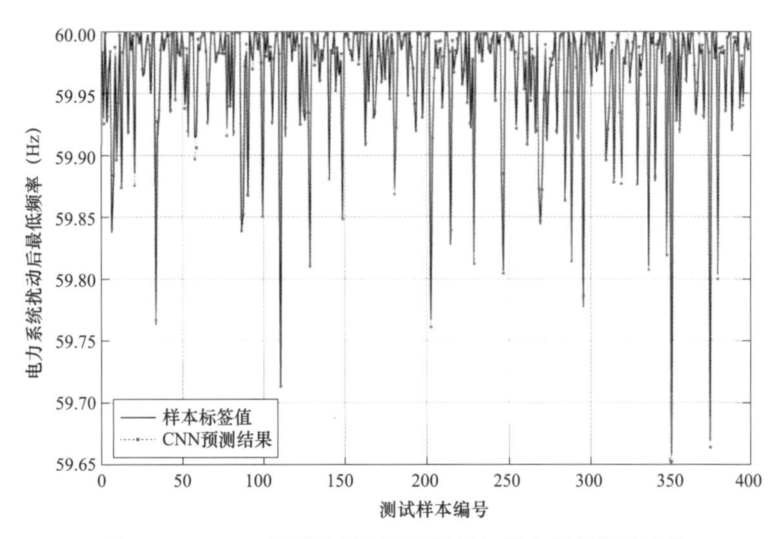

图 7－10　CNN 模型最低频率预测值与样本标签值的比较

7.3.2　基于数学模型–机器学习模型信息融合的惯量中心最低频率预测

基于机器学习的扰动后频率响应曲线或最低频率预测方法，本质上是一种基于电力系统历史运行数据或仿真数据的非线性建模方法，当样本是致密的且覆盖整个空间时，它能够较好地描述电力系统中复杂的非线性关系，对未知数据具有较高的预测精度和速度。由于其对样本的依赖，样本数量与质量的降低会使得预测精度下降。单机单负荷频率响应模型可根据扰动前系统状态快速求解出扰动后惯量中心频率响应曲线，但是计算准确度存在不足。为此，提出一种数学模型与机器学习模型融合的方法来预测惯量中心最低频率，以综合数学模型与机器学习模型的优势。

7.3.2.1　信息融合 ANFIS 模型与预测方法

在数学模型－机器学习模型信息融合方法中，分别利用改进 ASF 频率响应模型和二维 CNN 模型对电力系统受到扰动后的惯量中心最低频率进行预测；然后利用自适应神经模糊推理系统（adaptive neuro-fuzzy inference system，ANFIS）[22]对这两种方法得到的结果进行融合，得到最终的惯量中心最低频率预测结果。

经典 ASF 模型不包含并网风电场的频率响应模型。首先对 ASF 等值模型进行了改进，计及通用电气 GEWTG 风电机组模型中的虚拟惯量控制环节，得到如图 7－11 所示的计及风电场调频特性的改进 ASF 频率响应模型示意。图 7－11 中，$T_{\mathrm{lpw}i}$ 为输入信号滤波器的时间常数；$K_{\mathrm{w}i}$ 为虚拟惯量控制环节的增益；$T_{\mathrm{wow}i}$ 为高通滤波器 Washout 的时间常数。

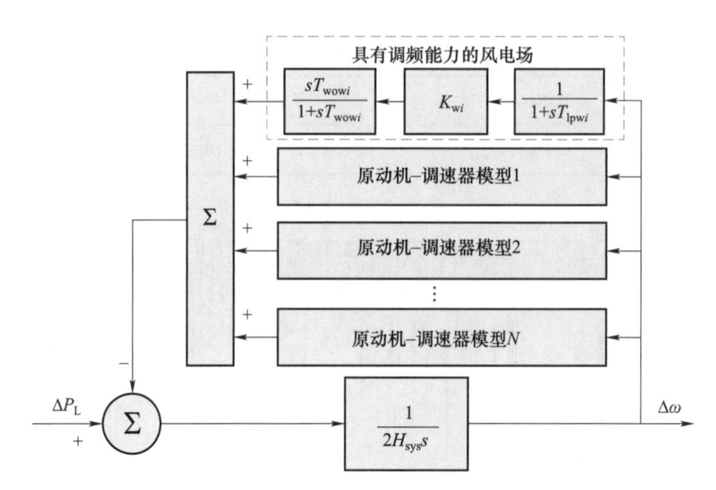

图 7-11 计及风电场调频特性的改进 ASF 频率响应模型示意

自适应神经模糊推理系统 ANFIS 的结构示意如图 7-12 所示。该结构包含五层，分别为模糊化层、模糊规则层、归一化层、去模糊化层和输出层。其输入分别为 CNN 模型预测的惯量中心最低频率 x_{CNN} 和改进 ASF 模型计算得到的惯量中心最低频率值 x_{ASF}，输出为 ANFIS 模型得到的惯量中心最低频率值 x_{ANFIS}。

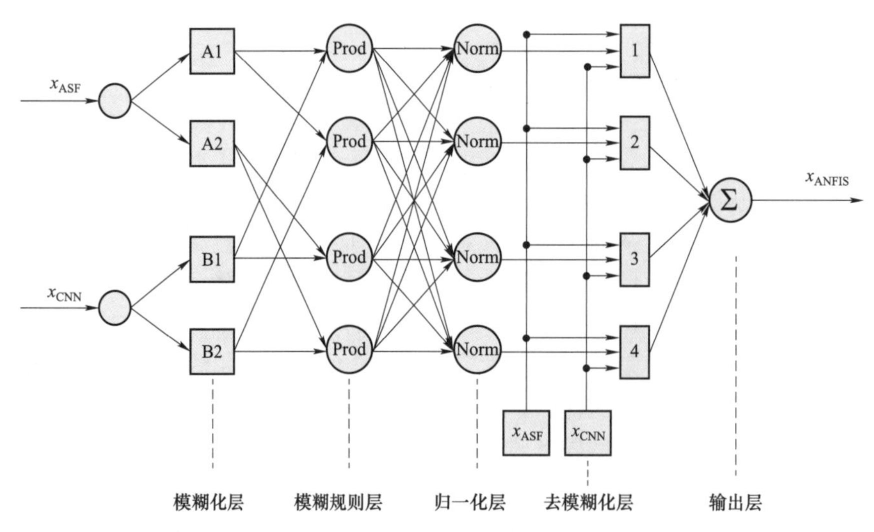

图 7-12 自适应神经模糊推理系统 ANFIS 的结构示意

ANFIS 各层模型简要说明如下：

（1）模糊化层：模糊化层利用若干个隶属函数将各输入模糊化。选择广义钟形隶属函数和高斯型隶属函数进行模糊化操作，其表达式分别为：

$$\mu_{\mathrm{bell}}(x,a,b,c)=\frac{1}{1+\left|\frac{x-c}{a}\right|^{2b}},\quad a,b>0 \tag{7-16}$$

$$\mu_{\text{gauss}}(x,\sigma,c)=\mathrm{e}^{-\frac{(x-c)^2}{2\sigma^2}},\quad \sigma>0 \tag{7-17}$$

式中：a,b,c,σ 均为隶属函数的前件参数。

根据上述两种类型隶属函数，模糊化层的输出 $O_{\mathrm{A}i}^1$ 和 $O_{\mathrm{B}j}^1$ 计算为：

$$\begin{cases}O_{\mathrm{A}i}^1=\mu_i(x_{\mathrm{ASF}}),\ \ i=1,2\\ O_{\mathrm{B}j}^1=\mu_j(x_{\mathrm{CNN}}),\ \ j=1,2\end{cases} \tag{7-18}$$

（2）模糊规则层：模糊规则层对上一层模糊化后的两组输出进行两两组合并相乘，输出为每一个规则的强度。计算如下：

$$O_l^2=O_{\mathrm{A}i}^1\cdot O_{\mathrm{B}j}^1,\quad i,j=1,2;\quad l=1,2,3,4 \tag{7-19}$$

（3）归一化层：归一化层将上一层输出的每个模糊规则强度除以总的规则强度，得到归一化后的模糊规则强度值：

$$O_l^3=O_l^2\Big/\sum_l O_l^2 \tag{7-20}$$

（4）去模糊化层：去模糊化层将归一化后的模糊规则强度 O_l^3 与自适应神经模糊推理系统的输入值 x_{ASF} 和 x_{CNN} 连接，去模糊化后得到：

$$O_l^4=O_l^3(a_l x_{\mathrm{ASF}}+b_l x_{\mathrm{CNN}}+c_l) \tag{7-21}$$

式中：$\{a_l,b_l,c_l\}$ 为去模糊化层的后件参数。

（5）输出层：输出层对去模糊化层的结果进行求和，得到最终的惯量中心最低频率预测结果：

$$x_{\mathrm{ANFIS}}=\sum_l O_l^4 \tag{7-22}$$

ANFIS 的训练和应用过程为：

（1）样本组织：CNN 和自适应神经模糊推理系统 ANFIS 采用相同的惯量中心最低频率标签。对每一个样本，将 CNN 预测的和改进 ASF 模型求解出的两个最低频率预测值作为 ANFIS 的输入，以该 CNN 样本的标签值作为 ANFIS 的标签值，构建得到 ANFIS 的一个样本。类似地，得到与 CNN 样本集划分一致的训练样本和测试样本集。

（2）训练：利用 ANFIS 的训练样本集对 ANFIS 参数进行训练。利用最小二乘估计预先训练 ANFIS 网络输入连接层的后件参数，再通过反向传播–梯度下降算法更新隶属函数的前件参数。重复训练直到算法收敛。完成对 ANFIS 模型的训练和测试后，得到电力系统惯量中心最低频率的 ANFIS 预测模型。

（3）应用：实际应用时，根据电网扰动前后瞬间的量测数据，建立 CNN 的三维张量输入特征图，预测得到惯量中心最低频率。同时，通过改进 ASF 频率响应模型求解惯量中心最低频率；将这两个子模型的预测值作为 ANFIS 的输入，输出得到最终的基于数学模型–机器学习模型信息融合的扰动后惯量中心最低频率预测值。

7.3.2.2 算例分析

针对改进 IEEE 10 机 39 节点系统，进行扰动后惯量中心最低频率预测。风电场虚拟惯量控制环节参数 T_{lpwi}、K_{wi}、T_{wowi} 分别为 1、10 和 5.5。分别用训练好的信息融合 ANFIS 模型（information combined，IC）、二维卷积神经网络（2D-CNN）模型以及改进 ASF 频率响应（improved average system frequency，IASF）模型对测试样本集进行测试，预测误差如表 7－7 所示。可以看出，信息融合模型（IC）的平均绝对误差（MAE）比 2D-CNN 和 IASF 模型分别降低了 43.33%和 82.10%，平均绝对误差百分比（MAPE）和均方根误差（RMSE）也比 2D-CNN 模型和 IASF 模型更低。因此，基于数学模型－机器学习模型信息融合的预测方法通过对两个子模型的融合，有效地提升了惯量中心最低频率预测的精度。

表 7－7 融合模型与其子模型最低频率预测误差比较

预测方法	MAE（Hz）	MAPE（%）	RMSE（Hz）
IC	3.4×10^{-2}	7.0	5.3×10^{-2}
2D-CNN	6.0×10^{-2}	12.0	1.0×10^{-2}
IASF	1.9×10^{-1}	39.0	2.5×10^{-1}

图 7－13 给出了信息融合模型与其子模型在 50 个测试样本上预测值与标签值的比较。图 7－14 给出其预测绝对误差比较。可以直观地看出信息融合模型预测的最低频率与标签值更接近。

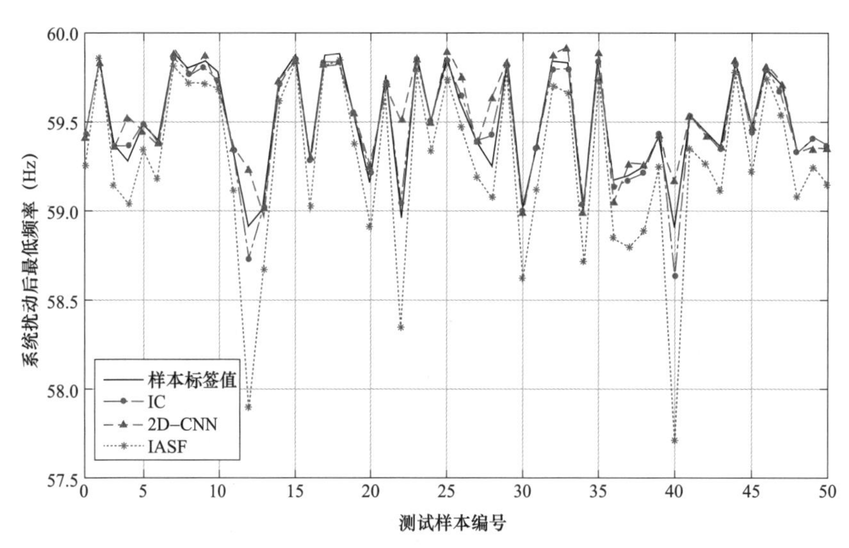

图 7－13 融合模型与其子模型最低频率预测结果比较

上述训练和测试结果是针对小样本的情况。比较表 7－4 和表 7－7 会发现，表 7－7 的小样本情况下，2D-CNN 模型由于训练样本数量较少，预测精度有较大幅度的下降。值得指出的是，当 2D-CNN 模型由于训练样本数量较少导致部分样本的预测精度不佳时，IC 模型能够发挥数学模型和机器学习模型融合的优势，对其预测结果进行有效修正，降低预测误差。

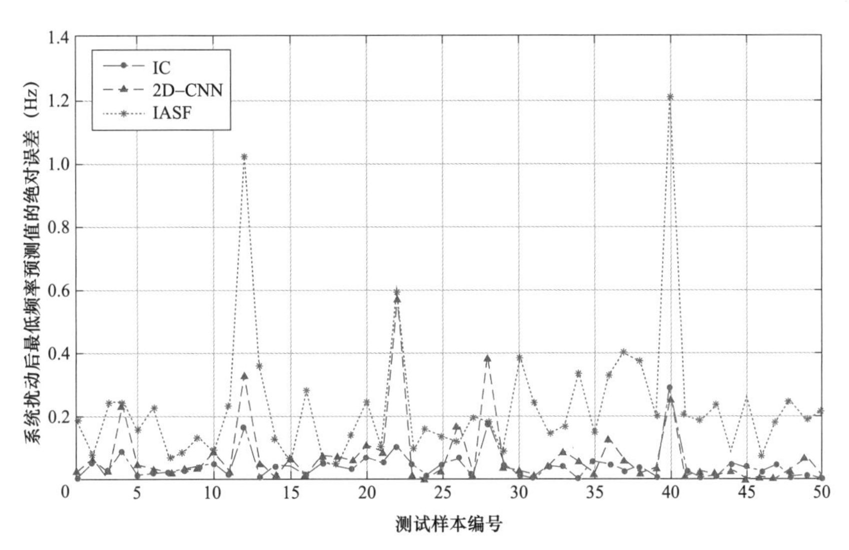

图 7－14　融合模型与其子模型最低频率预测绝对误差比较

7.4　基于 LSTM 的扰动后惯量中心频率响应预测

含循环结构的长短期记忆网络（LSTM）是一种具有记忆能力的神经网络，适合处理与时间序列相关的预测问题。本节提出一种基于 LSTM 的扰动后惯量中心频率响应预测方法。预测目标为扰动后 0.1s～T_s 的惯量中心频率响应曲线，时间间隔为 0.1s。LSTM 的输出为：

$$\boldsymbol{O}=\begin{bmatrix} O^{0.1} & O^{0.2} & \cdots & O^{T_s} \end{bmatrix} \tag{7-23}$$

式中：$\boldsymbol{O}$ 为频率响应曲线上从 0.1s～T_s 的 $10T_s$ 个点。

7.4.1　模型结构和输入特征张量构建

7.4.1.1　模型结构

第 2 章介绍了 LSTM 的模型和算法，LSTM 内部结构如图 2－13 所示。根据循环神经网络输入和输出维度的不同，循环神经网络的结构可大致分为 N 比 N 结构、N 比 1 结构、1 比 N 结构和 N 比 M 结构，其中 N 比 M 结构的 LSTM 示意如图 7－15 所示。本节建立的基于 LSTM 的电力系统扰动后惯量中心频率响应预测模型，被称为 Encoder-Decoder 模型，包括 N 比 1 编码器和 1 比 M 解码器两部分。

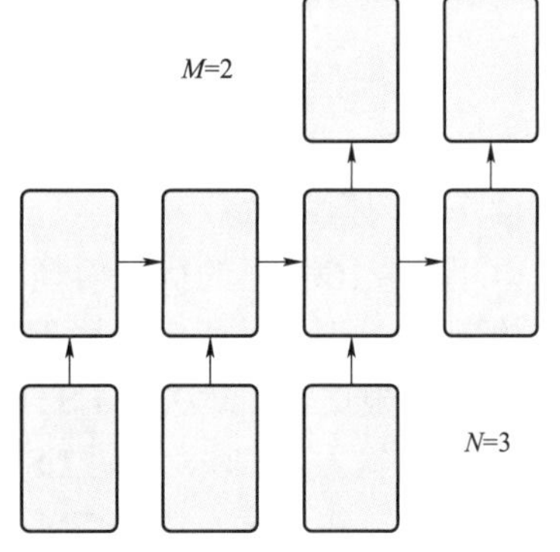

图 7－15　N 比 M 结构的 LSTM 示意

7.4.1.2　输入特征张量

在表 7－1 的原始特征集以及根据表 7－1 计算得到的特征集中，选择了四类系统输入特征，即扰动前和扰动后短时间内的系统发电机总电磁功率（P_e）、总备用功率（P_r）、系统总有功负荷（P_{load}）和惯量中心动态频率（f）。这些输入特征与电网规模无关，意味着当系统网络节点增加时，神经网络的结构、训练时间和测试时间将不会受到影响，这也使得该模型对大规模电力系统的适应性很强。

LSTM 的输入特征矩阵 $\boldsymbol{X}$ 为：

$$\boldsymbol{X}=\begin{bmatrix}\boldsymbol{X}_1\\ \boldsymbol{X}_2\\ \boldsymbol{X}_3\\ \cdots\\ \boldsymbol{X}_N\end{bmatrix}=\begin{bmatrix}P_e^1 & P_{load}^1 & P_r^1 & f^1\\ P_e^2 & P_{load}^2 & P_r^2 & f^2\\ P_e^3 & P_{load}^3 & P_r^3 & f^3\\ \cdots & \cdots & \cdots & \cdots\\ P_e^N & P_{load}^N & P_r^N & f^N\end{bmatrix} \tag{7-24}$$

式中：变量的上标对应于各特征量的采样时刻点。每一个特征有一个时间序列，表示为一个列向量，例如 P_e 包含 N 个时间序列值，对应于从第一个采样时间点到第 N 个采样时间点的值，$\boldsymbol{P}_e=[P_e^1,P_e^2,\cdots,P_e^N]^T$。输入矩阵 $\boldsymbol{X}$ 的每一行，即 $\boldsymbol{X}_1,\boldsymbol{X}_2,\cdots,\boldsymbol{X}_N$，分别被送到相应的 LSTM 块，其中，$\boldsymbol{X}_N=[P_e^N,P_{load}^N,P_r^N,f^N]$ 对应第 N 个采样时间点的上述四类输入特征。在保证预测精度的前提下，尽可能选择较短的时间长度 N，为后续频率稳定紧急控制预留足够的时间。

LSTM 的输出为频率响应曲线上按照一定间隔预测的频率值。当频率响应曲线时长为 T_s，间隔为 0.1s 时，输出的频率响应预测值数目为 M，$M=10T_s$。基于 LSTM 的扰动后频率响应预测模型如图 7-16 所示。

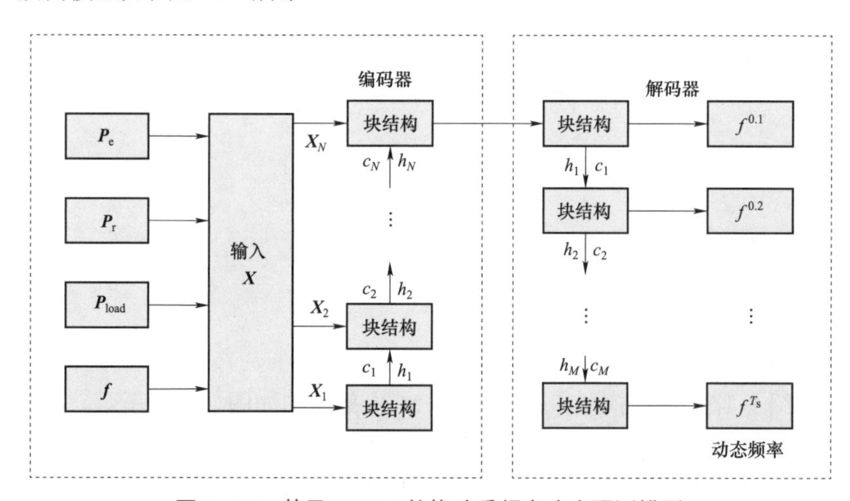

图 7-16　基于 LSTM 的扰动后频率响应预测模型

7.4.1.3　模型训练

图 7-16 给出的扰动后频率响应预测模型包含两个 LSTM：N 对 1 的编码器和 1 对 M 的解码器。训练过程中，输入矩阵 $\boldsymbol{X}$ 中的 $\boldsymbol{X}_1,\boldsymbol{X}_2,\cdots,\boldsymbol{X}_N$ 分别输入到编码 LSTM 对应的块结构中。根据第 2 章关于 LSTM 块结构的公式计算隐藏层状态。当到达最后一个采样时间点对应的输入 $\boldsymbol{X}_N$ 时，解码 LSTM 接收编码 LSTM 的最终状态作为输入，然后计算频率响应输出值，并与输入到 LSTM 解码器的同一个样本的标签值进行比较。将误差从解码器的输出传回整个模型。通过随时间反向传播算法训练至收敛。

7.4.2　算例分析

针对某 90 机 500 节点实际电力系统，进行了 1800 次仿真，生成了 1800 个样本，随机选取 1350 个作为训练样本集，其余 450 个作为测试样本集。设置 $t=0$ 时刻系统发生扰动，采集扰动前后 n 个时刻 t_1，t_2，…，t_n 的信息，扰动发生在 t_1 与 t_2 之间，WAMS 数据采样示意如图 7-17 所示。

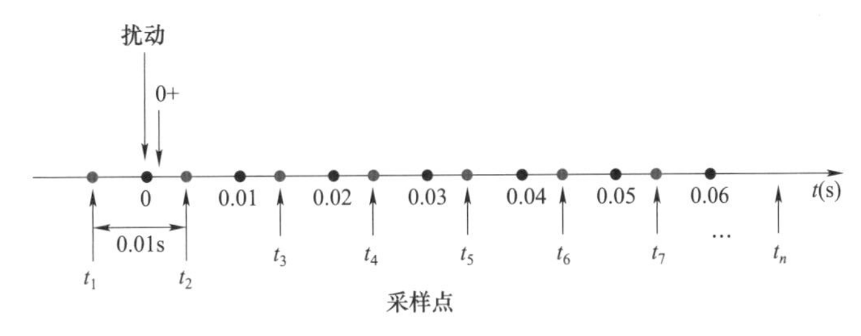

图 7-17　WAMS 数据采样示意

经过试验，取扰动前瞬间 0^-、扰动后瞬间 0^+，以及扰动后 0.01、0.02、0.03s 共 5 个时刻的量测值，输入序列时间长度为 5，即 $N=5$。因此，LSTM 输入特征矩阵维数为 5×4。算例中，LSTM 的输出时长 $T_s=40\text{s}$，则预测模型输出扰动后 40s 频率响应曲线上间隔为 0.1s 的 400 个点，即 $M=400$。

采用训练样本对 LSTM 频率响应预测模型进行训练。采用 Adam 自适应优化算法用于 LSTM 模型的训练。设置初始学习率 α 为 10^{-3}，一阶矩估计指数衰减率 β_1 为 0.99，二阶矩估计指数衰减率 β_2 为 0.999，训练次数设置为 10000 次。LSTM 的隐藏层设置为单层，每层 50 个神经元。

将训练好的 LSTM 惯量中心频率响应预测模型用测试样本进行测试。LSTM 模型频率响应曲线预测的最大绝对误差、均方根误差和平均绝对误差分别如图 7-18、图 7-19、图 7-20 所示。从图中可以看到，频率响应预测的最大绝对误差、均方根误差和平均绝对误差均较小，误差相对较大的部分出现在频率响应曲线最低频率附近，即 2～5s 的时间区

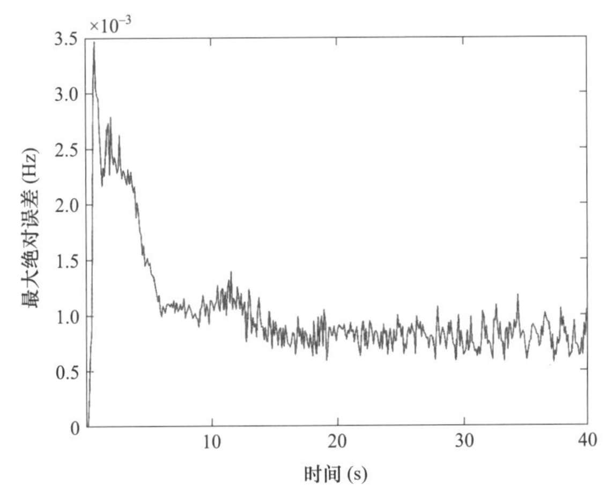

图 7-18　LSTM 模型频率响应曲线预测的最大绝对误差

间。例如，大部分时间区间内，频率响应预测的最大绝对误差为 0.001Hz 左右，而最低频率附近的最大绝对误差大于 0.002Hz，最大值为 0.0035Hz。

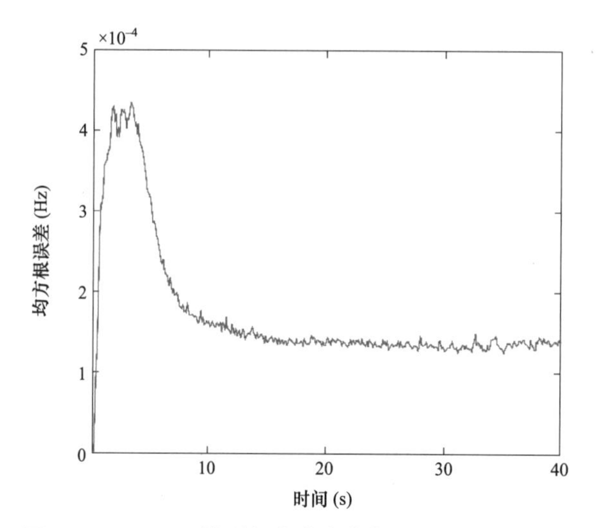

图 7-19 LSTM 模型频率响应曲线预测的均方根误差

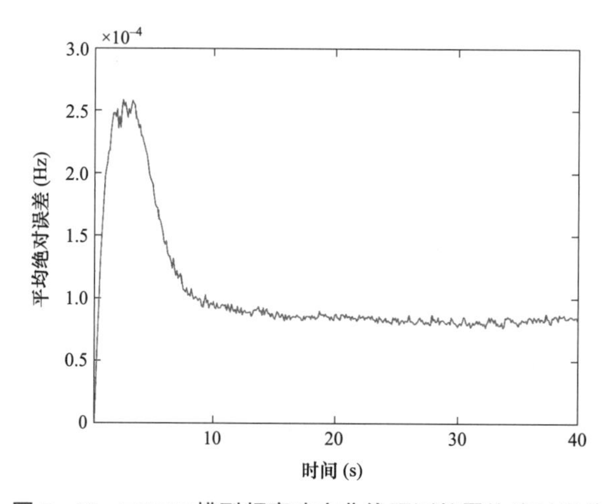

图 7-20 LSTM 模型频率响应曲线预测的平均绝对误差

选择频率响应时间序列绝对误差最大值为 0.0035 和 0.0007 的第 66 个样本和第 56 个样本，将频率响应预测曲线与样本标签值曲线进行对比，如图 7-21 所示。从图中可以看出对于这两个样本，模型预测的频率响应曲线与样本标签值曲线一致。

采用扰动后最低频率 f_m 及其出现时间 t_m，以及扰动后稳态频率 f_s 的最大绝对误差、均方根误差、平均绝对误差和平均绝对百分比误差来评价预测模型的性能，结果如表 7-8 所示。从表中可以看出，除了最低频率出现的时间存在较大误差外，最低频率和稳态频率的预测误差都很小；稳态频率预测误差较最低频率预测误差更小。因此，基于 LSTM 的预测模型可以实现对扰动后频率响应和扰动后最低频率、扰动后稳态频率的准确预测。

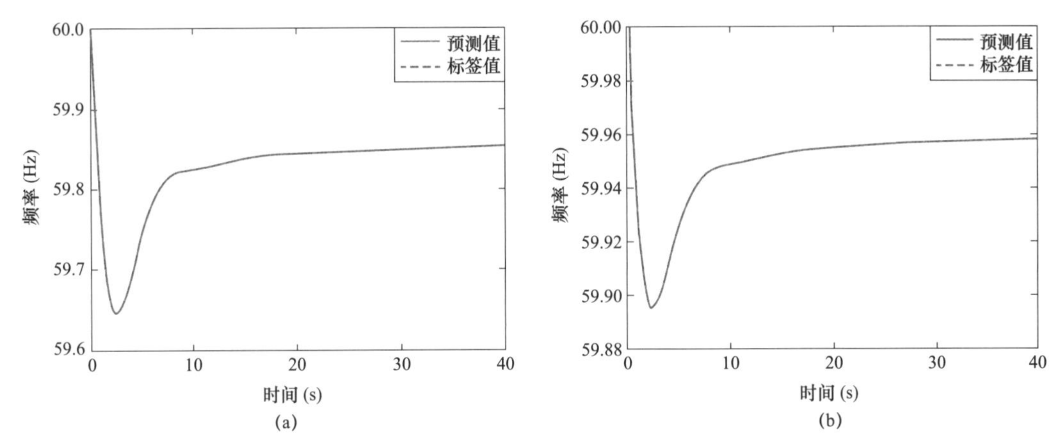

图 7-21　频率响应预测曲线与样本标签值曲线对比

（a）第 66 个测试样本；（b）第 56 个测试样本

表 7-8　　扰动后最低频率和稳态频率的预测误差

误差	f_m（Hz）	t_m（s）	f_s（Hz）
最大绝对误差	2.8×10^{-3}	0.8000	1.0×10^{-3}
均方根误差	4.2×10^{-4}	0.1303	1.4×10^{-4}
平均绝对误差	2.5×10^{-4}	0.0623	8.2×10^{-5}
平均绝对百分比误差（%）	7.5×10^{-5}	0.52	2.4×10^{-5}

7.5　基于 ConvLSTM 的扰动后各发电机最低频率预测

电力系统扰动后动态过程中，频率呈现时空分布特性。单机单负荷模型将系统中所有发电机等值为一台发电机，因而不能用来计算各发电机的频率响应曲线或最低频率。而采用数值积分法或线性化方法求解，计算速度较慢。本节采用机器学习方法对扰动后各发电机的最低频率进行预测。考虑频率动态的时空特性，研究提出了一种基于卷积长短期记忆网络（convolutional LSTM network，ConvLSTM）的预测方法。ConvLSTM 借助二维卷积神经网络（CNN）挖掘空间特性，同时具有长短期记忆网络（LSTM）的时序数据处理能力。将其预测结果与一维卷积神经网络、计及空间特性的二维卷积神经网络的预测结果进行比较，以研究计及时空特性的模型对各发电机最低频率预测性能的影响。

7.5.1　卷积长短期记忆网络

7.5.1.1　模型结构

ConvLSTM 将 LSTM 中输入与各个门之间的全连接运算改为了卷积运算。本节采用的 ConvLSTM 在当前时刻 t 的记忆单元内部结构如图 7-22 所示。其结构为图 2-13 所示 LSTM 结构的一种变体[23]。图 7-22 中，遗忘门输出 $\boldsymbol{f}_t$、输入门输出 $\boldsymbol{i}_t$、输出门输出 $\boldsymbol{o}_t$ 不但依赖于输入 $\boldsymbol{X}_t$ 和上一时刻的隐状态 $\boldsymbol{h}_{t-1}$，也依赖于上一个时刻的记忆单元状态 $\boldsymbol{c}_{t-1}$。

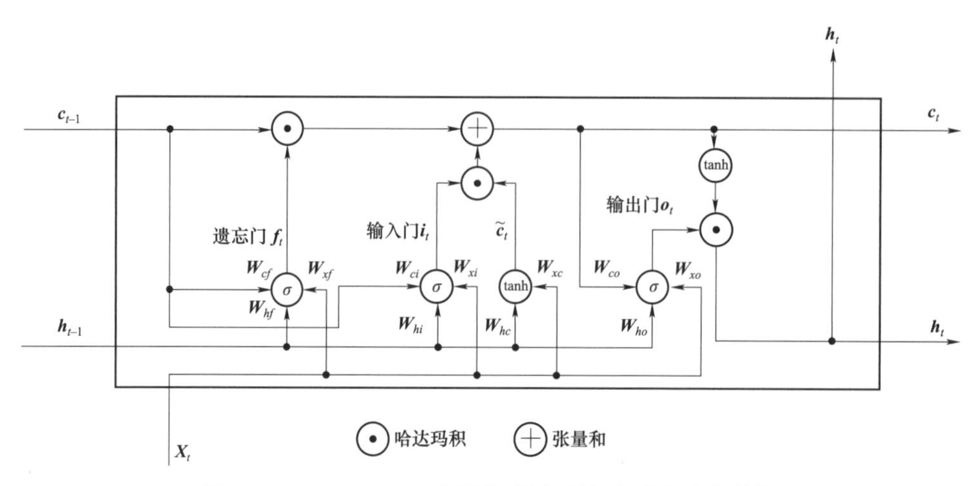

图 7-22　ConvLSTM 在当前时刻 t 的记忆单元内部结构

ConvLSTM 的遗忘门输出 $\boldsymbol{f}_t$、输入门输出 $\boldsymbol{i}_t$ 和输出门输出 $\boldsymbol{o}_t$ 的计算公式为：

$$\begin{cases} \boldsymbol{f}_t = \sigma(\boldsymbol{W}_{xf} \otimes \boldsymbol{X}_t + \boldsymbol{W}_{hf} \otimes \boldsymbol{h}_{t-1} + \boldsymbol{W}_{cf} \odot \boldsymbol{c}_{t-1} + \boldsymbol{b}_f) \\ \boldsymbol{i}_t = \sigma(\boldsymbol{W}_{xi} \otimes \boldsymbol{X}_t + \boldsymbol{W}_{hi} \otimes \boldsymbol{h}_{t-1} + \boldsymbol{W}_{ci} \odot \boldsymbol{c}_{t-1} + \boldsymbol{b}_i) \\ \boldsymbol{o}_t = \sigma(\boldsymbol{W}_{xo} \otimes \boldsymbol{X}_t + \boldsymbol{W}_{ho} \otimes \boldsymbol{h}_{t-1} + \boldsymbol{W}_{co} \odot \boldsymbol{c}_t + \boldsymbol{b}_o) \end{cases} \tag{7-25}$$

式中：$\boldsymbol{W}_{xf}$、$\boldsymbol{W}_{hf}$、$\boldsymbol{W}_{xi}$、$\boldsymbol{W}_{hi}$、$\boldsymbol{W}_{xo}$、$\boldsymbol{W}_{ho}$ 为卷积核；$\boldsymbol{W}_{cf}$、$\boldsymbol{W}_{ci}$、$\boldsymbol{W}_{co}$ 为权重矩阵；$\boldsymbol{b}_f$、$\boldsymbol{b}_i$、$\boldsymbol{b}_o$ 为偏置向量；$\otimes$ 表示卷积；$\odot$ 表示哈达玛积。

当前时刻的 $\tilde{\boldsymbol{c}}_t$ 与单元状态 $\boldsymbol{c}_t$ 为：

$$\begin{cases} \tilde{\boldsymbol{c}}_t = \tanh(\boldsymbol{W}_{xc} \otimes \boldsymbol{X}_t + \boldsymbol{W}_{hc} \otimes \boldsymbol{h}_{t-1} + \boldsymbol{b}_c) \\ \boldsymbol{c}_t = \boldsymbol{f}_t \odot \boldsymbol{c}_{t-1} + \boldsymbol{i}_t \odot \tilde{\boldsymbol{c}}_t \end{cases} \tag{7-26}$$

式中：$\boldsymbol{W}_{xc}$、$\boldsymbol{W}_{hc}$ 为卷积核；$\boldsymbol{b}_c$ 为偏置向量。

当前时刻的输出 $\boldsymbol{h}_t$ 由输出门的输出 $\boldsymbol{o}_t$ 和当前时刻的单元状态 $\boldsymbol{c}_t$ 确定，为：

$$\boldsymbol{h}_t = \boldsymbol{o}_t \odot \tanh(\boldsymbol{c}_t) \tag{7-27}$$

ConvLSTM 具有时序特征和空间特征提取能力，其输入特征图为计及时空特性的四维张量。基于 ConvLSTM 的扰动后各发电机最低频率预测模型如图 7-23 所示，采用 N 比 1

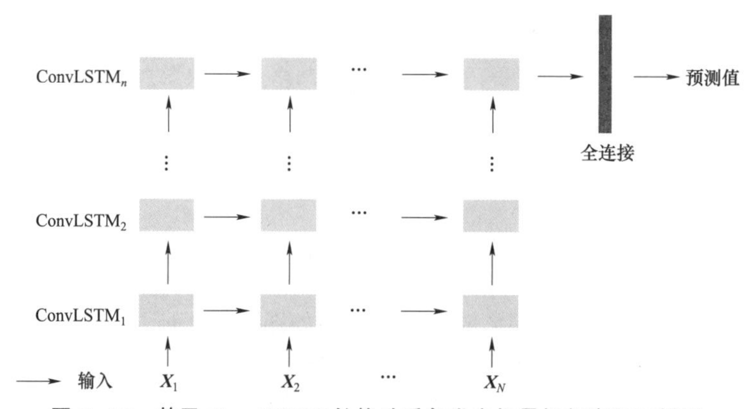

图 7-23　基于 ConvLSTM 的扰动后各发电机最低频率预测模型

的结构，输入张量经过 n 层 ConvLSTM 后，最终由全连接层输出预测的扰动后各发电机最低频率值。

7.5.1.2　输入特征张量

选择与 7.3.1 卷积神经网络类似的输入特征变量，但时间采样点不是扰动前后瞬间，而是扰动前和扰动后一段时间。选择扰动前后瞬间和扰动后短时间内各发电机的频率变化率、不平衡功率、电磁功率，以及各节点的电压幅值、电压相角、负荷有功功率 6 类特征构建输入特征量。

采用 7.3.1.1 节所描述的 t-SNE 方法进行每一时刻三维输入特征图 $\boldsymbol{X}_t$ 的构建，如图 7－24 所示。二维平面上各节点的空间相对位置反映了电网中各节点的电气距离。若每个节点在直角坐标系中的位置用（a，b）表示，以 d 表示特征通道，6 类输入特征对应 6 个通道。时刻 t 的三维输入特征张量图可表示为 $\boldsymbol{X}_t(a,b,d)$，输入特征中含有 N 个时刻的时间序列时，ConvLSTM 模型的输入 $\boldsymbol{X}$ 为四维张量。类似地，可建立图 7－23 所示的 ConvLSTM 模型三维张量输入特征图，即 $\boldsymbol{X}_1, \boldsymbol{X}_2, \cdots, \boldsymbol{X}_N$。

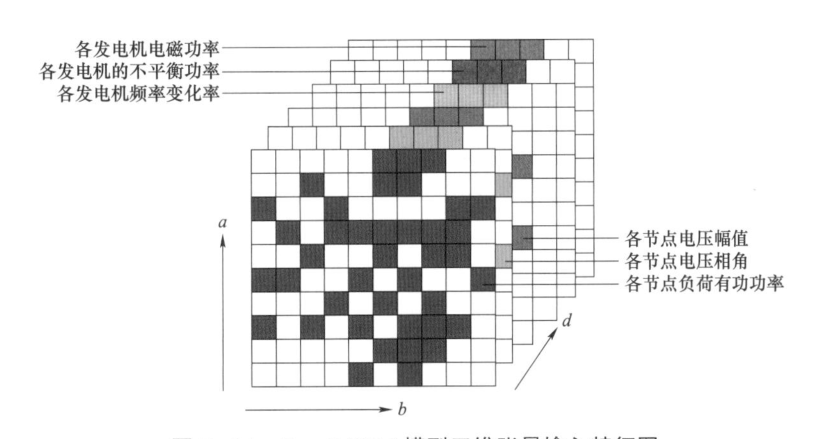

图 7－24　ConvLSTM 模型三维张量输入特征图

7.5.1.3　模型训练

与 LSTM 相似，ConvLSTM 也可用误差随时间反向传播算法来进行参数学习。训练过程中，输入矩阵 $\boldsymbol{X}$ 中的 $\boldsymbol{X}_1, \boldsymbol{X}_2, \cdots, \boldsymbol{X}_N$ 分别输入到 ConvLSTM 对应的块结构中。根据 ConvLSTM 块结构的公式计算隐藏层状态和输出值，并将输出值与样本的标签值进行比较。将误差从 ConvLSTM 的输出传回整个模型，通过随时间反向传播算法训练至收敛。

7.5.2　算例分析

7.5.2.1　IEEE 10 机 39 节点标准测试系统

针对 IEEE 10 机 39 节点标准测试系统，基于 PSS/E 进行 1400 次不平衡功率扰动仿真，生成了 1400 个样本，随机选取 1000 个作为训练样本集，其余 400 个作为测试样本集。经过试验，取扰动前瞬间 0^-、扰动后瞬间 0^+，以及扰动后 0.01s 这 3 个采样时刻的量测值构成某一输入特征的时间序列向量。

经过训练得到各发电机最低频率预测的 ConvLSTM 模型。其中，每个通道的输入特征图分布在 10×10 的二维平面上；卷积层数为 6 层，即图 7－23 中，$n=6$。卷积核数量为 64－64－128－128－256－256，采用 3×3 卷积核，滑动步长为 1。全连接层神经元数量为 256；卷积层与全连接层的激活函数均为 ReLU。模型训练以平均绝对误差作为损失函数。模型训练采用 Adam 自适应优化算法，结合学习率衰减策略调整学习率，设置初始学习率 α 为 10^{-4}，一阶矩估计指数衰减率 β_1 为 0.9，二阶矩估计指数衰减率 β_2 为 0.999，训练次数设置为 400 次。

对训练好的 ConvLSTM 模型进行测试，模型预测误差如表 7－9 所示。可见在测试集上该模型对扰动后各发电机最低频率的预测有较高的准确度。表 7－9 同时也给出了一维卷积神经网络 1D-CNN 和二维卷积神经网络 2D-CNN 进行各发电机最低频率预测的误差。对于 1D-CNN 与 2D-CNN 的卷积层，采用相同的设置，即 6 层架构，每一层具有相同的隐含状态数量，训练过程中的优化器、初始学习率、批尺寸设置等均与 ConvLSTM 相同，1D-CNN 中每一个样本特征数为 1800，2D-CNN 中每一个样本的特征维度为 10×10×18，ConvLSTM 中每一个样本的特征维度 3×10×10×6。

表 7－9　ConvLSTM、1D-CNN、2D-CNN 模型对各发电机最低频率的预测误差

预测模型	MAE（Hz）	MAPE（%）	RMSE（Hz）
1D-CNN	2.3×10^{-3}	3.8×10^{-3}	5.1×10^{-3}
2D-CNN	8.2×10^{-4}	1.4×10^{-3}	4.8×10^{-3}
ConvLSTM	5.7×10^{-4}	9.6×10^{-4}	1.1×10^{-3}

从表 7－9 还可以看出，与以向量输入的 1D-CNN 和计及空间特性的 2D-CNN 相比，计及时空特性的 ConvLSTM 预测扰动后各发电机最低频率的各个误差（MAE、MAPE 和 RMSE）都更小。由于 2D-CNN 考虑了扰动后系统电气量的空间特性，其预测精度比 1D-CNN 有所提升。ConvLSTM 借助 2D-CNN 的卷积运算挖掘空间特性，同时具有 LSTM 的时序数据处理能力，能够充分挖掘数据中蕴含的时空特性，取得了最优的预测性能。

图 7－25 与图 7－26 为针对某一测试样本，ConvLSTM 预测的各发电机最低频率和样本标签值的三维和二维比较图，功率扰动事件设置为切除第 38 号节点的发电机。从三维图中可以直观地观测到扰动事件发生后，系统中各发电机最低频率存在着空间差异。该测试样本中，对应各发电机的最低频率标签值，各发电机频率预测的绝对误差分别为 0.0037、0.0041、0.0021、0.0029、0.0034、0.0026、0.0025、0.0015、0.0026Hz，均较小。图 7－27 给出 ConvLSTM 模型预测各发电机最低频率的平均绝对误差，可知各发电机最低频率均取得了较小的预测误差。

7.5.2.2　某实际电力系统

针对图 7－3 所示的某实际电力系统，采用与 7.5.2.1 节相同的输入特征类和时间序列长度，经过训练和测试得到对各发电机最低频率进行预测的 ConvLSTM 模型。其中，每个通道的输入特征图分布在 100×100 的二维平面上；所构建的预测模型中，卷积层数为 4 层，

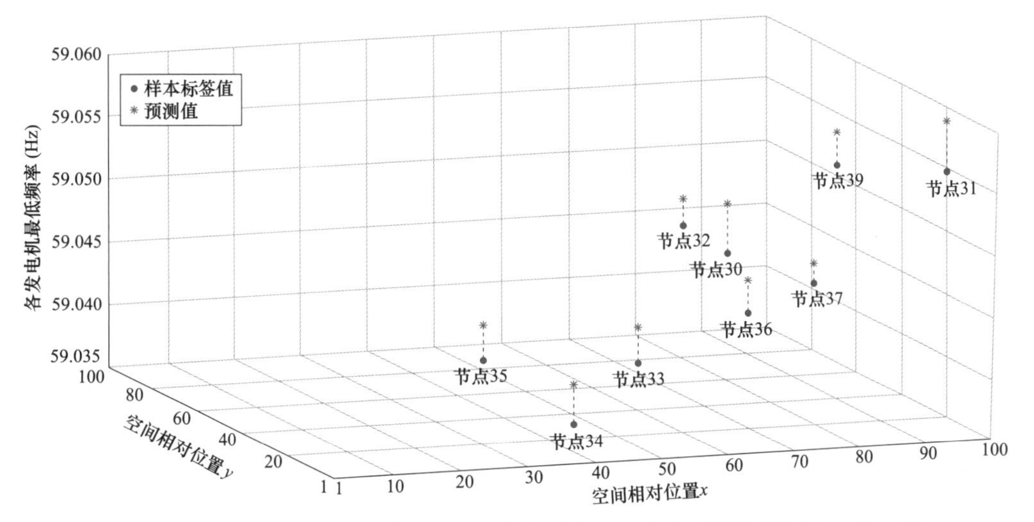

图 7－25　ConvLSTM 模型对各发电机最低频率的预测值与样本标签值的三维比较图

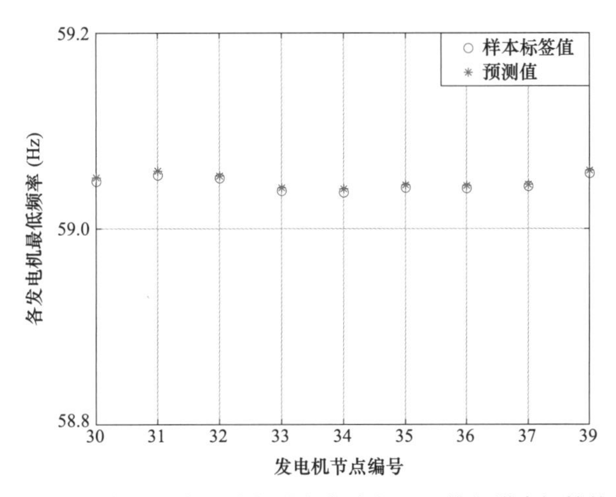

图 7－26　ConvLSTM 模型对各发电机最低频率的预测值与样本标签值的二维比较图

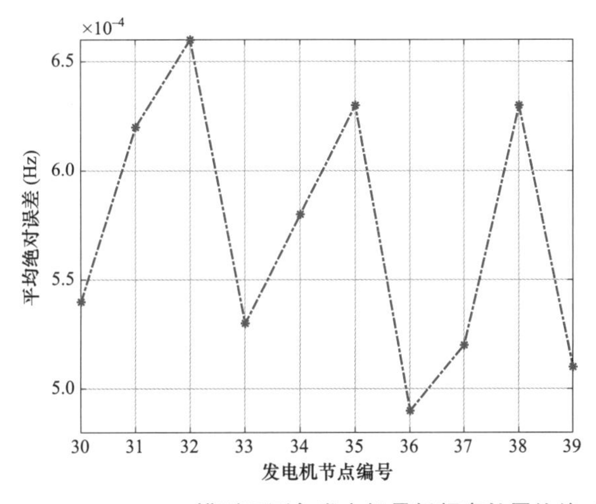

图 7－27　ConvLSTM 模型预测各发电机最低频率的平均绝对误差

即图 7-23 中，$n=4$。每层卷积核数量 32-64-64-32，采用 10×10 卷积核，滑动步长为 1；并且在全连接层前增加了池化窗口为 8×8 的一个池化层；全连接层神经元数量为 256;卷积层与全连接层的激活函数均为 ReLU。模型训练以平均绝对误差作为损失函数，采用 Adam 自适应优化算法，结合学习率衰减策略调整学习率，设置初始学习率α为 10^{-4}，一阶矩估计指数衰减率 β_1 为 0.9，二阶矩估计指数衰减率 β_2 为 0.999，训练次数设置为 400 次。

表 7-10 给出了 ConvLSTM 模型对该系统各发电机最低频率的预测误差。结果表明，随着系统规模的扩大，ConvLSTM 预测各发电机最低频率的平均绝对误差（MAE）虽然较 IEEE 10 机 39 节点标准测试系统误差稍大，但仍为 10^{-4} 数量级，表明了 ConvLSTM 在较大规模系统的应用潜力。

表 7-10　ConvLSTM 模型对某实际系统各发电机最低频率的预测误差

预测模型	MAE（Hz）	MAPE（%）	RMSE（Hz）
ConvLSTM	8.9×10^{-4}	1.5×10^{-3}	2.4×10^{-3}

图 7-28 为某一测试样本中 ConvLSTM 预测的各发电机最低频率和样本标签值的比较图。功率扰动事件设置为切除第 224 号节点所连接的发电机。ConvLSTM 预测各发电机最低频率的最大绝对误差出现在节点编号为 144 的发电机，为 0.0062Hz。ConvLSTM 预测的各发电机最低频率和样本标签值的三维比较图如图 7-29 所示。样本标签值中，各发电机最低频率的最小值为 59.61566Hz，最大值为 59.64255Hz，最大值与最小值相差 0.02689Hz。从图 7-29 中可以看出各发电机最低频率呈现时空分布特性。ConvLSTM 预测的各发电机最低频率的平均绝对误差（MAE）如图 7-30 所示，预测误差均在 10^{-3} 数量级。最大的平均绝对误差值在系统第 482 号发电机节点，为 2.4×10^{-3}Hz。表明 ConvLSTM 在较大规模系统中仍然能够取得较好的预测精度。

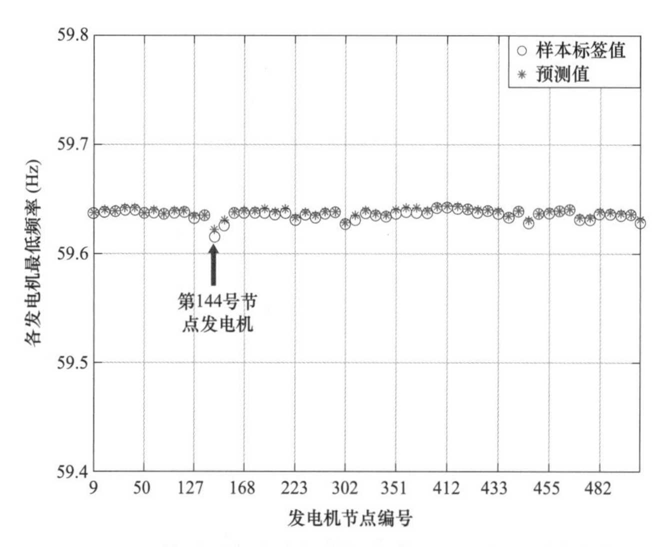

图 7-28　ConvLSTM 模型对各发电机最低频率的预测值与样本标签值的比较图

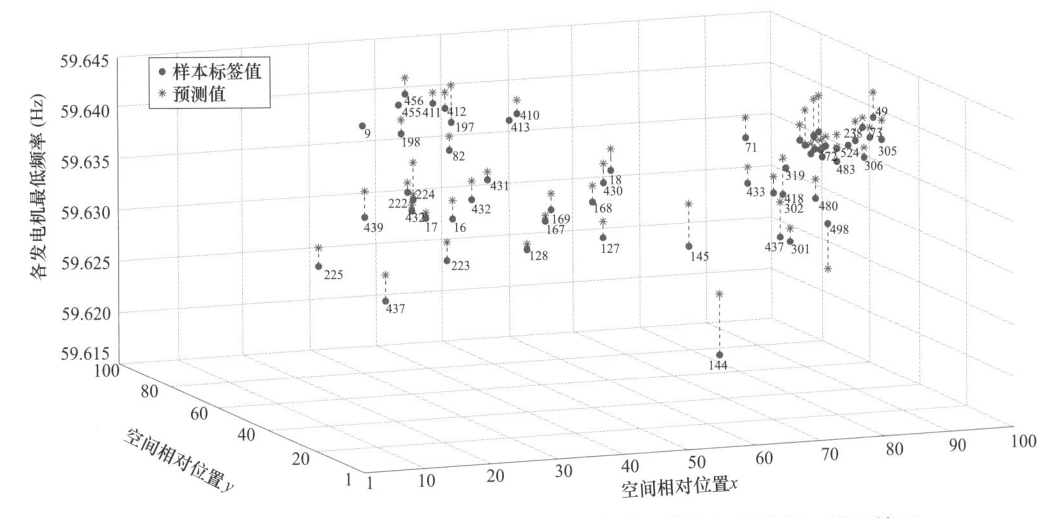

图 7-29 ConvLSTM 预测的各发电机最低频率和样本标签值的三维比较图

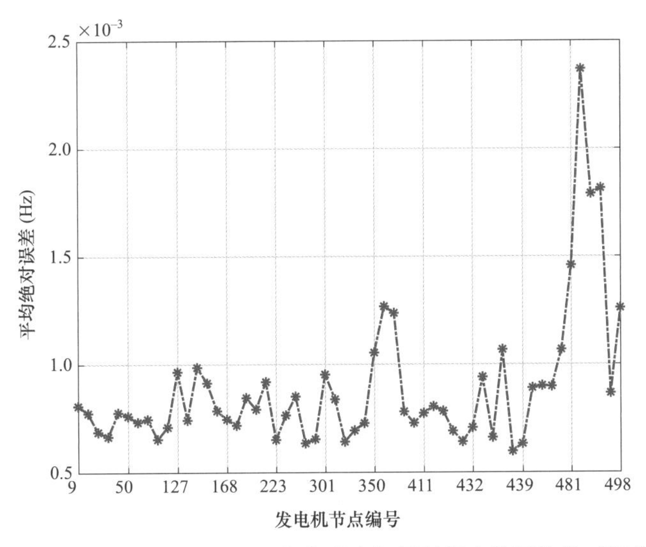

图 7-30 ConvLSTM 预测的各发电机最低频率的平均绝对误差

7.6 小 结

服务于频率稳定紧急控制的频率稳定评估，在出现严重不平衡功率扰动事件时启动，预测扰动后最大频率偏差（最高频率或最低频率）以及稳态频率或频率响应曲线，以判断该扰动威胁系统频率稳定的程度。

频率稳定评估深度学习模型是深度学习模型的一种回归应用，通过学习电网运行历史量测数据或仿真数据，获得系统扰动前后运行特征与扰动后频率响应的映射关系。训练好的频率稳定评估深度学习模型在发生严重不平衡功率扰动事件时，能基于扰动前后系统参数和量测数据快速预测出扰动后最低频率、最高频率、稳态频率或频率响应曲线。

本章提出了基于卷积神经网络（CNN），以及基于 CNN 与改进 ASF 模型信息融合的 ANFIS 模型进行扰动后惯量中心最低频率预测的方法；提出了基于长短期记忆网络（LSTM）模型的扰动后惯量中心频率响应曲线的预测方法，该方法也可预测扰动后惯量中心最低频率和稳态频率；提出了基于卷积长短期网络（ConvLSTM）模型预测扰动后各发电机最低频率的方法。

扰动后系统动态频率呈现时空分布特性。算例分析表明，反应电网时空分布的深度学习模型，可获得更高的预测精度。在 IEEE 10 机 39 节点标准测试系统上，针对扰动后各发电机最低频率的预测，具有三维张量输入特征图的二维 CNN 在预测精度上优于一维 CNN，而在此基础上增加了时间序列的具有四维张量输入特征图的 ConvLSTM，比二维 CNN 有更高的精度。在有 90 台发电机和 500 节点的某实际电力系统上，CNN、LSTM 和 ConvLSTM 分别在惯量中心最低频率预测、惯量中心频率响应预测和各发电机最低频率预测上均获得较高的预测精度。

本章还介绍了融合 CNN 与改进 ASF 模型预测结果的 ANFIS 混合模型的预测结果。ANFIS 利用模糊逻辑表示两个预测结果中的规则，再利用神经网络将模糊规则进行融合。在改进 IEEE 10 机 39 节点系统上，相较于 CNN 模型和改进 ASF 模型，混合模型预测得到的最低频率更为准确。

本章的成果是深度学习在频率稳定评估中的初步应用。频率稳定评估主要内容是预测电力系统扰动后的稳态频率、最低频率或最高频率。本章给出了扰动后稳态频率和最低频率的预测方法。扰动后最高频率预测的模型结构和输入特征与最低频率预测时相同，不同之处在于样本标签为扰动后最高频率。

今后将在面向实际大系统的仿真数据和运行数据开展深入研究。特别值得注意的是，深度学习模型在系统各发电机的最低频率预测上取得了较好的结果，这意味着深度学习强大的学习能力在系统动态运行轨迹的预测上可能有更多的建树。

本章参考文献

[1] KUNDUR P，PASERBA J，AJJARAPU V，et al，Definition and classification of power system stability IEEE/CIGRE joint task force on stability terms and definitions [J]. IEEE Transactions on Power Systems，2004，19（3）：1387－1401.

[2] Australian Energy Market Operator.Black system south Australia 28 September 2016－final report [R]. Melbourne：Australian Energy Market Operator，2017.

[3] National Grid ESO.Technical report on the events of 9 August 2019 [R]. National Grid ESO，2019.

[4] 国家市场监督管理总局，国家标准化管理委员会. 电力系统自动低频减负荷技术规定：GB/T 40596—2021 [S]. 北京：中国标准出版社，2021.

[5] 刘克天，王晓茹，薄其滨. 基于广域量测的电力系统扰动后最低频率预测 [J]. 中国电机工程学报，

2014，34（13）：2188－2195.

[6] ANDERSON P M，MIRHEYDAR M. A low-order system frequency-response model [J]. IEEE Transactions on Power Systems，1990，5（3）：720－729.

[7] CHAN M L，DUNLOP D R，SCHWEPPE F. Dynamic equivalents for average system frequency behavior following major disturbances [J]. IEEE Transactions on Power Apparatus and Systems，1972，100（5）：2635－2642.

[8] 蔡泽祥，申洪，王明秋. 评价电力系统频率稳定性的直接法 [J]. 华南理工大学学报（自然科学版），1999，12（27）：84－88.

[9] 张薇，王晓茹，廖国栋. 基于广域量测数据的电力系统自动切负荷紧急控制算法 [J]. 电网技术，2009，33（3）：69－73.

[10] DJUKANOVIC M B，POPOVIC D P，SOBAJIC D J，et al.Prediction of power system frequency response after generator outages using neural nets [J]. IEE Proceedings C-Generation，Transmission and Distribution，2002，140（5）：389－398.

[11] 薄其滨，王晓茹，刘克天. 基于 v-SVR 的电力系统扰动后最低频率预测 [J]. 电力自动化设备，2015，35（7）：83－88.

[12] 李冠争，李斌，王帅，等. 基于特征选择和随机森林的电力系统受扰后动态频率预测 [J]. 电网技术，2021，45（7）：2492－2502.

[13] LIN J，CHEN L，ZHANG Y，et al. A predictive method for the frequency nadir based on convolutional neural network [C] //IEEE 2nd China International Youth Conference on Electrical Engineering（CIYCEE）. Chengdu，China. 2021：1－8.

[14] 仉怡超，闻达，王晓茹，等. 基于深度置信网络的电力系统扰动后频率曲线预测 [J]. 中国电机工程学报，2019，39（17）：5095－5104.

[15] ZHANG Y，WANG X，DING L. LSTM-based dynamic frequency prediction [C] //IEEE PES General Meeting（PESGM）. Montreal，QC，Canada. 2020：1－5.

[16] CHEN Q，WANG X，LIN J，et al. Convolutional LSTM-based frequency nadir prediction [C] //2021 4th International Conference on Energy，Electrical and Power Engineering（CEEPE）. Chongqing，China. 2021：667－672.

[17] LIN J，ZHANG Y，LIU J，et al. A physical-data combined power grid dynamic frequency prediction methodology based on adaptive neuro-fuzzy inference system [C] //2018 International Conference on Power System Technology（POWERCON）. Guangzhou，China. 2018：4390－4397.

[18] 王琦，李峰，汤奕，等. 基于物理－数据融合模型的电网暂态频率特征在线预测方法 [J]. 电力系统自动化，2018，42（19）：1－11.

[19] ANDERSON P M，FOUAD A A. Power system control and stability [M]. New Jersey：IEEE Press，2003.

[20] BOMPARD E，NAPOLI R，XUE F. Analysis of structural vulnerabilities in power transmission grids [J]. International Journal of Critical Infrastructure Protection，2009，2（1－2）：5－12.

[21] LAURENS V D M，HINTON G. Visualizing data using t-SNE [J]. Journal of Machine Learning Research，2008，9（1）：1－48.

［22］ JANG J，SUN C T.Neuro-fuzzy modeling and control［J］. Proceedings of the IEEE，1995，83（3）：378－383.

［23］ SHI X，CHEN Z，WANG H，et al.Convolutional LSTM network：a machine learning approach for precipitation nowcasting［C］//Advances in neural information processing systems（NIPS）. Hong Kong，China. 2015：1－9.

第8章

稳 定 控 制

8.1 概　述

电力系统是一个复杂的非线性动态系统，存在着功角稳定、频率稳定、电压稳定等多种稳定性问题，电力系统稳定一旦被破坏将造成巨大的经济损失和灾难后果。电力系统安全稳定控制是保障电力系统稳定运行的经济有效手段，包括预防控制、紧急控制、校正控制和恢复控制。

本章主要关注预防控制、紧急控制这两类控制问题。预防控制是为了提高正常运行的电力系统的安全运行裕度而采取的控制措施，通常通过调整系统的运行方式来实现，具体包括网络拓扑调整、开机方式调整、发电机出力调整、直流功率调整、负荷调整等。预防控制主要针对预想事故后的暂态功角稳定、暂态电压稳定、静态安全，以及正常运行时的小扰动动态功角稳定、静态电压稳定等安全稳定问题。紧急控制是当电力系统进入紧急状态或极端紧急状态后，为防止系统稳定破坏而进行的控制，通常通过安全稳定控制系统来实施，主要包括切除发电机、切除负荷、汽轮机快关汽门、高压直流功率调制、系统解列等。它主要针对大扰动后的暂态功角稳定、暂态电压稳定、暂态稳定问题。

本章的预防控制研究主要关注预想事故后的暂态功角稳定和正常运行时的小扰动动态功角稳定，紧急控制研究则重点关注大扰动后的暂态稳定。

8.2 暂态稳定预防控制方法

当电力系统安全运行裕度不满足要求时，需要采取预防控制调整措施来调整系统运行方式，使系统保持安全稳定。预防控制调整措施包括网络拓扑调整、开机方式调整、发电机出力调整、直流功率调整、负荷调整等。在针对暂态功角失稳问题时，一般采取调节发电机出力的措施，必要时也可采取减负荷措施。

暂态稳定预防控制辅助决策的主要方法为传统的分析型方法。近年来，一些学者也逐步开展了人工神经网络、决策树、模式发现、支持向量机、卷积神经网络等机器学习方法的研究，机器学习方法因其速度上的优势，展现出潜在的应用前景。本节以 SVM/SVR 和 CNN 方法为例，介绍基于机器学习的暂态稳定预防控制方法[1-2]。

8.2.1　基于 SVM/SVR 的暂态稳定预防控制方法

8.2.1.1　计算方法和流程

基于 SVM/SVR 的暂态稳定预防控制[1]计算流程如图 8－1 所示，包含离线训练和在线应用两个阶段。

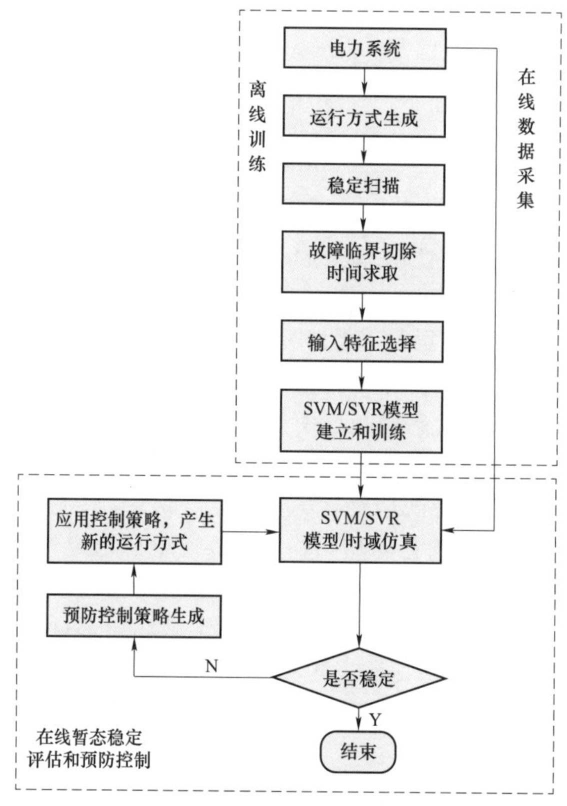

图 8－1　基于 SVM/SVR 的暂态稳定评估和预防控制辅助决策流程

离线训练过程与 4.3.1 节描述的相同，包括运行方式生成、稳定扫描、输入特征选择、SVM/SVR 模型建立和训练等环节。故障临界切除时间求取环节仅 SVR 模型需要。

采用发电机有功功率、负荷有功功率和关键线路有功功率作为输入特征。

在线应用包括两个部分：暂态稳定评估（TSA）和预防控制。对于当前运行方式，TSA 判断系统是否稳定。若系统失稳，则在在线生成并执行预防控制策略后，形成新的运行方式。对于新的运行方式，仍需采用 TSA 判断系统是否稳定。TSA 和预防控制交替往复进行直到系统稳定。需要指出的是，为了得到良好的评估性能，TSA 将 SVM/SVR 方法和时域仿真法相结合，只有当待评估的运行方式临近稳定边界（稳定裕度较小或失稳程度较低）

时，才进一步执行时域仿真。

参照文献［3］方法，预防控制策略的制定可分为选择控制变量和求取控制量两个环节，均根据灵敏度确定。其中，基于 SVM 的方法根据暂态稳定评价指标的灵敏度来确定，基于 SVR 的方法根据回归变量（本章为故障临界切除时间）灵敏度来确定。

图 8-2、图 8-3 分别给出了基于 SVM 的暂态稳定预防控制具体流程和基于 SVR 的暂态稳定预防控制具体流程。

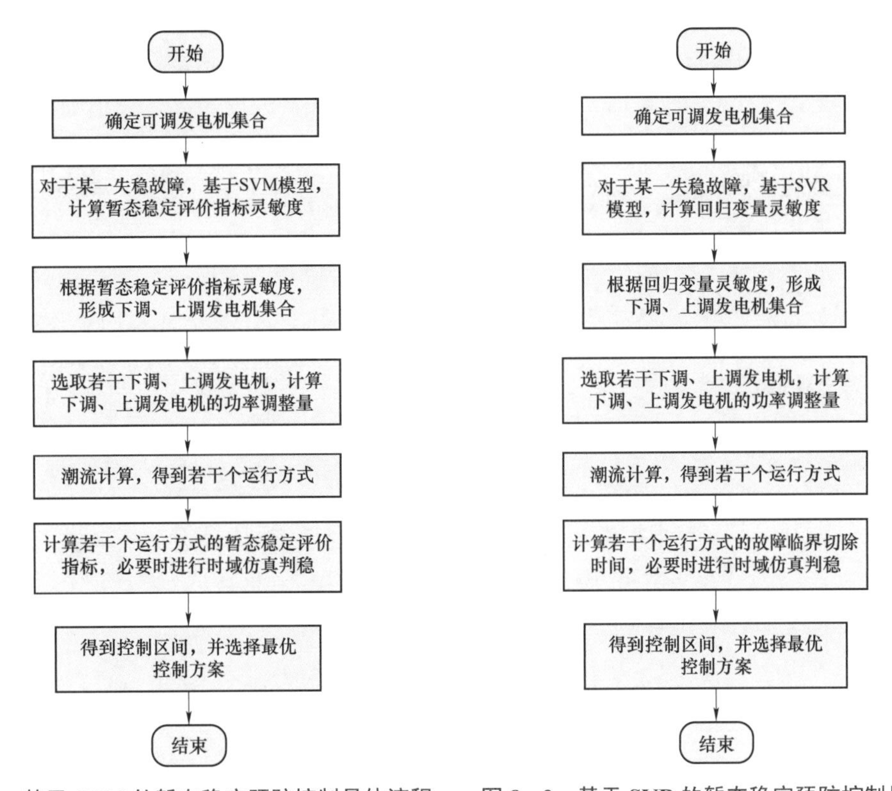

图 8-2　基于 SVM 的暂态稳定预防控制具体流程　　**图 8-3　基于 SVR 的暂态稳定预防控制具体流程**

以基于 SVM 的暂态稳定预防控制方法为例，说明其计算流程。

首先确定可调发电机集合。可调发电机集合根据调度管辖范围和实际运行要求确定。

其次，选择控制变量。对于某一失稳故障，计算暂态稳定评价指标相对于控制变量（可调发电机的有功功率）的灵敏度。根据灵敏度大小，确定控制发电机（包括下调发电机和上调发电机）集合。

再次，求取控制量。选取若干下调、上调发电机，根据暂态稳定评价指标灵敏度计算下调发电机的功率调整量，同时计算得到上调发电机的功率调整量，以平衡功率。

最后，应用控制策略，经过潮流计算，形成若干个运行方式，并结合 SVM 模型和时域仿真进行判稳，得到调度控制区间，可从中选择最优控制方案。

需要注意的是，若发电机调节措施无效，则应考虑减负荷措施。在非重要可切负荷中选择灵敏度最大的负荷优先切除。

基于 SVR 的暂态稳定预防控制方法的计算流程与之类似。

在基于 SVM 的暂态稳定预防控制方法中，暂态稳定评价指标的确定过程如下：

令

$$g(\boldsymbol{x})=\sum_{i=1}^{l}\alpha_i y_i K(\boldsymbol{x}_i,\boldsymbol{x})+b \tag{8-1}$$

式中：$\boldsymbol{x}_i$ 为第 i 个样本的输入特征向量；y_i 为第 i 个样本的分类标识，$y_i\in\{-1,1\}$；$\boldsymbol{x}$ 为当前待分类样本的输入特征向量；K 为核函数；α_i、b 为 SVM 模型的参数；l 为样本数。

sgn(g)为 SVM 的最优分类函数。函数 $g(\boldsymbol{x})$ 的绝对值代表样本 $\boldsymbol{x}$ 到分类超平面的距离，可以用来描述系统的稳定程度。当 g 为正数时，绝对值较大表示稳定裕度较大，较小则表示稳定裕度较小；当 g 为负数时，绝对值较大说明系统失稳程度较高，较小则失稳程度较低。故可定义 g 为一种暂态稳定评价指标。

8.2.1.2 灵敏度计算

1. 暂态稳定评价指标灵敏度

在图 8-2 的流程中，需要计算暂态稳定评价指标相对于控制变量（发电机有功功率）的灵敏度。可用下面的解析法求取。

将暂态稳定指标 g 写为控制变量 $\boldsymbol{u}$ 和状态变量 $\boldsymbol{x}_s$ 的函数 $g(\boldsymbol{x}_s,\boldsymbol{u})$，暂态稳定评价指标灵敏度按下式求取：

$$\frac{\mathrm{d}g}{\mathrm{d}\boldsymbol{u}}=\frac{\partial g}{\partial \boldsymbol{x}_s}\frac{\partial \boldsymbol{x}_s}{\partial \boldsymbol{u}}+\frac{\partial g}{\partial \boldsymbol{u}} \tag{8-2}$$

式（8-2）中，$\dfrac{\partial \boldsymbol{x}_s}{\partial \boldsymbol{u}}$ 可根据潮流方程求取，为潮流灵敏度，和潮流运行方式有关。$\dfrac{\partial g}{\partial \boldsymbol{x}_s}$ 和 $\dfrac{\partial g}{\partial \boldsymbol{u}}$ 可直接对 g 求偏导得到。

以径向基核函数为例，$g=\sum_{i=1}^{l}a_i y_i \exp\left(-\dfrac{\left\|\boldsymbol{x}_i-\boldsymbol{x}\right\|^2}{\sigma}\right)+b$，其偏导数的计算公式如下：

$$\frac{\partial g}{\partial \boldsymbol{x}}=\sum_{i=1}^{l}a_i y_i \exp\left(-\frac{\left\|\boldsymbol{x}_i-\boldsymbol{x}_0\right\|^2}{\sigma}\right)\left[\frac{2}{\sigma}(\boldsymbol{x}_i-\boldsymbol{x}_0)\right] \tag{8-3}$$

式中：$\boldsymbol{x}=(x_s, u)\boldsymbol{x}_0$ 为初始运行点的输入特征向量；σ 为核函数参数。

2. 回归变量灵敏度

在图 8-3 的流程中，需要计算回归变量相对于控制变量（发电机有功功率）的灵敏度。可用下面的解析法求取。

将回归变量 f 写为控制变量 $\boldsymbol{u}$ 和状态变量 $\boldsymbol{x}_s$ 的函数 $f(\boldsymbol{x}_s,\boldsymbol{u})$，回归变量灵敏度按下式求取：

$$\frac{\mathrm{d}f}{\mathrm{d}\boldsymbol{u}}=\frac{\partial f}{\partial \boldsymbol{x}_s}\frac{\partial \boldsymbol{x}_s}{\partial \boldsymbol{u}}+\frac{\partial f}{\partial \boldsymbol{u}} \tag{8-4}$$

式（8-4）中，$\dfrac{\partial \boldsymbol{x}_s}{\partial \boldsymbol{u}}$ 可根据潮流方程求取，为潮流灵敏度，和潮流运行方式有关；$\dfrac{\partial f}{\partial \boldsymbol{x}_s}$

和 $\dfrac{\partial f}{\partial \boldsymbol{u}}$ 可直接对回归函数求偏导得到。

以径向基核函数为例，$f=\sum_{i=1}^{l}a_i\exp\left(-\dfrac{\|\boldsymbol{x}_i-\boldsymbol{x}\|^2}{\sigma}\right)+b$，其偏导数的计算公式如下：

$$\frac{\partial f}{\partial \boldsymbol{x}}=\sum_{i=1}^{l}a_i\exp\left(-\frac{\|\boldsymbol{x}_i-\boldsymbol{x}_0\|^2}{\sigma}\right)\left[\frac{2}{\sigma}(\boldsymbol{x}_i-\boldsymbol{x}_0)\right] \tag{8-5}$$

8.2.1.3　控制变量选择

控制变量根据暂态稳定评价指标灵敏度或回归变量灵敏度来确定。本章研究中回归变量为故障临界切除时间。灵敏度为负且绝对值较大的发电机可选为功率下调机组，因当这些机组功率下调时，对提高系统稳定性更为有效。灵敏度绝对值很小的发电机可选为功率上调机组，用于平衡功率，因其对稳定程度影响很小。

当针对多个预想故障进行预防控制时，控制发电机的选取需进行协调，避免针对不同故障的控制策略互相矛盾。控制发电机中，功率下调的发电机用以增强系统的稳定性，可取为所有故障所确定的发电机的并集；而功率上调的发电机用以平衡功率，宜取为所有故障所确定的发电机的交集，避免不同故障之间的相互影响。

8.2.1.4　控制量的确定

以基于 SVM 的暂态稳定预防控制方法为例进行说明，基于 SVR 的暂态稳定预防控制方法类似。

根据暂态稳定评价指标灵敏度，选出 M 个功率下调机组。设总的功率下调量为 ΔP_{GALL}，则第 i 台发电机的功率下调量按灵敏度比例分配：

$$\Delta P_{\mathrm{G}i}=\frac{\dfrac{\mathrm{d}g}{\mathrm{d}P_{\mathrm{G}i}}}{\sum_{k=1}^{M}\dfrac{\mathrm{d}g}{\mathrm{d}P_{\mathrm{G}k}}}\Delta P_{\mathrm{GALL}},i=1,\cdots,M \tag{8-6}$$

ΔP_{GALL} 根据式（8-6）和式（8-7）计算：

$$g_0+\sum_{k=1}^{M}\left(\frac{\mathrm{d}g}{\mathrm{d}P_{\mathrm{G}k}}\Delta P_{\mathrm{G}k}\right)\geqslant g_{\mathrm{tar}} \tag{8-7}$$

式中：g_{tar} 为目标 g 值。

设有 N 个功率上调机组，则第 j 台发电机的功率上调量按功率比例分配：

$$\Delta P_{\mathrm{G}j}=\frac{P_{\mathrm{G}0j}}{\sum_{k=1}^{N}P_{\mathrm{G}0k}}\Delta P_{\mathrm{GALL}},j=1,\cdots,N \tag{8-8}$$

当控制目标为功率调整总量最小时，ΔP_{GALL} 是使得系统稳定的最小功率调整总量；当求解内容为安全调度区间时，ΔP_{GALL} 是使得系统稳定的功率调整总量。

当某台发电机的功率上调/下调量达到其调节上/下限时，按其上/下限调节，不足的调节量由其他发电机承担。

以上是针对单个预想故障进行预防控制时控制量的确定过程。当针对多个预想故障进行预防控制时，下调发电机的功率下调量可按灵敏度分配，此时灵敏度可取为针对各故障的灵敏度的平均值，或者下调发电机的功率下调量简化处理为按发电机功率比例分配。

8.2.1.5 算例分析

为了验证本书方法的有效性，分析研究了某省级电网系统。其 500kV 主网接线如图 4－9 所示。该系统区域和规模介绍见 4.5.1.2 节。

潮流和时域仿真采用电力系统分析综合程序（PSASP）。SVM 模型利用 LIBSVM3.2[4] 建立。潮流产生方式同 4.5.2.1 节。每个潮流方式，选取了该系统的 2 条 500kV 线路（在图 4－9 中用“×”标出，线路编号分别为 602591、600695）依次作 $N-1$ 暂态稳定故障扫描。故障类型为线路首端三相永久性短路故障，故障发生后 0.2s 切除（为便于进行算法验证，人为加大了故障切除时间）。合计得到 4062（2031 × 2）个稳定评估样本。

样本集中随机选取 80%作为训练集，20%作为测试集。

1. 单故障控制

（1）线路 602591 故障。选择测试集中的某运行方式 T1，进行预防控制研究。该运行方式下，线路 602591 和 600695 的功率分别为 577.92MW、16.31MW（功率传输方向分别为从区域 14 到 15、10 到 11）。

首先进行基于 SVM 的暂态稳定预防控制方法研究。若发生 500kV 线路 602591 故障，SVM 模型输出 $g=-0.208793$，判定为系统失稳。此时时域仿真输出的部分发电机功角曲线见图 8－4，可见 SVM 模型判断正确。

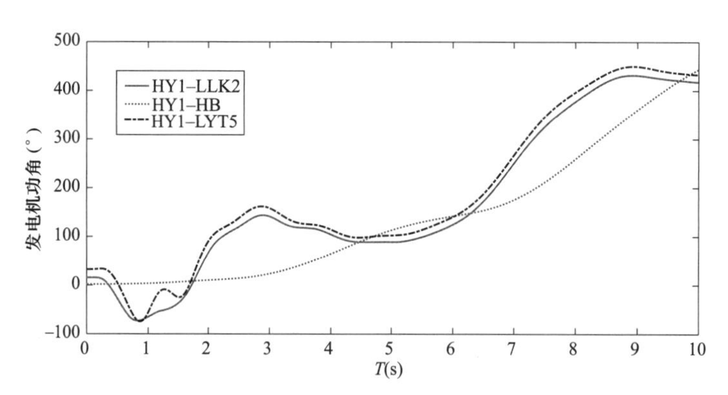

图 8－4　初始方式发电机功角曲线（线路 602591 故障）

表 8－1、表 8－2 分别给出了针对该运行方式，较灵敏且为负值、较不灵敏的 15 台发电机的灵敏度计算结果。当控制目标为功率调整总量最小时，按照图 8－2 的流程，最后得到针对该方式的控制措施如表 8－3 所示。采用该控制措施后，时域仿真输出的部分发电机功角曲线见图 8－5，可见系统能保持稳定，控制措施十分有效。

由表 8－3 可知，基于 SVM 的方法，得到的控制措施为：下调 3 台发电机（LRZY4，LWF4，LHDAO5），下调功率总量为 186.06MW，上调 3 台发电机（LHY2，LHY3，LHY4），上调功率总量为 186.06MW。

接下来进行基于 SVR 的暂态稳定预防控制方法研究。选取回归变量为故障临界切除时间。若发生 500kV 线路 602591 故障，SVR 模型输出 $f=0.150272$，判定为系统失稳。

表 8－4、表 8－5 分别给出了针对该运行方式，较灵敏且为负值、较不灵敏的 15 台发电机的灵敏度计算结果。当控制目标为功率调整总量最小时，按照图 8－3 的流程，最后得到针对该方式的控制措施如表 8－3 所示。采用该控制措施后，时域仿真输出的部分发电机功角曲线见图 8－6，可见系统能保持稳定，控制措施十分有效。

由表 8－3 可知，基于 SVR 的方法，得到的控制措施为：下调 3 台发电机（LRZY4，LWF4，LHDAO5），下调功率总量为 186.06MW，上调 3 台发电机（LHY2，LHY3，LHY4），上调功率总量为 186.06MW。

对比可见，从调节范围和调节量来说，基于 SVM 的方法与基于 SVR 的方法一致。

当求解内容为安全调度区间时，结果如表 8－6 所示。两种方法求出的安全调度区间也一致。需要注意的是，此安全调度区间为调整发电机数最小情况下的安全调度区间，非全网安全调度区间。

表 8－1　SVM 方法灵敏度结果（较灵敏且为负值）

序号	发电机	灵敏度	序号	发电机	灵敏度
1	LRZY4	－0.68861	9	LRZ1	－0.35344
2	LWF4	－0.67779	10	LRZ2	－0.35344
3	LHDAO5	－0.66778	11	LPL2	－0.33296
4	LHDAO6	－0.66778	12	LWF2	－0.33243
5	LBNDL7	－0.60718	13	LWF1	－0.33243
6	LZX8	－0.46985	14	LHDE5	－0.32970
7	LFX1	－0.38920	15	LHDE6	－0.32970
8	LFX2	－0.38920			

表 8－2　SVM 方法灵敏度结果（较不灵敏）

序号	发电机	灵敏度	序号	发电机	灵敏度
1	LHY2	-1.20×10^{-6}	9	LHZ1	－0.05794
2	LHY3	-1.20×10^{-6}	10	LHZ2	－0.05794
3	LHY4	-1.20×10^{-6}	11	LRP8	－0.05890
4	LYX5	－0.02724	12	LRP9	－0.05890
5	LWST3	－0.03154	13	LRP7	－0.05890
6	LWST4	－0.03816	14	LRP6	－0.05890
7	LYX6	－0.03927	15	LKA2	－0.06250
8	LZBRD3	－0.03992			

表 8-3　　调整结果对比（最小调整功率）

比较项	基于 SVM 的方法	基于 SVR 的方法
下调发电机台数	3	3
下调发电机名称	LRZY4、LWF4、LHDAO5	LRZY4、LWF4、LHDAO5
下调发电机功率总量（MW）	186.06	186.06
上调发电机台数	3	3
上调发电机名称	LHY2、LHY3、LHY4	LHY2、LHY3、LHY4
上调发电机功率总量（MW）	186.06	186.06

表 8-4　　SVR 方法灵敏度结果（较灵敏且为负值）

序号	发电机	灵敏度	序号	发电机	灵敏度
1	LRZY4	−0.00752	9	LWF2	−0.00360
2	LWF4	−0.00739	10	LWF1	−0.00360
3	LHDAO5	−0.00728	11	LWH3	−0.00328
4	LHDAO6	−0.00728	12	LWH4	−0.00328
5	LBNDL7	−0.00662	13	LFX1	−0.00327
6	LRZ1	−0.00384	14	LFX2	−0.00327
7	LRZ2	−0.00384	15	LQD3	−0.00327
8	LPL2	−0.00361			

表 8-5　　SVR 方法灵敏度结果（较不灵敏）

序号	发电机	灵敏度	序号	发电机	灵敏度
1	LHY2	-3.63×10^{-8}	9	LHZ1	−0.00035
2	LHY3	-3.63×10^{-8}	10	LHZ2	−0.00035
3	LHY4	-3.63×10^{-8}	11	LKA2	−0.00038
4	LWST3	−0.00024	12	LRP8	−0.00038
5	LYX5	−0.00024	13	LRP9	−0.00038
6	LWST4	−0.00029	14	LJN6	−0.00038
7	LZBRD3	−0.00034	15	LRP7	−0.00038
8	LYX6	−0.00034			

表 8-6 调整结果对比（安全调度区间）

比较项	基于 SVM 的方法	基于 SVR 的方法
下调发电机台数	3	3
下调发电机功率总量（MW）	186.06～563.83	186.06～563.83
上调发电机台数	3	3
上调发电机功率总量（MW）	186.06～563.83	186.06～563.83

（2）线路 600695 故障。选择运行方式 T1，进行预防控制研究。

首先进行基于 SVM 的暂态稳定预防控制研究。若发生 500kV 线路 600695 故障，SVM 模型输出 $g=-1.142652$，判定为系统失稳。此时时域仿真输出的部分功角曲线见图 8-7，可见 SVM 模型判断正确。

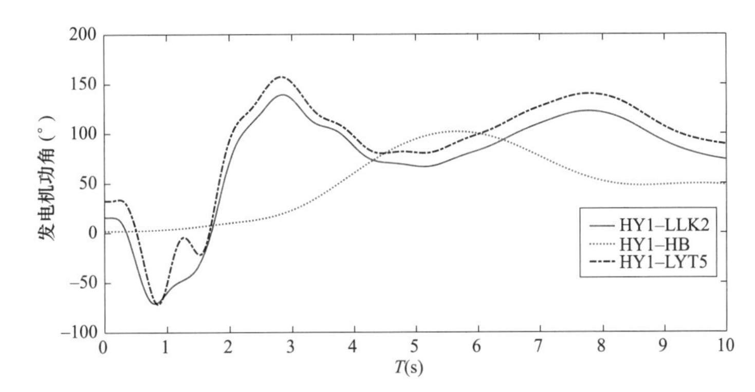

图 8-5　SVM 方法控制后方式发电机功角曲线（线路 602591 故障）

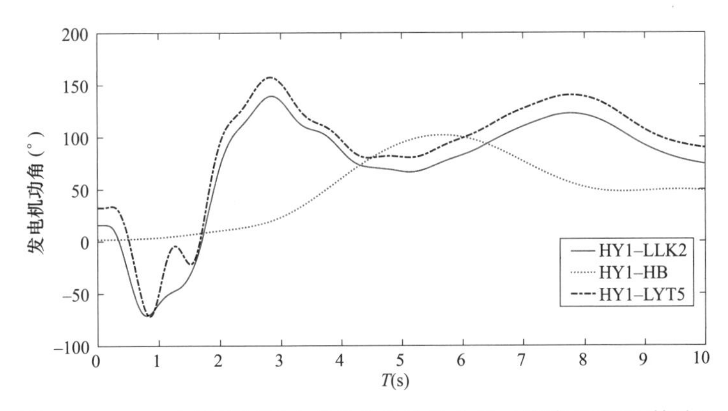

图 8-6　SVR 方法控制后方式发电机功角曲线（线路 602591 故障）

表 8-7、表 8-8 给出了针对该运行方式，较灵敏且为负值、较不灵敏的 15 台发电机的灵敏度计算结果。当控制目标为功率调整总量最小时，按照图 8-2 的流程，最后得到针对该方式的控制措施如表 8-9 所示。由于当仅调整发电机时，不能使系统恢复稳定，故而增加了减负荷措施。采用该控制措施后，时域仿真输出的部分发电机功角曲线见图 8-8，可见系统能保持稳定，控制措施十分有效。

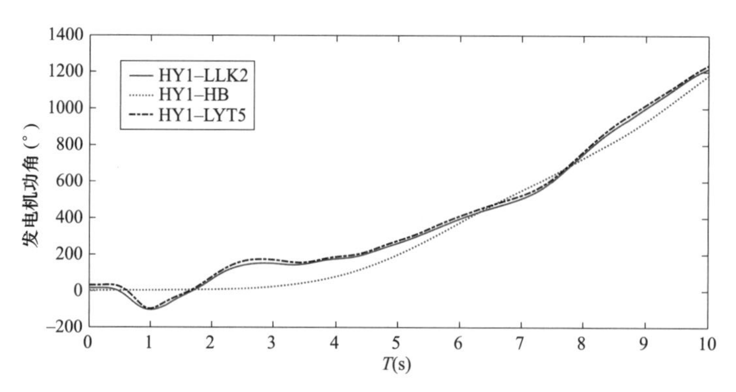

图 8–7　初始方式发电机功角曲线（线路 600695 故障）

由表 8–9 可知，基于 SVM 的方法，得到的控制措施为：下调 7 台发电机（LFX1、LFX2、LZX8、LHD5、LHD6、LRZY4、LCC1），下调功率总量为 732.98MW，下调两个负荷（LXW220、LJQRD220），下调功率总量为 732.98MW。

接下来进行基于 SVR 的暂态稳定预防控制方法研究。选取回归变量为故障临界切除时间。若发生 500kV 线路 600695 故障，SVR 模型输出 $f = 0.156475$，判定为系统失稳。

表 8–10、表 8–11 分别给出了针对该运行方式，较灵敏且为负值、较不灵敏的 15 台发电机的灵敏度计算结果。当控制目标为功率调整总量最小时，按照图 8–3 的流程，最后得到针对该方式的控制措施如表 8–9 所示。由于当仅调整发电机时，不能使系统恢复稳定，故而增加了减负荷措施。采用该控制措施后，时域仿真输出的部分发电机功角曲线见图 8–9，可见系统能保持稳定，控制措施十分有效。

表 8–7　SVM 方法灵敏度结果（较灵敏且为负值）

序号	发电机	灵敏度	序号	发电机	灵敏度
1	LFX1	−0.52013	9	LCC4	−0.32051
2	LFX2	−0.52013	10	LWF4	−0.31940
3	LZX8	−0.50783	11	LHDAO5	−0.31676
4	LHDE5	−0.37135	12	LHDAO6	−0.31676
5	LHDE6	−0.37135	13	LHR1	−0.30277
6	LRZY4	−0.33808	14	LZX5	−0.29429
7	LCC1	−0.32054	15	LBNDL7	−0.29000
8	LCC3	−0.32051			

表 8–8　SVM 方法灵敏度结果（较不灵敏）

序号	发电机	灵敏度	序号	发电机	灵敏度
1	LHY2	-2.44×10^{-5}	5	LWST4	−0.02604
2	LHY3	-2.44×10^{-5}	6	LHDAO1	−0.02996
3	LHY4	-2.44×10^{-5}	7	LLK3	−0.03230
4	LWST3	−0.01659	8	LLK2	−0.03250

续表

序号	发电机	灵敏度	序号	发电机	灵敏度
9	LYT7	-0.03865	13	LSGRD2	-0.04681
10	LDH2	-0.04004	14	LHZ2	-0.04783
11	LYX5	-0.04178	15	LHZ1	-0.04784
12	LYT6	-0.04407			

表 8-9　　调整结果对比（最小调整功率）

比较项	基于 SVM 的方法	基于 SVR 的方法
下调发电机台数	7	8
下调发电机名称	LFX1、LFX2、LZX8、LHD5、LHD6、LRZY4、LCC1	LZX8、LHD5、LHD6、LFX1、LFX2、LLC1、LLC3、LLC4
下调发电机功率总量（MW）	732.98	558.19
下调负荷个数	2	1
下调负荷名称	LXW220、LJQRD220	LXW220
下调负荷功率总量（MW）	732.98	558.19

表 8-10　　SVR 方法灵敏度结果（较灵敏且为负值）

序号	发电机	灵敏度	序号	发电机	灵敏度
1	LZX8	-0.00271	9	LHR1	-0.00160
2	LHDE5	-0.00209	10	LZX5	-0.00150
3	LHDE6	-0.00209	11	LZQ3	-0.00129
4	LFX1	-0.00206	12	LHT7	-0.00129
5	LFX2	-0.00206	13	LHT8	-0.00129
6	LLC1	-0.00182	14	LSHJZ3	-0.00123
7	LLC3	-0.00181	15	LSHJZ4	-0.00123
8	LLC4	-0.00181			

表 8-11　　SVR 方法灵敏度结果（较不灵敏）

序号	发电机	灵敏度	序号	发电机	灵敏度
1	LHY2	-2.94×10^{-7}	9	LWF2	-4.75×10^{-5}
2	LHY3	-2.94×10^{-7}	10	LLY7	-9.07×10^{-5}
3	LHY4	-2.94×10^{-7}	11	LBNDL6	5.50×10^{-5}
4	LQD5	-1.51×10^{-5}	12	LBNDL4	6.23×10^{-5}
5	LQD6	-1.51×10^{-5}	13	LBNDL5	6.26×10^{-5}
6	LQD4	-3.24×10^{-5}	14	LDH3	6.57×10^{-5}
7	LQD3	-3.33×10^{-5}	15	LDH4	6.57×10^{-5}
8	LWF1	-4.72×10^{-5}			

由表 8－9 可知，基于 SVR 的方法，得到的控制措施为：下调 8 台发电机（LZX8、LHD5、LHD6、LFX1、LFX2、LLC1、LLC3、LLC4），下调功率总量为 558.19MW，下调 1 个负荷（LXW220），下调功率总量为 558.19MW。可见，从调节范围和调节量来说，基于 SVR 的方法略优于基于 SVM 的方法。

当求解内容为安全调度区间时，结果如表 8－12 所示。从表 8－12 可知，基于 SVR 的方法求出的安全调度区间要大于基于 SVM 的方法。

表 8－12　　调整结果对比（安全调度区间）

比较项	基于 SVM 的方法	基于 SVR 的方法
下调发电机台数	7	7～8
下调发电机功率总量（MW）	732.98～1127.66	558.19～1127.66
下调负荷个数	2	1～2
下调负荷功率总量（MW）	732.98～1127.66	558.19～1127.66

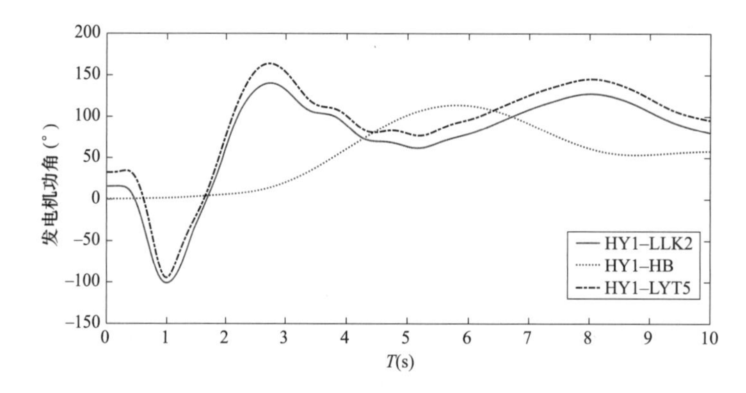

图 8－8　SVM 方法控制后方式发电机功角曲线（线路 600695 故障）

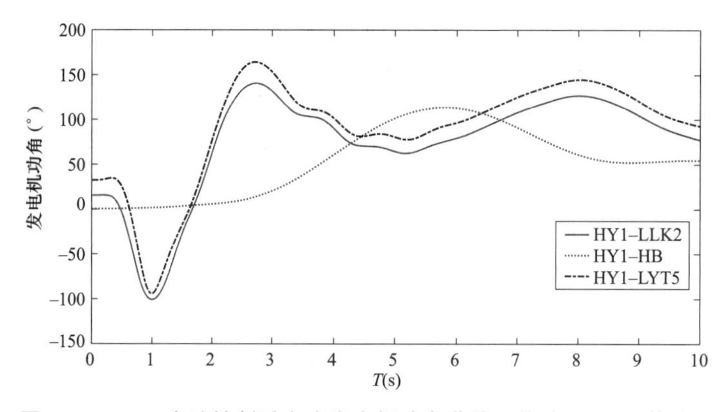

图 8－9　SVR 方法控制后方式发电机功角曲线（线路 600695 故障）

2. 多故障协调控制

同时考虑两个预想故障，分别为线路 602591 故障、线路 600695 故障。选择运行方式 T1，进行预防控制研究。

首先进行 SVM 方法研究。分别针对线路 602591 故障、线路 600695 故障选取的功率下调发电机集合如表 8-13 所示，“√”表示该发电机在下调发电机集合中，“√”后面的数值显示了发电机按灵敏度排序（最灵敏的排在第一位）后的序号。针对上述两个故障进行预防控制时，下调发电机集合取为针对上述两个故障选取的下调发电机集合的并集，发电机序号依次间隔排列，即先排线路 602591 故障的 1 号下调发电机，再排线路 600695 故障的 1 号下调发电机，接下来排线路 602591 故障的 2 号下调发电机，线路 600695 故障的 2 号下调发电机，依次类推。当某台发电机已在发电机集合中时，取下一序号的发电机参与排列。上调发电机集合则取为针对线路 602591 故障、线路 600695 故障选取的功率上调发电机的交集。

表 8-13　　下调发电机集合

发电机	区域	线路 602591 故障	线路 600095 故障	线路 602591 故障、线路 600095 故障
LZX5	1		√14	√20
LZX8	1	√6	√3	√6
LFX1	3	√7	√1	√2
LFX2	3	√8	√2	√4
LRZY4	4	√1	√6	√1
LRZ1	4	√9		√11
LRZ2	4	√10		√13
LLC1	8		√7	√12
LLC3	8		√8	√14
LLC4	8		√9	√16
LHDE5	9	√14	√4	√8
LHDE6	9	√15	√5	√10
LWF1	12	√13		√19
LWF2	12	√12		√17
LWF4	12	√2	√10	√3
LHDAO5	14	√3	√11	√5
LHDAO6	14	√4	√12	√7
LBNDL7	15	√5	√15	√9
LPL2	15	√11		√15
LHR1	17		√13	√18

当进行下调发电机选择时，首先从发电机集合中选取排在最前面的两台发电机。当这两台发电机的最大调节量不满足式（8-7）或虽然满足但控制量无法使系统稳定时，从发电机集合中再增加选取排在第 3 位的发电机。以此类推，直到找到使系统稳定的控制措施。上调发电机根据最大调节量相当的原则确定。当下调发电机集合中的所有发电机已选出，

仍不能找到使系统稳定的控制措施时，可采取减负荷措施。本算例中，当表 8－13 中的所有发电机选出后，仍不能找到使系统稳定的控制措施，故采取了减负荷措施。

当控制目标为功率调整总量最小时，控制措施如表 8－14 所示。采用该控制措施后，时域仿真输出的部分发电机功角曲线见图 8－10、图 8－11，可见系统在上述两个故障下都能保持稳定，控制措施十分有效。

表 8－14　　调整结果对比（最小调整功率）

比较项	基于 SVM 的方法	基于 SVR 的方法
下调发电机台数	8	6
下调发电机名称	LRZY4、LFX1、LWF4、LFX2、LHDAO5、LZX8、LHDAO6、LHDE5	LRZY4、LZX8、LWF4、LHDE5、LHDAO5、LHDE6
下调发电机功率总量（MW）	778.09	558.20
下调负荷个数	2	1
下调负荷名称	LXW220、LJQRD220	LXW220
下调负荷功率总量（MW）	778.09	558.20

由表 8－14 可知，基于 SVM 的方法，得到的控制措施为：下调 8 台发电机（LRZY4、LFX1、LWF4、LFX2、LHDAO5、LZX8、LHDAO6、LHDE5），下调功率总量为 778.09MW，下调两个负荷（LXW220、LJQRD220），下调功率总量为 778.09MW。

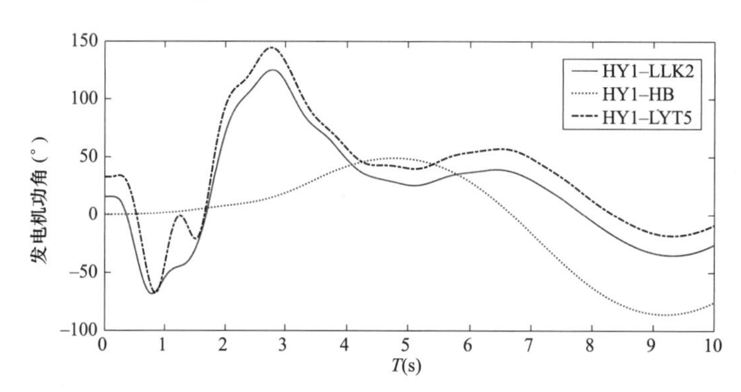

图 8－10　SVM 方法控制后方式发电机功角曲线（线路 602591 故障）

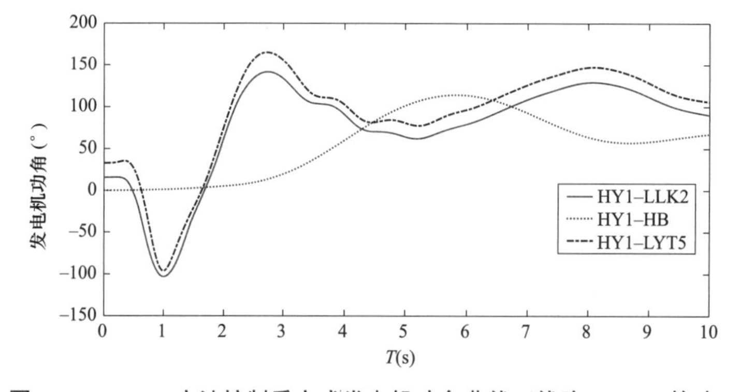

图 8－11　SVM 方法控制后方式发电机功角曲线（线路 600695 故障）

接下来进行 SVR 方法研究。下调、上调发电机集合的形成过程类似，不再赘述。最终得到的控制措施为：下调 6 台发电机（LRZY4、LZX8、LWF4、LHDE5、LHDAO5、LHDE6），下调功率总量为 558.20MW，下调 1 个负荷（LXW220），下调功率总量为 558.20MW（见表 8－14）。采用该控制措施后，时域仿真输出的部分发电机功角曲线见图 8－12、图 8－13，可见系统在上述两个故障下都能保持稳定，控制措施十分有效。

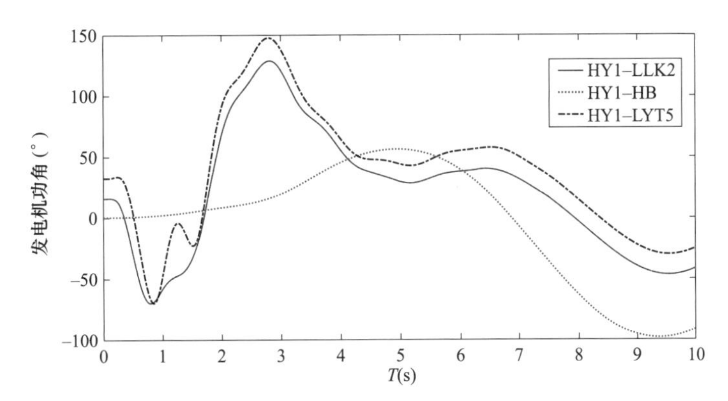

图 8－12　SVR 方法控制后方式发电机功角曲线（线路 602591 故障）

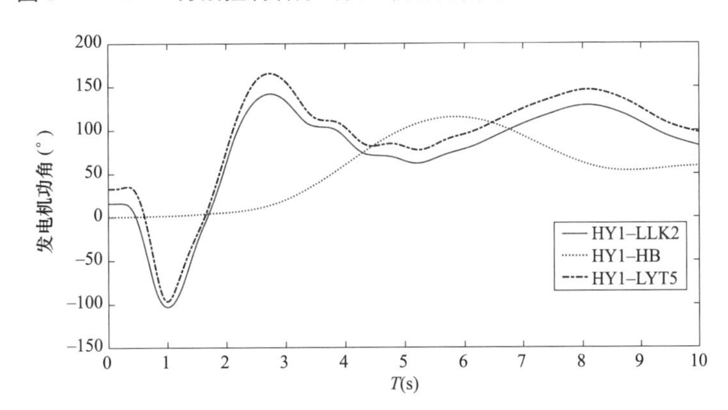

图 8－13　SVR 方法控制后方式发电机功角曲线（线路 600695 故障）

从表 8－14 可见，从调节范围和调节量来说，基于 SVR 的方法略优于基于 SVM 的方法。

当求解内容为安全调度区间时，结果如表 8－15 所示。从表 8－15 可知，基于 SVR 的方法求出的安全调度区间要大于基于 SVM 的方法。

表 8－15　调整结果对比（安全调度区间）

比较项	基于 SVM 的方法	基于 SVR 的方法
下调发电机台数	8	6
下调发电机功率总量（MW）	778.09～1127.66	558.20～1127.66
下调负荷个数	2	1～2
下调负荷功率总量（MW）	778.09～1127.66	558.20～1127.66

8.2.2 基于 CNN 的暂态稳定预防控制方法

8.2.2.1 计算方法和流程

与 SVM 等浅层机器学习方法相比，CNN 具有强大的特征提取能力，模型的泛化能力强，判稳正确率高，这里采用 CNN 模型进行预防控制方法研究。

参照文献［3］方法，预防控制策略的制定可分为选择控制变量和求取控制量两个环节，均根据灵敏度确定。

与传统分析法不同，基于 CNN 的暂态稳定预防控制方法[2]需要事先建立并训练好 CNN 模型。该模型一方面用于暂态稳定评估，另一方面用于预防控制中的灵敏度计算和控制方案的校核。

基于 CNN 的暂态稳定评估和预防控制计算流程如图 8－14 所示，包含离线训练和在线应用两个阶段。

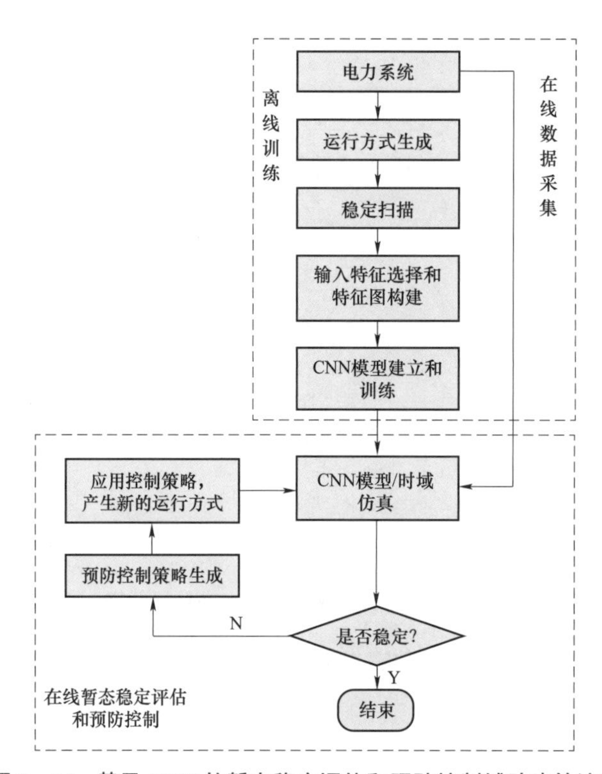

图 8－14 基于 CNN 的暂态稳定评估和预防控制辅助决策流程

离线训练过程与 4.4.1 节描述的相同，包括运行方式生成、稳定扫描、输入特征选择和特征图构建、CNN 模型建立和训练四个环节。

采用发电机有功功率、负荷有功功率和关键线路有功功率作为输入特征。

CNN 模型训练时的注意事项有：① 设置合理的初始化权重和偏置。② 优化学习率和批（batch）数据大小。在开始训练时，学习率大一些，批数据小一些，以加快收敛，训练后期学习率小一点，批数据大一点，以便能落入局部最优解。③ 采用正则化、Dropout 等技术减轻过拟合。

为了提高模型性能，本书采取了如下措施：① 在用批数据方式取数时，从稳定训练样本和失稳训练样本中各随机抽取批数量的 50%的样本，可避免由于失稳样本数较少导致无法完成训练或训练效果不佳的问题；② 采取逐渐减少学习率和增加批数据大小的方式，以兼顾训练效率和效果。

在线应用包括两个部分：暂态稳定评估（TSA）和预防控制。对于当前运行方式，TSA 判断系统是否稳定。若系统失稳，则在生成并执行预防控制策略后，形成新的运行方式。对于新的运行方式，仍由 TSA 判断系统是否稳定。TSA 和预防控制交替往复进行直到系统稳定。

需要指出的是，为了得到良好的评估性能，TSA 将多个 CNN 模型进行综合，并与时域仿真法相结合，只有当待评估的运行方式临近稳定边界（稳定裕度较小或失稳程度较低）时，才进一步执行时域仿真。CNN 综合模型原理见 4.4.3 节。

图 8－15 给出了基于 CNN 的暂态稳定预防控制具体流程。

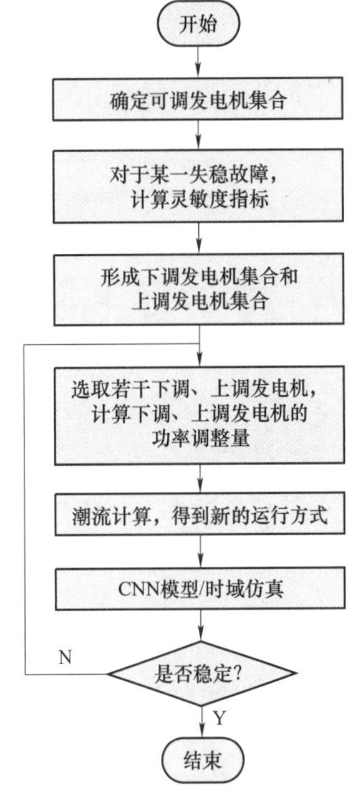

图 8－15　基于 CNN 的暂态稳定预防控制具体流程

首先，确定可调发电机集合。可调发电机集合根据调度管辖范围和实际运行要求确定。

其次，选择控制变量。对于某一失稳故障，计算暂态稳定评价指标相对于控制变量（可调发电机的有功功率）的灵敏度。根据灵敏度大小，确定控制发电机集合，包括下调发电机集合和上调发电机集合。

再次，求取控制量。选取若干下调、上调发电机，根据暂态稳定评价指标灵敏度计算下调发电机的功率调整量，同时计算得到上调发电机的功率调整量，以平衡功率。

最后，应用控制策略，经过潮流计算，形成新的运行方式，并结合 CNN 模型和时域仿真进行判稳。

在确定下调发电机时，从灵敏度最大的发电机开始，逐一增加下调发电机，直到找到使系统稳定的控制方案。当下调发电机集合中的发电机已全部选完，仍然找不到使得系统稳定的控制方案，则在下调发电机功率的同时叠加减负荷措施。

8.2.2.2　灵敏度指标的计算

在基于 CNN 的暂态稳定预防控制方法中，暂态稳定评价指标的确定过程如下。

选取 CNN 分类模型中最后一个全连接网络的第 1 个输出 y（在激活函数之前的输出）作为暂态稳定评价指标，因其在一定程度上体现了系统稳定的程度。

时间裕度指标的定义是故障临界切除时间减去开关动作时间，是暂态稳定评价指标的一种。通过计算，某省级电网系统测试集的 CNN 模型输出 y 和时间裕度指标的相关系数为 0.839738，二者具有很强的相关性，因而也可以用 y 来表征系统的稳定程度。当 y 为正时表示系统稳定，绝对值较大表示稳定裕度较大，较小则表示稳定裕度较小；y 为负时表示系统失稳，绝对值较大说明系统失稳程度较高，较小则说明失稳程度较低。

采用摄动法进行灵敏度指标的计算。分别求取初始潮流运行方式和发电机 j 有功功率调整后的运行方式下的 y 值，即在初始潮流运行方式和调整后的运行方式下，分别形成 CNN 分类模型的输入特征，将其输入到 CNN 分类模型中，得到模型的中间输出 y。y 的差值和功率差值的比值即为灵敏度。发电机 j 有功功率调整后的运行方式可根据潮流灵敏度估算得到。

8.2.2.3 控制变量选择

控制变量根据灵敏度来确定。当针对多个预想故障进行预防控制时，控制发电机的选取需进行协调，避免针对不同故障的控制策略互相矛盾。具体参见 8.2.1.3 节。

8.2.2.4 控制量的确定

根据灵敏度，选出 M 个功率下调机组。设总的功率下调量为 ΔP_{GALL}，则第 i 台发电机的功率下调量按灵敏度比例分配：

$$\Delta P_{\text{G}i}=\frac{\dfrac{\text{d}y}{\text{d}P_{\text{G}i}}}{\sum\limits_{k=1}^{M}\dfrac{\text{d}y}{\text{d}P_{\text{G}k}}}\Delta P_{\text{GALL}},i=1,\cdots,M \tag{8-9}$$

ΔP_{GALL} 根据式（8－9）和式（8－10）计算。

$$y_0+\sum_{k=1}^{M}\left(\frac{\text{d}y}{\text{d}P_{\text{G}k}}\Delta P_{\text{G}k}\right)\geqslant y_{\text{tar}} \tag{8-10}$$

式中：y_{tar} 为目标 y 值。

设有 N 个功率上调机组，则第 j 台发电机的功率上调量按功率比例分配：

$$\Delta P_{\text{G}j}=\frac{P_{\text{G0}j}}{\sum\limits_{k=1}^{N}P_{\text{G0}k}}\Delta P_{\text{GALL}},j=1,\cdots,N \tag{8-11}$$

当某台发电机的功率上调/下调量达到其调节上/下限时，按其上/下限调节，不足的调节量由其他发电机承担。

当针对多个预想故障进行预防控制时，下调发电机的功率下调量简化处理为按发电机功率比例分配或平均分配。

8.2.2.5 算例分析

采用某省级电网系统验证本书方法的有效性。其 500kV 主网接线如图 4－9 所示。该系统区域和规模介绍见 4.5.1.2 节。

在正常运行方式，线路 $N-1$ 故障下，不存在暂态失稳风险。

潮流和时域仿真采用电力系统分析综合程序 PSASP。潮流产生方式同 4.5.2.1 节。

每个潮流方式，选取了该系统重点关注的东部区域 14 和 15 分区之间的 500kV 联络线作 $N-1$ 暂态稳定扫描。故障类型为线路首端三相永久性短路故障，故障发生后 0.1s 切除。合计得到 2031 个稳定评估样本。

1. 单故障控制

选择测试集中的某运行方式，进行预防控制研究。该运行方式下，上述 500kV 线路的功率为 653.59MW（功率传输方向为从分区 14 到 15）。

若发生上述 500kV 线路故障，CNN 模型输出 $y=-0.282324$，判定为系统失稳。此时时域仿真输出的部分发电机功角曲线见图 8－16，可见 CNN 模型判断正确。

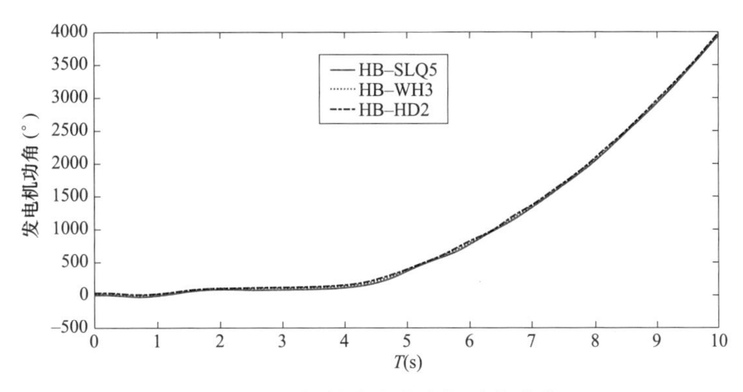

图 8-16 初始方式发电机功角曲线

表 8-16、表 8-17 给出了针对该运行方式，较灵敏且为负值的 15 台发电机、较不灵敏的 9 台发电机的灵敏度计算结果。按照图 8-15 的流程，最后得到针对该方式的控制措施如表 8-18 所示。当表 8-16 中的所有发电机选出后，仍不能找到使系统稳定的控制措施，故采取了减负荷措施。采用该控制措施后，时域仿真输出的部分发电机功角曲线见图 8-17，可见系统能保持稳定，控制措施十分有效。

表 8-16 灵敏度结果（较灵敏且为负值）

序号	发电机	灵敏度	序号	发电机	灵敏度
1	LZX8	−3.339797	9	LWF4	−2.405487
2	LYH6	−2.553567	10	LLC4	−2.382108
3	LBYH4	−2.535873	11	LSCRD2	−2.377811
4	LZX5	−2.524964	12	LLY5	−2.369361
5	LTZRD4	−2.482571	13	LYH1	−2.365418
6	LRZY4	−2.461045	14	LLC3	−2.309896
7	LHR1	−2.457343	15	LJX1	−2.293125
8	LYH4	−2.422034			

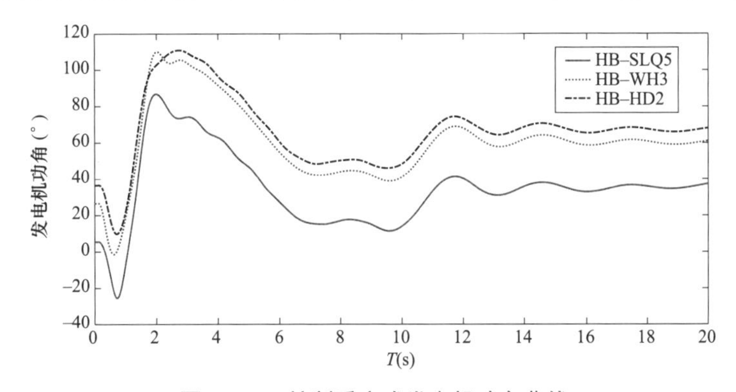

图 8-17 控制后方式发电机功角曲线

由表 8-18 可知，基于 CNN 的方法得到的控制措施为：下调 4 台发电机（LZX8、LYH6、LBYH4、LZX5），下调功率总量为 242.45MW，下调 13 个负荷（LZX1、LZX2、LZX3、

LZX4、LZX5、LZX6、LZX7、LYH1、LYH2、LYH3、LYH4、LYH5、LYH6），下调功率总量为242.45MW。

表8－17　　灵敏度结果（较不灵敏）

序号	发电机	灵敏度	序号	发电机	灵敏度
1	LSHJ2	－0.114777	6	LZH3	－0.459650
2	LSHJ1	0.130307	7	LLB1	－0.654709
3	LLCRD7	0.147159	8	LLB2	－0.698649
4	LLCRD8	－0.292373	9	LSL1	－0.749867
5	LZH4	－0.398721			

表8－18　　控制措施

比较项	CNN	SVM
下调发电机台数	4	3
下调发电机名称	LZX8、LYH6、LBYH4、LZX5	LRZ2、LWF2、LHDAO4
发电机下调功率总量（MW）	242.45	248.09
下调负荷个数	13	9
下调负荷名称	LZX1、LZX2、LZX3、LZX4、LZX5、LZX6、LZX7、LYH1、LYH2、LYH3、LYH4、LYH5、LYH6	LRZ1、LRZ2、LRZY3、LRZY4、LWF1、LWF2、LWF3、LWF4、LHDAO110
负荷下调功率总量（MW）	242.45	248.09

表8－18中还给出了基于SVM的控制措施，对比可见，基于CNN的方法得到的措施发电机下调功率总量略低。与SVM模型相比，由于CNN模型特征提取能力强，表征的非线性映射关系与实际系统更为接近，故而其得到的预防控制措施精细程度更高。

2. 多故障协调控制

考虑的预想故障除了上述故障（故障1）外，还包括另一条500kV线路（中部区域10和11分区之间的联络线）故障（故障2）。

分别针对故障1、故障2选取的功率下调发电机集合如表8－19所示，“√”表示该发电机在下调发电机集合中，“√”后面的数值显示了发电机按灵敏度排序后的序号。下调、上调发电机集合的形成原则参见8.2.1节。

表8－19　　下调发电机集合

发电机	区域	故障1	故障2	故障1、故障2
LZX5	1	√4	√2	√2
LZX8	1	√1	√1	√1
LYH2	1		√7	√10
LYH4	1	√8	√4	√6
LYH6	1	√2		√3
LTZRD3	2		√10	√15

续表

发电机	区域	故障 1	故障 2	故障 1、故障 2
LTZRD4	2	√5		√7
LRZY4	4	√6		√9
LLC4	6	√10		√13
LBYH4	10	√3	√6	√5
LBYH5	10		√8	√12
LWF4	12	√9		√11
LBNDL4	15		√3	√4
LBNDL7	15		√9	√14
LHR1	17	√7	√5	√8

表 8－20 给出了同时考虑两个故障的控制措施：下调 3 台发电机（LZX8、LZX5、LYH6），下调功率总量为 253.72MW，下调 13 个负荷（LZX1、LZX2、LZX3、LZX4、LZX5、LZX6、LZX7、LYH1、LYH2、LYH3、LYH4、LYH5、LYH6），下调功率总量为 253.72MW。图 8－18、图 8－19 分别给出了控制措施施加后，故障 1 和故障 2 情况下，部分发电机的功角曲线。可见系统在上述两个故障下都能保持稳定，控制措施十分有效。

表 8－20　　控　制　措　施

下调发电机台数	3
下调发电机名称	LZX8、LZX5、LYH6
发电机下调功率总量（MW）	253.72
下调负荷个数	13
下调负荷	LZX1、LZX2、LZX3、LZX4、LZX5、LZX6、LZX7、LYH1、LYH2、LYH3、LYH4、LYH5、LYH6
负荷下调功率总量（MW）	253.72

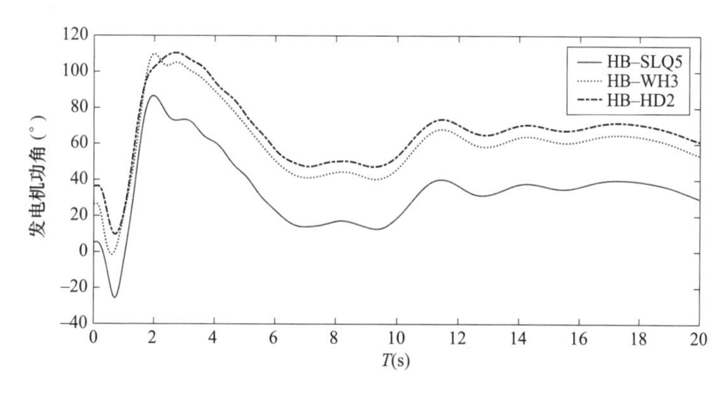

图 8－18　控制后方式发电机功角曲线（故障 1）

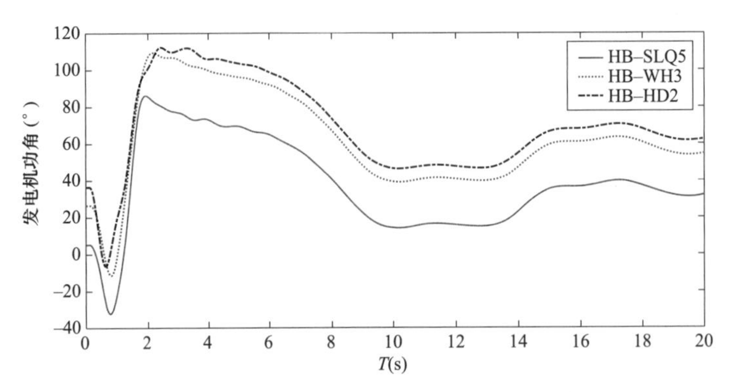

图 8-19　控制后方式发电机功角曲线（故障 2）

8.3　小干扰稳定预防控制方法

预防控制辅助决策是电力系统在线安全稳定分析系统的重要组成模块[5]，即通过事先调整系统运行点来消除安全隐患，每类安全稳定分析均有对应的预防控制模块。小干扰稳定预防控制针对阻尼比不足的振荡模式，通过调整系统运行点来提升该振荡模式的阻尼比结果，以提升系统稳定性。现有在线安全稳定分析系统中的小干扰稳定预防控制，主要是基于机理分析来计算阻尼比与系统各稳态量之间的灵敏度[6]，选择灵敏度高的变量作为调整对象；根据一定步长来对当前运行点进行调整，形成多套新的潮流方式，再结合频域仿真计算（特征值分析）进行校核，最终给出预防控制结果。其中，第一步灵敏度计算是核心步骤，也是较为耗时的步骤，以国调中心系统为例通常需要分钟级的计算时间。

为提高小干扰稳定分析的速度，已有学者采用机器学习方法进行小干扰稳定的快速评估，但进一步开展预防控制的研究成果尚不多见。文献［7］提出了基于决策树的小干扰稳定预防控制方法，首先通过训练获得针对小干扰稳定评估的 XGBoost 决策树模型，其次依据 Shapley 值来确定待调机组和直流系统，最终采用贝叶斯优化方法确定调整量，使得区域振荡模式阻尼比最大。本节将利用电网层级网络深度学习模型进行灵敏度分析，大幅度提升整个预防控制的分析速度。

8.3.1　基本思路

小干扰稳定的判别指标主要是关键振荡模式的阻尼比[8]，当阻尼比小于 0 时为负阻尼，大于 0 但小于 3%时为弱阻尼，这两种情况的出现都说明系统处于不安全的状态，需要启动预防控制。此时，仍采用灵敏度分析与仿真校核相结合的两步式预防控制方法，其中第一步是基于 5.2 节所述的预测振荡模式阻尼比的电网层级网络 GHNet 模型，采用神经网络链式求导方法计算求取阻尼比灵敏度结果；第二步与传统方法一致。上述两步重复迭代，进行多轮次的逐步调节。具体步骤为：

（1）求取阻尼比灵敏度。阻尼比灵敏度是指可调节对象变化一个单位引起阻尼比的变化量，代表了可调节对象与阻尼比之间的敏感程度，主要用于确定调节对象，通常优先调节灵敏度绝对值较大的可调节对象。本节利用神经网络的链式求导算法，来获取阻尼比相对于输入特征量的灵敏度结果，具有计算效率高等优点，详见 8.3.2 节。

（2）确定调节对象。本节以调节机组出力为例，分别选取一定数量的正灵敏度和负灵敏度的机组作为调节对象，过程中可结合用户设定的筛选条件，例如只调节指定范围内的机组等。

（3）逐步调节运行点。由电网稳定问题的强非线性特点以及同时调节多个对象的需求决定，如果单次改变系统运行点的步长过大，则可能出现目标运行点的实际阻尼比与预期阻尼比的差距过大，引起预防控制辅助决策失败的情况。因此，本节没有采用牛顿—拉夫逊法（Newton-Raphson method）等直接求取调节量的方法，而是采用神经网络训练过程中常见的梯度下降法（gradient descent）进行决策，即以固定的小步长逐步对系统运行点进行调节，详见 8.3.3 节。

（4）稳定性校验。利用频域仿真方法来校验调整后的运行方式，将满足阻尼比要求且调整总量最小的方案进行输出；如果阻尼比仍不满足要求，则跳至第（1）步，以新的运行方式作为输入，开始新一轮调整。

上述为灵敏度分析与仿真校核相结合的两步式预防控制方法，其中的校核方法也可以采用机器学习快速判稳方法。在采用机器学习快速判稳方法校核时，需要预留一定的裕度。

8.3.2 神经网络的链式求导

神经网络由多层结构组成，每一层包含若干个神经元，神经元通常由线性变换和激活函数两部分构成，每层内部的神经元相互间不直接连接，即每层神经网络是对本层的输入数据进行一次非线性函数变换并输出。如果将一个样本数据看作是输入空间内的一个运行点，那么每经过一层神经网络就会映射到另一个空间内（可称之为特征空间），即经过一次函数映射，而多层神经网络可以看作是整个输入和输出之间的复合函数映射，形式如式（8－12）所示：

$$y = f_l(\cdots f_k(\cdots f_1(\boldsymbol{X}_0))) \tag{8-12}$$

式中：$\boldsymbol{X}_0 = (x_1, x_2, \cdots, x_n)^T$ 为神经网络的输入向量；y 为输出量；f_k 为第 k 层的输入与输出间的映射函数，共 l 层。其通常形式如式（8－13）所示：

$$\boldsymbol{X}_k = f_k(\boldsymbol{X}_{k-1}) = \sigma_k(\boldsymbol{W}_k \bullet \boldsymbol{X}_{k-1} + b_k) \tag{8-13}$$

式中：$\boldsymbol{X}_k$ 为第 k 层的输出量；$\boldsymbol{W}_k$ 为第 k 层的权重矩阵；b_k 为第 k 层的偏置量；σ_k 为第 k 层的激活函数。

在训练过程中，神经网络需要不断地调整每层神经网络内的可训练参数，以达到最小化损失函数的目的，以回归问题为例，通常选择均方误差（mean-square error，MSE）作为损失函数，如式（8－14）所示：

$$L = \frac{1}{2m}\sum_{i=1}^{m}(y_i - y_i')^2 \tag{8-14}$$

式中：m 为样本总数；y_i 为神经网络预测值；y_i' 为真实值。

此时如何确定所有层的参数的调整方向就成为了关键问题，而解决这个问题的基础就是复合函数的链式求导法则。神经网络每步迭代需要同时更新每层的可训练参数。以更新第 k 层的权重矩阵为例，在其他各层参数和输入量保持不变的情况下，考虑单个样本

（$m=1$）的损失函数 L 对 $\boldsymbol{W}_k$ 的偏导如式（8－15）所示：

$$\frac{\partial L}{\partial \boldsymbol{W}_k}=\frac{\mathrm{d}L}{\mathrm{d}y}\times\frac{\partial y}{\partial \boldsymbol{W}_k}=(y-y')\frac{\partial y}{\partial \boldsymbol{X}_{l-1}}\times\frac{\partial \boldsymbol{X}_{l-1}}{\partial \boldsymbol{X}_{l-2}}\cdots\frac{\partial \boldsymbol{X}_{k-1}}{\partial \boldsymbol{X}_k}\times\frac{\partial \boldsymbol{X}_k}{\partial \boldsymbol{W}_k} \tag{8-15}$$

类似地，对于单个样本 $\boldsymbol{X}_0^{(i)}$ 及其预测值 $y^{(i)}$，也可以采用链式求导求取在 $\boldsymbol{X}_0^{(i)}$ 附近的预测函数的偏导，如式（8－16）所示。对比式（8－15）和式（8－16），最主要的区别在于链式求导的最后一步，式（8－15）是对可训练参数 $\boldsymbol{W}_k$ 进行求导，而式（8－16）是对输入向量 $\boldsymbol{X}_0$ 进行求导：

$$\frac{\partial y}{\partial \boldsymbol{X}_0}\bigg|_{\boldsymbol{X}_0^{(i)}}=\frac{\partial y}{\partial \boldsymbol{X}_{l-1}}\bigg|_{\boldsymbol{X}_{l-1}^{(i)}}\cdots\frac{\partial \boldsymbol{X}_k}{\partial \boldsymbol{X}_{k-1}}\bigg|_{\boldsymbol{X}_{k-1}^{(i)}}\cdots\frac{\partial \boldsymbol{X}_1}{\partial \boldsymbol{X}_0}\bigg|_{\boldsymbol{X}_0^{(i)}} \tag{8-16}$$

式（8－16）的结果就是针对电网稳定的预测模型在运行点 $\boldsymbol{X}_0^{(i)}$ 的梯度，也可以看作是灵敏度结果，即在 $\boldsymbol{X}_0^{(i)}$ 附近的电网稳定性变化最大的运行点调节方向。这种灵敏度计算方式有如下特点：

（1）与运行点 $\boldsymbol{X}_0^{(i)}$ 相关。式（8－16）的计算需要代入系统当前运行点 $\boldsymbol{X}_0^{(i)}$，即不同运行点对于改善电网稳定性的最有效措施可能是不同的，这与电网运行的通常规律相符，而一些浅层模型则没有这样的效果。

（2）计算效率高。由于神经网络模型建立了电网稳定指标与所有输入量之间的关联关系，因此可以在一次反向传播（back propagation，BP）计算后得到电网稳定指标相对于每个输入量的灵敏度，计算时间在毫秒量级，而传统基于机理分析的方法通常需要逐个计算，较为耗时。

需要说明的是，这种灵敏度计算方法的前提条件是假设各输入量相互间是独立的，这也是大多数机器学习方法取得较好应用效果的基础。由于后续进行小干扰稳定预防控制时主要选择各个机组的有功功率作为调整对象，并且考虑了全网总功率的平衡，因此从潮流计算的角度看是基本满足输入量相互独立的条件的。

基于 Python 3.7.7 和 TensorFlow 2.1，可利用如下代码获取指定运行点的阻尼比灵敏度结果。

```
def run_gradient(model, x0):
    if len(x0.shape) == 1:
        x0 = x0[np.newaxis, :]
    x = tf.Variable(x0)
    with tf.GradientTape(persistent = True) as tape:
        tape.watch(x)
        y = [model(x)[:, i] for i in range(model.output_shape[1])]
    grads = [tape.gradient(y[i], x) for i in range(model.output_shape[1])]
    del tape
    return grads
```

8.3.3 调整策略

本节所述的小干扰稳定预防控制方法以机组有功功率为调节对象，以灵敏度结果为依据，采用固定调节总量步长的方式进行调整，例如每轮调增和调减的机组有功功率总量 P_{step} 均为 100MW，以确保全网的机组总有功功率不变，并逐步趋近目标。如此不断重复灵敏度计算、功率调整和仿真校验的过程，直至稳定指标达到要求或无可调节措施。对于每个轮次的调整，主要有以下两种策略：

（1）逐一调整策略。按照灵敏度从大到小顺序，逐一选择机组进行调节，同时考虑机组上下限，直至本轮的总调节量达到设定值。逐一调整策略是进行预防控制时最常见的策略，目标是将可调节量最有效地分配到可调节设备上，达到稳定性提升最快的效果。

（2）同步调整策略。根据灵敏度的正负属性进行分组，对同组内的机组按一定比例进行整体调整，调整总量即为事先设定的每轮次调整总量，上调和下调功率的分配比例分别如式（8－17）和式（8－18）所示。同步调整策略是希望所有机组共同承担调节量，使得系统运行点的整体变化相对较小。

$$r_{\mathrm{up},i}=\frac{P_{\max,i}-P_i}{\sum_{j=1}^{N_{\mathrm{G,up}}}(P_{\max,j}-P_j)} \tag{8-17}$$

$$r_{\mathrm{down},i}=\frac{P_i-P_{\min,i}}{\sum_{j=1}^{N_{\mathrm{G,down}}}(P_j-P_{\min,j})} \tag{8-18}$$

式中：$r_{\mathrm{up},i}$ 和 $r_{\mathrm{down},i}$ 分别代表上调和下调功率在总调节量中的占比系数；P_i 为机组 i 的当前功率；$P_{\max,i}$ 和 $P_{\min,i}$ 分别为机组的功率上下限；$N_{\mathrm{G,up}}$ 和 $N_{\mathrm{G,down}}$ 分别为上调和下调机组的总数。

逐一调整策略使得调整机组数量最小，而同步调整策略则正好相反，两者可以看作是两个极端情况，其他策略的调整机组数量都介于这两者之间。从可行性上来说，由于本节所说的预防控制是事先对系统运行点进行调整，相较于紧急控制而言，其对于时间的要求相对较低，两种调整策略的结果都可以通过修改发电计划或手动调整等方式得以执行，因此都可以满足实际运行的需要。

8.3.4　算例分析

本节以 5.4.1 节所述算例及训练所得模型 GHNet－d 为基础，开展了 3 次试验验证：试验 1 验证基于 GHNet－d 模型的灵敏度分析的有效性和适用性；试验 2 通过调整运行点对系统的小干扰稳定性进行提升和降低，验证预防控制方法的有效性；试验 3 针对重要断面输电功率给出安全区间，满足小干扰稳定指标的阈值要求，从而把传统单个运行点形式的预防控制结果转变为区间形式，提升了预防控制辅助决策的实用性。

以 2018 年 11 月 6 日 16 点东北电网在线数据作为初始运行点，小干扰稳定计算结果：辽宁—黑龙江振荡模式的阻尼比为 11.52%，振荡频率为 0.5635Hz，机电回路相关比为 0.8546，整体属于强阻尼状态。在 2018 年 11～12 月的 16833 个运行数据中，辽宁—黑龙江振荡模式的阻尼比范围是 10.34%～15.32%，其分布直方图如图 8－20 所示，可见 11 月 6 日 16 时的阻尼比处于相对较低的运行水平。

（1）灵敏度分析。以 11 月 6 日 16 时的在线数据作为输入，计算辽宁—黑龙江振荡阻尼比相对于各机组有功功率的灵敏度，结果如表 8－21 所示，灵敏度单位为“%/MW”，即机组有功功率每增加 1MW 时百分数形式的振荡阻尼比的变化值。从表 8－21 可知：

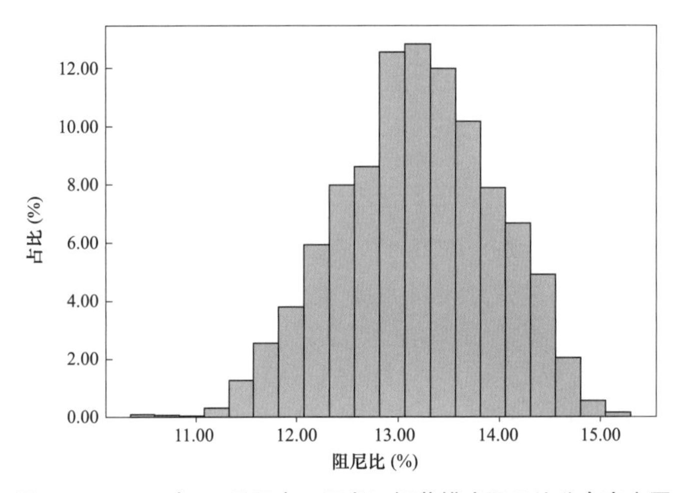

图 8-20　2018 年 11 月辽宁—黑龙江振荡模式阻尼比分布直方图

表 8-21　　辽宁—黑龙江振荡阻尼比灵敏度结果

序号	正灵敏度机组	灵敏度（%/MW）	负灵敏度机组	灵敏度（%/MW）
1	辽宁清河厂 8 号机组	0.000753	黑龙江哈三 B 厂 3 号机	−0.001274
2	辽宁营口厂 1 号机组	0.000707	黑龙江新华厂 6 号机	−0.001065
3	辽宁营口厂 2 号机组	0.000664	黑龙江大庆 A 厂 1 号机	−0.001023
4	辽宁红阳热厂 1 号机组	0.000586	黑龙江双热厂 2 号机	−0.000958
5	吉林吉林热电厂 10 号发电机	0.000569	黑龙江哈平南热电厂 2 号机	−0.000936
6	吉林白城热电厂 1 号机	0.000524	黑龙江七台河厂 1 号机	−0.000893
7	辽宁鞍山厂 3 号机组	0.000520	黑龙江伊春热电厂 2 号机	−0.000743
8	辽宁南票厂 4 号机组	0.000501	黑龙江哈一热厂 1 号机	−0.000733
9	辽宁阜新厂 1 号机组	0.000398	黑龙江鹤岗 A 厂 1 号机	−0.000711
10	吉林吉林热电厂 11 号发电机	0.000392	黑龙江鸡西厂 2 号机	−0.000708

1）灵敏度为负的机组全部为黑龙江机组，灵敏度为正的机组大多为辽宁机组。由于东北电网的主要输电方向为由北向南，即黑龙江为送端，辽宁为受端，所以降低黑龙江机组功率、增加辽宁机组功率，会降低由北向南的总输电功率，此时电网稳定性通常会得到提升，这与灵敏度结果是一致的。

2）灵敏度结果中没有明显数值占优的机组。大电网区域间或省间振荡是一种大量机组共同参与、以 2～3 个机群相互作用为呈现形式的振荡现象，这一点从第 5 章的小干扰稳定模态图中也可以看到，因此单独调整少数机组的运行状态难以起到决定性的作用，灵敏度结果与小干扰稳定的这个特点也是相符合的。

3）表 8-21 中部分机组处于辽宁南部或黑龙江东部，是辽宁—黑龙江振荡模式的主要代表机组，侧面印证了灵敏度结果的有效性。

选择 2018 年 11 月 6 日 16 点的正/负灵敏度最大的两个机组（辽宁清河厂 8 号机组和黑龙江哈三 B 厂 3 号机组），对单机灵敏度结果进行校验，所选机组和信息如表 8-22 所示。

表 8-22　　灵敏度校验机组列表

灵敏度校验	机组名称	当前有功功率（MW）	有功功率上限（MW）	灵敏度（%/MW）
正灵敏度最大	辽宁清河厂 8 号机组	114.19	200.00	0.000753
负灵敏度最大	黑龙江哈三 B 厂 3 号机组	354.25	600.00	-0.001274
平衡机	吉林九台厂 1 号机组	555.94	6600.00	0.000065

在当前有功功率的基础上，分别对两个机组的有功功率调整-50MW、-30MW、-10MW、-5MW、+5MW、+10MW、+30MW、+50MW，重新进行潮流计算和小干扰稳定计算（特征值分析）。需要说明的是，由于电网是一个整体，单个机组的功率变化势必引起平衡机功率变化，进而对小干扰稳定结果产生影响，因此在验证时需要一起进行考虑。可利用灵敏度结果对阻尼比进行估算，如式（8-19）所示，并与特征值分析计算结果进行对比，验证灵敏度计算的有效性。

$$\xi_{est} = \xi_0 + \Delta\xi = \xi_0 + l_{Gi} \times \Delta P_{Gi} + l_{G0} \times \Delta P_{G0} \quad (8-19)$$

式中：ξ_0 为调整前的计算所得阻尼比；l_{Gi} 为机组 i 的灵敏度结果；ΔP_{Gi} 为机组 i 的有功功率变化量；l_{G0} 为平衡机的灵敏度结果；ΔP_{G0} 为平衡机的有功功率变化量。

分别对正灵敏度和负灵敏度的单机结果进行测试，结果如表 8-23 和表 8-24 所示。从表中可以看到，振荡阻尼比随着机组有功功率的变化而单调变化，说明小干扰稳定性在运行点附近呈现平稳、一致的特点；对比计算阻尼比和估算阻尼比可以看到，估算结果误差较小，相对误差均在 0.2%以内；同时需要注意的是随着机组有功功率变化的增大，误差也在不断上升，说明灵敏度结果在运行点附近更加有效，因此在进行决策分析时宜采用小步长的调整策略。

表 8-23　　单机正灵敏度校验结果（辽宁清河厂 8 号机组）

机组有功功率变化量（MW）	平衡机有功功率变化量（MW）	计算阻尼比（%）	估算阻尼比（%）	相对误差（%）
-50	+52.72	11.4903	11.4899	-0.0037
-30	+31.60	11.5065	11.5036	-0.0255
-10	+10.52	11.5188	11.5173	-0.0134
-5	+5.26	11.5215	11.5207	-0.0071
+5	-10.51	11.5266	11.5309	0.0080
+10	-31.50	11.5290	11.5446	0.0169
+30	-52.45	11.5381	11.5583	0.0567
+50	-52.72	11.5466	11.4899	0.1017

表 8-24　　单机负灵敏度校验结果（黑龙江哈三 B 厂 3 号机）

机组有功功率变化量（MW）	平衡机有功功率变化量（MW）	计算阻尼比（%）	估算阻尼比（%）	相对误差（%）
-50	48.47	11.5731	11.5910	0.1542
-30	29.07	11.5536	11.5642	0.0918

续表

机组有功功率变化量（MW）	平衡机有功功率变化量（MW）	计算阻尼比（%）	估算阻尼比（%）	相对误差（%）
−10	9.69	11.5339	11.5375	0.0310
−5	4.84	11.5290	11.5308	0.0155
+5	−9.68	11.5191	11.5107	−0.0146
+10	−29.01	11.5142	11.4840	−0.0301
+30	−48.33	11.4944	11.4573	−0.0905
+50	−48.47	11.4746	11.5910	−0.1511

上述灵敏度计算在单台工作站上完成，该工作站配置 Intel Core i7-8565U @1.80GHz CPU 和 8G 内存；实际应用时，含在线数据加载在内的单个运行点灵敏度计算的总执行时间约 2.525s，其中神经网络梯度计算时间约 0.108s。

（2）增强小干扰稳定性。从灵敏度试验的结果可以看出，机组功率对于区域振荡的作用是相对分散的，没有一个或几个处于主导地位的机组，这也是小干扰稳定的特点之一。从机器学习的角度而言，模型是来源于数据的，它很难认知到“未见过”的数据样本的特性，而采用逐一调整策略会把机组调整到极限值，就很容易出现系统运行点“脱离”训练数据集的情况，此时模型势必准确率下降，难以找到最优策略。此外，我们也发现并非所有机组的灵敏度结果都与电网稳定常识相符合，换言之，基于机器学习的稳定灵敏度难以达到机理分析结果的精准程度。其他采用机器学习进行决策的应用领域也有类似的结论，以 AlphaGo 下围棋为例，专业棋手发现 AlphaGo 并不是每步棋都是最优选择，甚至有时会出现明显的失误，但它在一盘棋中的整体水平总是高于人类棋手，所以仍能轻松击败人类。具体到本算例中，GHNet-d 模型无法保证每个设备的灵敏度都是准确的，但就整体而言灵敏度结果仍是值得信任的，因此本节试验采用了相对较为温和的同步调整策略，对大范围的机组进行整体调节。

基于训练得到的 GHNet-d 模型，采用同步调整策略进行在线决策，每轮调增和调减的总有功功率均设定为 100MW，保证每轮调整后的总体功率平衡，总共调整 100 轮次，每 10 轮记录一次结果，提升和降低阻尼比的结果如表 8−25 和表 8−26 所示，仿真计算和预测结果对比如图 8−21 和图 8−22 所示。需要说明的是，调整过程中，由于部分机组出现灵敏度正负符号的变化以及平衡机的作用，因此总调整有功功率未达到 10000MW，且不是 100MW 的整倍数。

表 8−25　　同步调整策略提升阻尼比的计算和预测结果对比

轮次	累计调增/调减总有功功率（MW）	预测阻尼比（%）	计算阻尼比（%）	绝对误差（%）	相对误差（%）
0	0.00/0.00	11.8891	11.5241	0.3650	3.1673
10	971.04/1006.75	12.3304	12.1543	0.1761	1.4489
20	1903.37/1968.24	12.6868	12.6415	0.0453	0.3583

续表

轮次	累计调增/调减总有功功率（MW）	预测阻尼比（%）	计算阻尼比（%）	绝对误差（%）	相对误差（%）
30	2834.20/2920.30	13.0762	13.0222	0.0540	0.4147
40	3756.52/3857.09	13.4251	13.3416	0.0835	0.6259
50	4571.38/4681.34	13.7568	13.5652	0.1916	1.4124
60	5417.62/5532.28	13.9958	13.7710	0.2248	1.6324
70	6287.08/6401.33	14.2973	13.8754	0.4219	3.0406
80	7168.47/7278.84	14.6483	13.9068	0.7415	5.3319
90	8029.92/8133.09	14.9141	13.8954	1.0187	7.3312
100	8803.43/8898.65	15.1231	13.8509	1.2722	9.1850

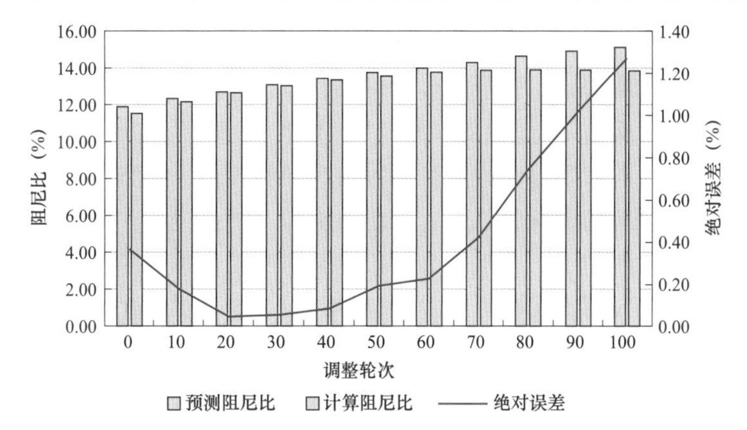

图 8-21　同步调整策略提升阻尼比的变化走势图

表 8-26　同步调整策略降低阻尼比的计算和预测结果对比

轮次	累计调增/调减总有功功率（MW）	预测阻尼比（%）	计算阻尼比（%）	绝对误差（%）	相对误差（%）
0	0.00/0.00	11.8891	11.5241	0.365	3.1673
10	1009.25/959.07	11.3830	10.6415	0.7415	6.9680
20	2019.68/1909.33	10.9492	9.5739	1.3753	14.3651
30	2972.96/2792.10	10.5250	8.3822	2.1428	25.5637
40	3968.24/3703.87	10.1003	7.0176	3.0827	43.9281
50	4977.48/4615.39	9.6878	5.4789	4.2089	76.8202
60	5980.86/5517.94	9.2828	3.9015	5.3813	137.9290
70	6919.16/6346.16	8.8891	2.2626	6.6265	292.8710
80	7860.88/7161.66	8.4946	0.5000	7.9946	1598.9200
90	8848.73/8000.86	8.1137	-1.1581	9.2718	800.6044
100	9941.69/8876.65	7.7291	-4.7738	12.5029	261.9067

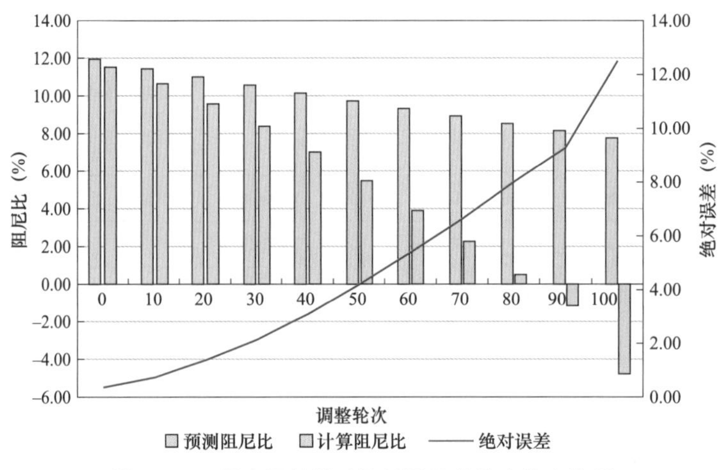

图 8－22　同步调整策略降低阻尼比的变化走势图

从表 8－25 和图 8－21 可知，对于提升小干扰稳定性的试验较为成功，预测阻尼比和计算阻尼比随着有功功率变化而保持同步增长，截至第 80 轮分别达到了 14.65%和 13.91%，此时仿真阻尼比达到最大值，与 2018 年 11～12 月统计数据（10.34%～15.32%）相比也处于稳定性较高的水平，同时预测和计算结果的相对误差较小，约 5%左右。新运行点与初始运行点相比，累计调增和调减的总有功功率分别为 7168.47MW 和－7278.84MW，占当时东北电网总出力的比例超过了 15%，实现了较大规模的功率转移，并且保持了全网总出力基本不变，所有机组没有出现功率越限情况，证明了本方法的有效性。

对于降低小干扰稳定性的试验未能达到预期效果，虽然预测阻尼比和计算阻尼比在同步下降，但两者的误差也在快速上升，整体决策过程处于失控状态。笔者认为这个现象与神经网络方法本身有关，文献［9］表明，神经网络对于非线性函数拟合的外推能力有限。在本算例中，11 月 6 日 16 时的辽宁—黑龙江振荡阻尼比计算结果为 11.52%，在全部 2018 年 11～12 月数据集中处于很低的水平，可以说已经到达了数据集的边缘，数据集中阻尼比小于 11.52%的样本数量只有 231 个，占比约 1.37%，这些样本很难为继续下调阻尼比提供太多经验，这也是下调阻尼比决策失败的主要原因。

（3）安全区间。由于小干扰稳定具有全网性质，因此采用东北电网重要省间输电断面的输电功率作为安全区间的统计目标。东北重要省间输电断面包括：① 黑—吉断面，包括东北合南 1 号线、东北合南 2 号线、东北永包线、东北林平线等 4 条 500kV 线路，以黑龙江向吉林送电为正方向；② 吉—辽断面，包括东北蒲梨一线、东北蒲梨二线、东北丰徐一线、东北丰徐二线等 4 条 500kV 线路，以吉林向辽宁送电为正方向。

基于试验 2 中提升和降低阻尼比的结果，每 10 轮记录一次结果，如表 8－27 和表 8－28 所示，整体变化过程如图 8－23 所示，图中横坐标为调整轮次，中间点位为原始状态，左侧为降低阻尼比的 100 轮，右侧为提升阻尼比的 100 轮。从图中可见，随着从北向南输电功率的提高，辽宁—黑龙江振荡模式的阻尼比逐渐降低，最终变为负阻尼状态。从下行调整过程的第 66 轮开始，阻尼比小于 3%，系统运行点变为弱或负阻尼，不满足安全稳定要求，其余运行点均可处于稳定状态。

表 8-27　　提升阻尼比过程中的断面有功功率变化

轮次	黑—吉断面有功功率（MW）	吉—辽断面有功功率（MW）	阻尼比（%）
0	1862.94	3104.40	11.5241
10	1651.92	2948.80	12.1543
20	1457.64	2804.79	12.6415
30	1268.43	2689.02	13.0222
40	1084.97	2592.47	13.3416
50	912.45	2504.36	13.5652
60	727.86	2423.28	13.7710
70	542.29	2351.41	13.8754
80	365.22	2263.47	13.9068
90	232.04	2203.64	13.8954
100	187.16	2164.51	13.8509

表 8-28　　降低阻尼比过程中的断面有功功率变化

轮次	黑—吉断面有功功率（MW）	吉—辽断面有功功率（MW）	阻尼比（%）
0	1862.94	3104.40	11.5241
10	2158.67	3371.57	10.6415
20	2448.40	3645.01	9.5739
30	2716.96	3938.14	8.3822
40	2981.66	4244.16	7.0176
50	3246.42	4561.00	5.4789
60	3496.51	4840.81	3.9015
65	3611.29	4975.13	3.1042
66	3634.80	5000.81	2.9408
70	3725.11	5108.27	2.2626
80	3941.15	5381.84	0.5000
90	4147.84	5644.09	−1.1581
100	4341.14	5897.94	−4.7738

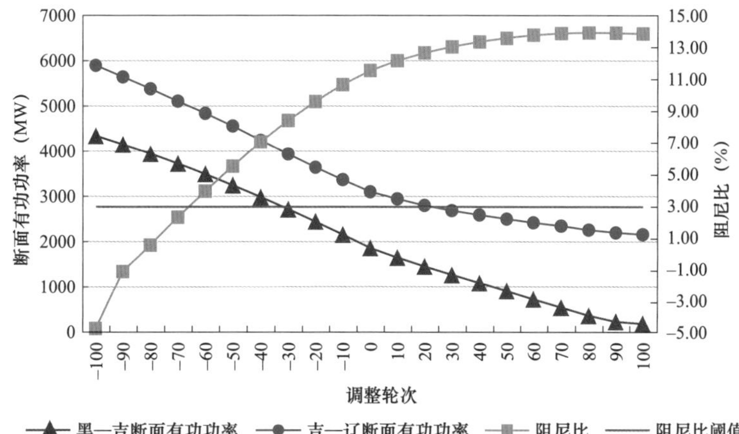

图 8-23　阻尼比与断面有功功率变化

取系统稳定运行点的断面有功功率的交集形成安全稳定区间，如表 8－29 所示，可以看到两个省间断面均有较大的功率上调和下调空间。需要说明的是，本算例只是针对辽宁—黑龙江振荡模式的安全稳定区间结果，实际运行中断面极限会受到多种约束的共同制约，结果会有所不同，但本节方法同样适用于其他约束条件的求解。

表 8－29　　东北电网省间断面的安全区间

省间断面	有功功率下限（MW）	当前有功功率（MW）	有功功率上限（MW）
黑—吉断面	187.16	1640.86	3611.29
吉—辽断面	2164.51	3104.40	4975.13

8.4　频率稳定紧急控制方法

8.4.1　基本原理

电力系统中最常用的频率稳定控制措施是低频减载。低频减载是基于响应的控制，当系统频率低于整定值并持续某个整定的时间后动作，切除事先设定好的负荷[10]。自动切负荷是一种基于事件的控制，相比于低频减载，自动切负荷动作更早，能快速抑制频率跌落，达到相同稳态频率所需要的切负荷量更少，并可实现满足稳态频率或最低频率控制目标值的精准控制[11]。直流输电具有快速功率调节能力，相比于自动切负荷，直流紧急功率支援利用了互联电网的备用容量，提高了供电可靠性[12]。因此，系统出现严重不平衡功率扰动时，实施直流紧急功率支援并在直流功率支援量不够时协调切负荷，具有重要的意义。

自动切负荷、直流紧急功率支援等频率稳定紧急控制是基于事件的控制，需要实时进行频率稳定评估。频率稳定评估通常在严重功率不平衡事件发生时启动，快速准确预测扰动后最低频率或稳态频率，以判断系统频率稳定性。当预测的最低频率或稳态频率低于允许值时，实施直流输电紧急功率支援、自动切负荷等紧急控制，通常在系统出现严重功率缺额的 500ms 内为系统提供功率支援。精确控制可以实现控制后最低频率或稳态频率达到预先给定的目标值。其原理如图 8－24 所示。

电力系统在线安全稳定控制主要分为“离线决策，实时匹配”“在线决策，实时匹配”和“实时决策，实时控制”3 种。实时控制根据扰动时系统情况制定控制策略，相比于离线和在线决策方式，对计算时效性的要求更高。频率稳定紧急控制是一种实时控制。应用时，不仅需要具有较高的准确率，还需要满足实时性的要求。

频率稳定评估方法在第 7 章已阐述，本节主要介绍频率稳定紧急控制方法。紧急控制需要实时计算使扰动后最低频率或稳态频率达到控制目标值的直流紧急功率支援量和切负荷量。紧急功率控制量计算可通过扰动后系统微分代数方程组的求解来实现，但该方程组具有高阶高维非线性特点，求解时间长，难以实时应用。目前，紧急控制中常采用单机单负荷系统频率响应模型（system frequency response，SFR）或计及调速器平均系统响应的单机单负荷频率响应模型（average system frequency，ASF）[13-14]。单机单负荷模型能够

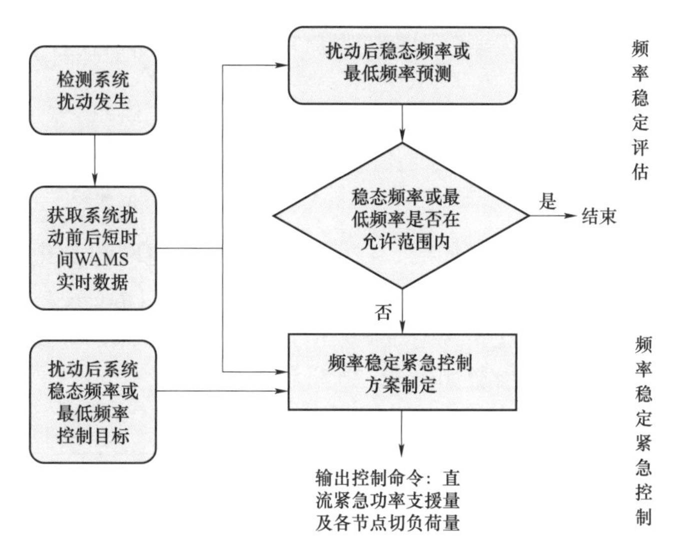

图 8－24 实时频率稳定评估和紧急控制原理

解析表达电力系统中功率和频率的关系，便于频率响应分析和制定紧急功率控制措施。但是，单机单负荷模型忽略网损、压变和频变负荷特性的影响，不够准确。我国电力系统自动低频减负荷技术规定要求单机单负荷模型在用于制定低频减载方案时，需要进行时域仿真校验[15]。

直接法是一种利用潮流增量方程、发电机节点和负荷节点注入功率增量方程等代数方程快速求解扰动后稳态频率偏差的方法[16]。它计及了负荷频变和压变效应，并利用了动态潮流法最近一次的雅可比矩阵元素。文献［17－18］在文献［16］的基础上，结合广域量测技术提出了电网扰动后频率快速预测算法，用于扰动后稳态频率的实时预测。在此基础上，文献［11－12］提出了交直流系统紧急控制量实时计算方法。

机器学习是基于数据的建模方法。数据驱动的机器学习模型能够在频率预测和紧急控制中兼顾精度与速度，还能避免数学模型方法难以真实反映实际系统非线性动态特性的不足。文献［19－20］分别利用改进堆栈降噪自动编码器和深度置信网络，进行了扰动后惯量中心稳态频率等指标和频率响应曲线的预测。但基于机器学习的频率紧急控制研究较少。文献［21－22］分别基于支持向量机/支持向量回归模型和卷积神经网络提出了一种扰动后稳态频率预测及将稳态频率控制到目标值的紧急控制方法。

本节将针对直流异步互联电网，分别给出基于支持向量机/支持向量回归模型和卷积神经网络的频率稳定紧急控制的模型和方法[21-22]。应用时，基于广域量测所提供的扰动前后瞬间电网实时信息，采用训练好的机器学习模型，预测扰动后系统稳态频率，当预测的扰动后稳态频率超出允许值时，制定紧急功率控制方案。优先采用直流紧急功率支援，给出直流紧急功率支援量，当直流紧急功率支援的功率不够时，协同最优切负荷控制，使得控制后稳态频率达到给定的目标值，且切负荷量最小。

直流紧急功率支援量受两方面的约束：① 直流系统本身的过载能力；② 直流紧急功率支援后提供直流功率支援的电网频率在允许范围内。直流系统本身的过载能力按照具有 1.1 倍的长期过载能力进行考虑。当直流支援的功率量较大时，可能会引起功率支援电网的频率偏差过大，这种情况下需要限制直流紧急功率支援量，保证直流紧急功率支援后电网的频率偏差在允许范围内。

8.4.2 算例系统与样本生成

8.4.2.1 算例系统

本节采用的异步联网算例系统如图 8－25 所示。其中 A 电网和 B 电网均由 IEEE 10 机 39 节点系统修改而成，在 A 电网的 A3 与 B 电网的 B3 节点之间连接了 1 条 500kV 直流输电线路。节点 A3 所连接的直流系统整流器采用定电流控制方式，节点 B3 所连接的逆变器采用定电压控制方式，相关参数如表 8－30 所示。

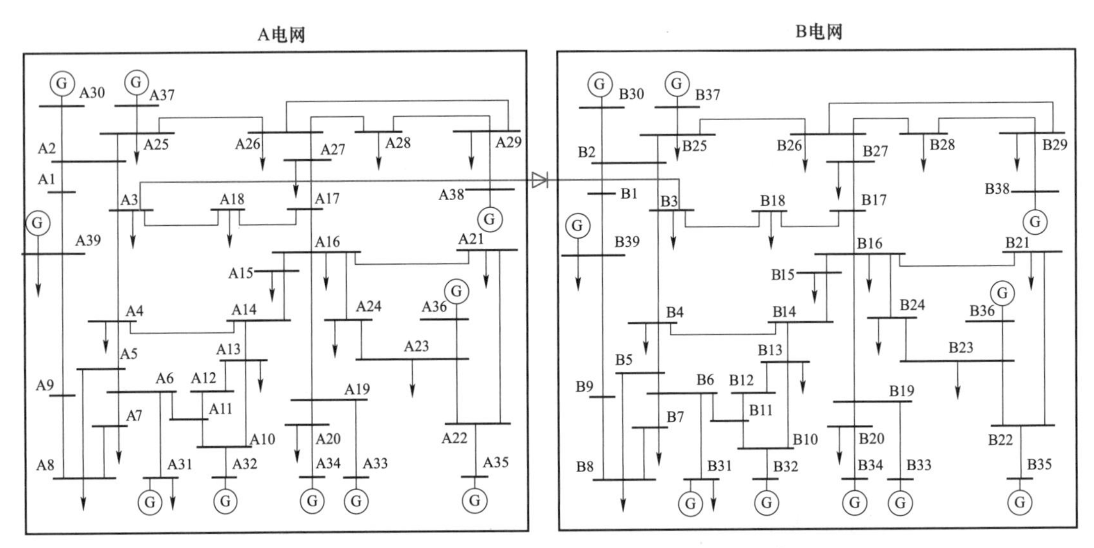

图 8－25 两个修改的 IEEE 10 机 39 节点系统通过直流互联构成的异步联网系统

表 8－30 直 流 系 统 基 本 参 数

参数名	HVDC（A3-B3）
换流器的桥数 n_t（个）	2
换流变压器变比 k_T	10.8641
换流变压器漏抗 X_{cL}（p.u.）	0.013
电流基波分量转换系数 k_r	0.995
线路等值电阻 R_d（p.u.）	0.039
定电流控制指令值 I_{dref}（p.u.）	2
定电压控制指令值 U_{dref}（p.u.）	1

8.4.2.2 样本生成

机器学习模型建立的关键在于样本的学习。第 7 章所介绍的频率稳定评估方法，在进行样本组织时，采用了时域仿真方法。本节的样本组织采用了时域仿真方法与计算模型方法相结合的方法[21]。在生成输入特征量和扰动后稳态频率标签值时，采用时域仿真方法，而在生成直流紧急功率支援量或切负荷量等控制量标签值时，采用基于直接法的计算模型方法。计算模型方法在大系统实时应用时存在时效性问题，但精度较高，可用于离线样本生成，且可以实现最优控制。

以图 8-25 所示算例系统为例，说明样本生成的步骤和方法：

（1）采用时域仿真生成样本输入特征量数据和稳态频率标签数据。在 PSS/E 仿真软件中建立如图 8-25 所示电网模型。设置受扰 B 电网有功功率缺额扰动为发电机切机故障与负荷突增的随机组合。其中，切机故障为随机进行单台或多台切机，负荷突增为单个或多个负荷随机按照其初始功率的 5%、10%、…、95%、100%进行负荷功率增加。样本输入特征量包括电网扰动前后瞬间各发电机电磁功率 P_{e0^-} 和 P_{e0^+}，扰动后瞬间各发电机转速 ω_{0^+}、各节点电压幅值 U_{0^+} 和相角 θ_{0^+}。样本标签值是根据扰动后各发电机稳态频率计算得到的电网惯量中心频率 ω_∞。

（2）采用计算模型求解直流紧急功率支援量的样本标签值。利用电网参数、时域仿真获得的扰动前后数据以及稳态频率控制目标 ω_{set}，根据式（8-20）所示扰动后稳态频率控制量计算模型 $\boldsymbol{F}(\boldsymbol{\theta},\boldsymbol{U},\Delta P_{DC})=0$[18][21]，求解得到节点 g（图 8-25 中节点 B3）的直流紧急功率支援量 ΔP_{DCg}，作为直流紧急功率支援量的样本标签值。

$$\begin{cases}\Delta P_{Gi}=U_{i\infty}\sum\limits_{n=1}^{N}U_{n\infty}(G_{in}\cos\theta_{in\infty}+B_{in}\sin\theta_{in\infty})-P_{Gi0^-}+K_{Gi}(\omega_{set}-\omega_{0^+})=0\\ \Delta P_{Lj}=U_{j\infty}\sum\limits_{n=1}^{N}U_{n\infty}(G_{jn}\cos\theta_{jn\infty}+B_{jn}\sin\theta_{jn\infty})-p_0(\alpha_p+\beta_p U_{j\infty}+\gamma_p U_{j\infty}{}^2)(1+K_p\Delta\omega_{set})=0\\ \Delta Q_{Lj}=U_{j\infty}\sum\limits_{n=1}^{N}U_{n\infty}(G_{jn}\sin\theta_{jn\infty}-B_{jn}\cos\theta_{jn\infty})-q_0(\alpha_q+\beta_q U_{j\infty}+\gamma_q U_{j\infty}{}^2)(1+K_q\Delta\omega_{set})=0\\ \Delta P_{DCLg}=U_{g\infty}\sum\limits_{n=1}^{N}U_{n\infty}(G_{gn}\cos\theta_{gn\infty}+B_{gn}\sin\theta_{gn\infty})-p_0(\alpha_p+\beta_p U_{g\infty}+\gamma_p U_{g\infty}{}^2)(1+K_p\Delta\omega_{set})+\Delta P_{DCg}=0\end{cases}$$

（8-20）

式中：N 为受扰系统节点数；0^-、0^+ 分别表示扰动前后时刻；∞ 表示扰动后的稳态；G 和 B 分别为节点导纳矩阵中的电导和电纳；ΔP_{Gi}、ΔP_{DCLg} 分别表示发电机节点 i 和接入直流的负荷节点 g 的注入功率；ΔP_{Lj}、ΔQ_{Lj} 分别表示负荷节点 j 的注入有功功率和无功功率；$i=1,\cdots,N_G, j=1,\cdots,N_L$，$N_G$、$N_L$ 分别为发电机节点数（含平衡节点）和负荷节点数；g 为接入直流的负荷节点；U_i 和 U_j 分别为节点 i 和 j 的电压幅值；θ_{ij} 为节点 i 和 j 的电压相角差；ω 为受扰系统惯量中心频率；ω_{set} 为受扰系统扰动后惯量中心频率的控制目标值；P_{Gi} 为接在节点 i 的发电机电磁功率；K_{Gi} 为接在节点 i 的发电机的频率调节效应系数；p_0、q_0 分别为额定电压和额定频率下的负荷有功功率、无功功率；α_p、β_p、γ_p 和 α_q、β_q、γ_q 分别为有功、无功负荷的恒功率、恒电流、恒阻抗比例系数，$\alpha_p+\beta_p+\gamma_p=1$，$\alpha_q+\beta_q+\gamma_q=1$；$K_p$、$K_q$ 为有功、无功负荷频率变化系数；ΔP_{DCg} 为待求的节点 g 直流紧急功率控制量；$\Delta\omega$ 为实际频率与额定值的偏差，$\Delta\omega_{set}$ 为频率控制目标值与额定值的偏差。

（3）采用优化模型求解最优切负荷量样本标签值。当直流功率支援量在约束下达到其极限仍无法实现频率控制目标时，需进行切负荷控制。为此需要求取满足约束的最大紧急功率支援量 ΔP_{DCmax}。ΔP_{DCmax} 受直流自身过载能力约束以及提供直流功率支援电网的稳态频率约束。对式（8－20）稍作修改，可用于计算直流功率支援电网（图8－25中A电网）在最大稳态频率偏差$\Delta\omega_{1\max}$时的最大紧急功率支援量$\Delta P_{\mathrm{DCmax}}$。此时，将式（8－20）中$\Delta P_{\mathrm{DC}g}$前符号取负，取$\Delta\omega_{\mathrm{set}}=\Delta\omega_{1\max}$，$\omega_{\mathrm{set}}=\omega_{1\max}$，各变量、参数为功率支援电网的相应量，便可以求得满足支援电网稳态频率约束的最大紧急功率支援量，记为$\Delta P'_{\mathrm{DCmax}}$。考虑直流1.1倍过载能力，得到满足直流线路过载能力约束的最大紧急功率支援量，记为$\Delta P''_{\mathrm{DCmax}}$。则$\Delta P_{\mathrm{DCmax}}=\min(\Delta P'_{\mathrm{DCmax}},\Delta P''_{\mathrm{DCmax}})$。如果上面步骤（2）中所求得的$\Delta P_{\mathrm{DC}g}$满足$\Delta P_{\mathrm{DC}g}>\Delta P_{\mathrm{DCmax}}$，则说明无法仅通过直流紧急功率支援实现受扰动电网稳态频率控制目标。这时，令直流紧急功率支援量$\Delta P_{\mathrm{DC}g}=\Delta P_{\mathrm{DCmax}}$，还需要针对受扰动电网可切除负荷节点，进行切负荷控制。

如果用数学模型计算出最优切负荷量，并作为机器学习样本的标签值，则机器学习模型可以通过样本的学习实现最优控制。最优切负荷计算模型如式（8－21）所示。该模型将切负荷总量最小作为优化目标函数，根据不同负荷的重要性在目标函数中引入惩罚因子C_{Pj}。求解式（8－21）可得最优切负荷点以及最优切负荷量：

$$
\begin{aligned}
&\min \quad f(P_{\mathrm{LS}j})=\sum_{j\in m}C_{\mathrm{p}j}P_{\mathrm{LS}j}\\
&\mathrm{s.t.} \quad \boldsymbol{F}(\boldsymbol{\theta},\boldsymbol{U},\boldsymbol{P}_{\mathrm{LS}},\boldsymbol{Q}_{\mathrm{LS}})=0\\
&\qquad\quad 0\leqslant P_{\mathrm{LS}j}\leqslant P_{\mathrm{L}j\max}
\end{aligned}
\tag{8-21}
$$

式中：m为受扰动电网可切负荷点的集合；$P_{\mathrm{L}j\max}$、$P_{\mathrm{LS}j}$、$Q_{\mathrm{LS}j}$分别为节点j的最大切负荷量限制、切负荷的有功功率和无功功率；$\boldsymbol{P}_{\mathrm{LS}}=[\cdots,P_{\mathrm{LS}j},\cdots]^{\mathrm{T}},\boldsymbol{Q}_{\mathrm{LS}}=[\cdots,Q_{\mathrm{LS}j},\cdots]^{\mathrm{T}}$；约束条件$\boldsymbol{F}(\boldsymbol{\theta},\boldsymbol{U},\boldsymbol{P}_{\mathrm{LS}},\boldsymbol{Q}_{\mathrm{LS}})=0$是受扰动电网功率平衡非线性方程组，如式（8－22）所示：

$$
\begin{cases}
\Delta P_{\mathrm{G}i}=U_{i\infty}\sum\limits_{n=1}^{N}U_{n\infty}(G_{in}\cos\theta_{in\infty}+B_{in}\sin\theta_{in\infty})-P_{\mathrm{G}i0^-}+K_{\mathrm{G}i}(\omega_{\mathrm{set}}-\omega_{0^+})=0\\
\Delta P_{\mathrm{L}j}=U_{j\infty}\sum\limits_{n=1}^{N}U_{n\infty}(G_{jn}\cos\theta_{jn\infty}+B_{jn}\sin\theta_{jn\infty})-p_0(\alpha_{\mathrm{p}}+\beta_{\mathrm{p}}U_{j\infty}+\gamma_{\mathrm{p}}U_{j\infty}{}^2)(1+K_{\mathrm{p}}\Delta\omega_{\mathrm{set}})-P_{\mathrm{LS}j}=0\\
\Delta Q_{\mathrm{L}j}=U_{j\infty}\sum\limits_{n=1}^{N}U_{n\infty}(G_{ji}\sin\theta_{jn\infty}-B_{jn}\cos\theta_{jn\infty})-q_0(\alpha_{\mathrm{q}}+\beta_{\mathrm{q}}U_{j\infty}+\gamma_{\mathrm{q}}U_{j\infty}{}^2)(1+K_{\mathrm{q}}\Delta\omega_{\mathrm{set}})-Q_{\mathrm{LS}j}=0\\
\Delta P_{\mathrm{DCL}g}=U_{g\infty}\sum\limits_{n=1}^{N}U_{n\infty}(G_{gn}\cos\theta_{gn\infty}+B_{gn}\sin\theta_{gn\infty})-p_0(\alpha_{\mathrm{p}}+\beta_{\mathrm{p}}U_{n\infty}+\gamma_{\mathrm{p}}U_{n\infty}{}^2)(1+K_{\mathrm{p}}\Delta\omega_{\mathrm{set}})+\Delta P_{\mathrm{DCmax}}=0
\end{cases}
\tag{8-22}
$$

式中：对于不可切负荷点j，$P_{\mathrm{LS}j}=0$、$Q_{\mathrm{LS}j}=0$。求解优化模型式（8－21）和式（8－22），得到$\boldsymbol{P}_{\mathrm{LS}}$、$\boldsymbol{Q}_{\mathrm{LS}}$。从而通过步骤（2）和（3）得到了样本标签值：$\Delta P_{\mathrm{DCmax}}$和$\boldsymbol{P}_{\mathrm{LS}}$、$\boldsymbol{Q}_{\mathrm{LS}}$。

针对图8－25直流互联系统中受扰动B电网出现切机和/或负荷增加导致频率降低的扰动，共计生成7318个样本。样本生成过程中涉及的关键参数或变量如表8－31所示。如果受扰电网连接多个异步电网，则首先需要对多个直流的紧急功率支援量进行优化，优化目标可为各支援电网功率支援后稳态频率偏差绝对值之和最小或者稳态频率偏差的均方根最小，同时保证受扰电网的稳态频率达到目标值，各支援电网频率变化满足约束，直流支援功率满足自身过载能力约束。

表 8－31　　关键参数或变量值

参数类型	参数值
功率支援电网稳态频率允许最低值（Hz）	$\omega_{1\min}=59.5$
受扰电网稳态频率控制目标（Hz）	$\omega_{set}=59.5$
可切负荷节点	B4、B8、B15、B16、B20、B24
切负荷惩罚因子	$C_{p4}=1.02$、$C_{p8}=1.01$、$C_{p15}=1$、$C_{p16}=1$、$C_{p20}=1.01$、$C_{p24}=1.02$
最大切负荷限制（p.u.）	$P_{L4max}=5$、$P_{L8max}=5.22$、$P_{L15max}=3.2$、$P_{L16max}=3.29$、$P_{L20max}=6.8$、$P_{L24max}=3.086$

8.4.3　基于支持向量机/支持向量回归的频率稳定紧急控制方法

8.4.3.1　三层支持向量机/支持向量回归模型

利用直流紧急功率支援和切负荷控制协调的直流异步互联电网频率稳定控制，涉及控制启动判断、控制方式协调以及控制方案制定等。直接进行支持向量机/支持向量回归建模，存在建模困难、模型准确性低等问题。为此，按照直流异步互联电网频率稳定控制步骤将其分为三层，分别建立相应的支持向量机/支持向量回归模型。

（1）第一层为扰动后稳态频率预测支持向量回归模型，由一个支持向量回归 v-SVR 模型构成。其中 v 为错分训练样本数占总样本数的比例上界和支持向量的个数占总训练样本数的比例下界，核函数设置为 RBF。利用扰动前后瞬间量测数据进行扰动后稳态频率的实时预测。

（2）第二层为由一个支持向量机 SVM 构成的控制方式选择模型，根据扰动后稳态频率是否超出允许范围判断是否启动频率稳定紧急控制，以及是采用直流紧急功率支援（控制方式 1）还是直流紧急功率支援加上切负荷控制方式（控制方式 2）。

（3）第三层为控制方案制定 v-SVR 模型，根据扰动后稳态频率控制目标制定最优控制方案，分别针对控制方式 1 或控制方式 2，由 1 个 v-SVR 模型给出直流紧急功率支援控制量，或由 6 个 v-SVR 模型分别给出 6 个可切负荷点的切负荷量（此时直流紧急功率支援控制量为最大值）。

根据相应的训练样本集，构建各层支持向量机/支持向量回归模型。利用训练样本对模型进行训练，并利用测试样本对训练好的模型进行性能检验。其中离线训练过程中，需要对支持向量机/支持向量回归训练模型的参数进行优化，采用了最常用的交叉验证（CV）方式，应用网格化方法遍历寻找最优的模型参数。

8.4.3.2　算例分析

针对上述在图 8－25 算例系统中生成的 7318 个样本，随机选取得到 $7318\times0.8=5854$ 个训练样本和 1464 个测试样本，构成第一层扰动后稳态频率预测 v-SVR 模型的样本集。第二层控制方式判断 SVM 模型的样本集共有 4014 个样本，含 3642 个训练样本和 372 个测试样本。第三层制定直流控制量的 v-SVR 模型，其训练样本集和测试样本集分别为 1597 个和 237 个；而制定 6 个可切负荷点切负荷量的 v-SVR 模型，其训练样本集和测试样本集分别为 2045 个和 135 个。模型训练与预测结果如下：

（1）第一层：基于 v-SVR 模型的稳态频率预测。所建 v-SVR 模型采用 RBF 核函数。通过交叉验证（CV）算法寻优得到其模型参数为：惩罚因子 $C=4$，RBF 核函数参数 $\sigma=0.0055$，参数 $v=0.5072$。测试样本预测结果与标签值的比较如图 8－26 和表 8－32 所示。可以看出，所建立的 v-SVR 模型对稳态频率预测的平均绝对误差 MAE、平均绝对百分比误差 MAPE 和均方根误差 RMSE 都很小，表明所建立的 v-SVR 模型可以对系统扰动后稳态频率进行准确预测。

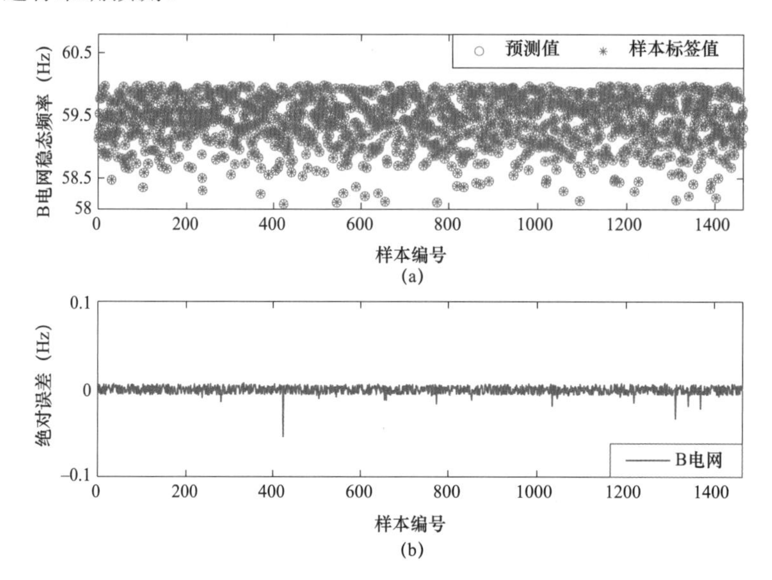

图 8－26　测试样本稳态频率预测及其绝对误差

（a）稳态频率预测值与样本标签值比较；（b）稳态频率预测绝对误差

表 8－32　　稳 态 频 率 预 测 误 差

测试样本数	MAE（Hz）	MAPE（%）	RMSE（Hz）
	B 电网	B 电网	B 电网
1464	4.2511×10^{-4}	7.1526×10^{-4}	5.3760×10^{-4}

（2）第二层：基于 SVM 模型的控制方式判断。所建立的控制方式判断 SVM 模型采用 RBF 核函数，核函数参数 $\sigma=0.0028$；惩罚因子 $C=5.6569$。测试结果如表 8－33 所示。结果表明：所建立 SVM 模型分类正确率高，能正确地判断扰动后稳态频率超出安全范围时应该采取的控制方式。

表 8－33　　控制方式分类预测正确性结果

测试样本数	误分类样本数	分类正确率（%）
372	3	99.193

（3）第三层：基于 v-SVR 模型的频率稳定控制。

1）控制方式 1：仅采用直流紧急功率支援进行频率稳定控制。所建立的控制方案制定 v-SVR 模型的最优模型参数为：惩罚因子 $C=11.4305$，RBF 核函数参数 $\sigma=0.0015$，参数

$\nu = 0.1367$。测试样本输出控制量与标签值比较结果如图 8–27 和表 8–34 所示。可以看出，训练好的 v-SVR 模型根据测试样本输入信息准确地给出了扰动后直流紧急功率支援量，与样本标签值的误差非常小。

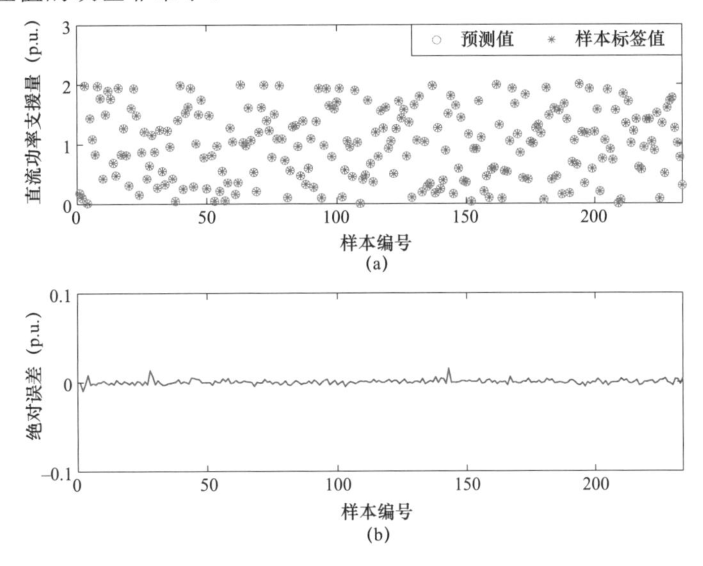

图 8–27　直流紧急功率支援量预测值及其绝对误差

（a）直流紧急功率支援量预测值与样本标签值比较；（b）直流紧急功率支援量预测绝对误差

表 8–34　　直流紧急功率支援量预测误差

测试样本数	MAE（Hz）	MAPE（%）	RMSE（Hz）
237	4.4103×10^{-4}	4.6512×10^{-2}	9.2387×10^{-4}

2）控制方式 2：采用最大直流紧急功率支援以及最优切负荷协调进行频率稳定控制。所建立的控制方案制定 v-SVR 模型的最优模型参数为：惩罚因子 $C = 0.9541$，RBF 核函数参数 $\sigma = 9.7656 \times 10^{-4}$，参数 $\nu = 0.3791$。测试结果如图 8–28 和表 8–35 所示。可以看出，所建立的控制方案 v-SVR 模型预测出的各负荷节点最优切负荷量与样本标签值非常接近，表明控制方案 v-SVR 模型预测精度较高。需要说明的是，根据最优控制模型计算得到节点 B4、B20 与 B24 的切负荷量标签值为零，v-SVR 模型预测得到的切负荷量都小于 10^{-7}，预测误差均小于指标 10^{-10}，表 8–35 中近似给出 0 值。

表 8–35　　v-SVR 模型最优切负荷量预测误差

测试样本数	节点名称	MAE（p.u.）	MAPE（%）	RMSE（p.u.）
135	B4	0	0	0
	B8	4.0161×10^{-4}	6.9514×10^{-2}	5.6537×10^{-4}
	B15	9.8462×10^{-4}	2.2784×10^{-1}	1.4482×10^{-3}
	B16	2.3276×10^{-3}	9.4878×10^{-1}	3.0256×10^{-3}
	B20	0	0	0
	B24	0	0	0

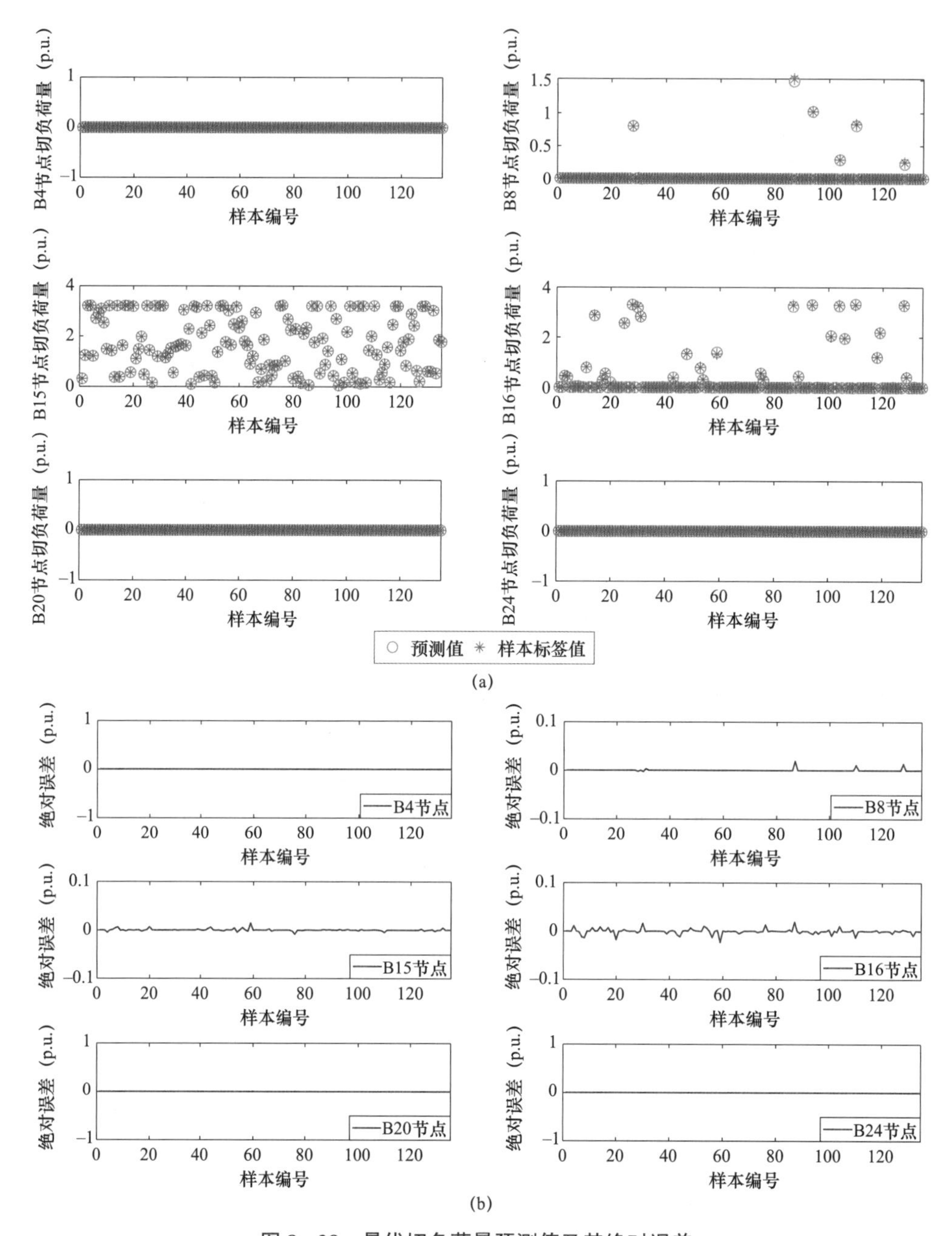

图 8-28 最优切负荷量预测值及其绝对误差

（a）最优切负荷量预测值与样本标签值；（b）最优切负荷量预测绝对误差

3）控制方案仿真验证。为了验证支持向量机/支持向量回归模型所制定的频率稳定控制方案的实际控制效果，在测试样本集中随机选取 8 个样本，分别在 PSS/E 中进行时域仿真，其结果如表 8-36 所示。可以看出，v-SVR 模型预测的扰动后稳态频率与时域仿真结果十分接近。由于稳态频率均超出了允许范围，正确启动了频率稳定紧急控制。以样本 1 为例，B 电网 0 时刻在 B20 节点、B29 节点同时出现负荷增加的扰动，功率缺额导致 B 电网频率下降。所建立第一层 v-SVR 模型预测的稳态频率值为 58.7225Hz，与稳态频率标签值 58.7212Hz 很接近，预测绝对误差 0.0013Hz；由于该稳态频率低于允许的 59.5Hz，所建立第二层 SVM 模型的输出控制方式为 2，表示需要采取直流紧急功率支援结合切负荷控制的紧急控制措施；所建立第三层 v-SVR 模型输出标幺值为 2 的直流控制量（直流紧急功率最大支援量），以及输出在节点 B15 和节点 B16 分别为 3.2 和 0.2575 标幺值的有功切负荷量。仿真结果表明，实施直流紧急功率支援和切负荷控制后，扰动后的稳态频率到达 59.5165Hz，与预先设定的控制目标 59.5Hz 接近，稳态频率控制误差 0.0165Hz。当 A 电网向 B 电网提供标幺值为 2 的紧急功率后，A 电网频率下降到 59.6910Hz，满足稳态频率约束（大于给定的稳态频率允许最低值 59.5Hz）。可见本章所制定的频率稳定控制方案能够准确地将 B 电网扰动后的稳态频率控制到目标值。

本节针对交直流异步互联电网的频率稳定问题，提出了一种基于三层支持向量机/支持向量回归模型的实时频率稳定紧急控制方法。当扰动发生后，该方法能够实时进行频率稳定评估、频率稳定控制方式判断以及频率稳定控制方案制定，实现对交直流电网频率稳定的实时控制。

表 8-36　v-SVR 模型控制方案实施效果仿真验证

样本号	扰动	控制方式	控制量（p.u.）（预测值/样本标签值）	扰动后稳态频率			控制后稳态频率		
				预测值（Hz）	样本标签值（Hz）	绝对误差 AE（Hz）	目标值（Hz）	PSS/E 仿真结果（Hz）	绝对误差 AE（Hz）
1	节点 B29、B20 分别增负荷 80%、95%	2	ΔP_{DC}（2/2）、P_{LS4}（0/0）、P_{LS8}（0/0）、P_{LS15}（3.2/3.2）、P_{LS16}（0.2575/0.2421）、P_{LS20}（0/0）、P_{LS24} =（0/0）	58.7225	58.7212	0.0013	59.5	59.5165	0.0165
2	节点 B18、B24、B12 分别增负荷 70%、95%、80%	1	ΔP_{DC}（0.7495/0.7399）	59.3955	59.3957	0.0002	59.5	59.5146	0.0146
3	节点 B6、B26、B7 分别增负荷 100%、100%、100%	2	ΔP_{DC}（2/2）、P_{LS4}（0/0）、P_{LS8}（1.2076/1.2025）、P_{LS15}（3.2/3.2）、P_{LS16}（0/0）、P_{LS20}（0/0）、P_{LS24}（0/0）	58.6098	58.6072	0.0026	59.5	59.5532	0.0532
4	节点 B7、B25 分别增负荷 65%、100%	1	ΔP_{DC}（0.5356/0.5348）	59.4248	59.4246	0.0002	59.5	59.5327	0.0327
5	节点 B39 切机	2	ΔP_{DC}（2/2）、P_{LS4}（0/0）、P_{LS8}（0/0）、P_{LS15}（3.2/3.2）、P_{LS16}（0.7338/0.7382）、P_{LS20}（0/0）、P_{LS24}（0/0）	58.6464	58.6473	0.0009	59.5	59.5914	0.0914
6	节点 B16、B24、B39 分别增负荷 35%、10%、25%	1	ΔP_{DC}（1.0688/1.0670）	59.3494	59.3497	0.0003	59.5	59.5105	0.0105
7	节点 B7 增负荷 100%、节点 B31 切机	2	ΔP_{DC}（2/2）、P_{LS4}（0/0）、P_{LS8}（0/0）、P_{LS15}（3.2/3.2）、P_{LS16}（2.3183/2.2663）、P_{LS20}（0/0）、P_{LS24}（0/0）	58.4182	58.4168	0.0014	59.5	59.5553	0.0553
8	节点 B20 增负荷 100%	2	ΔP_{DC}（2/2）、P_{LS4}（0/0）、P_{LS8}（0/0）、P_{LS15}（1.7220/1.7223）、P_{LS16}（0/0）、P_{LS20}（0/0）、P_{LS24}（0/0）	58.9673	58.9679	0.0006	59.5	59.5527	0.0527

8.4.4 基于 CNN 的频率稳定紧急控制方法

8.4.4.1 基于 CNN 的频率稳定紧急控制原理

与基于支持向量机/支持向量回归的频率稳定评估与紧急控制需要三层模型分别进行稳态频率预测、控制方式确定、控制量确定不同，CNN 只需要一个模型，将稳态频率预测结果、直流紧急功率支援量和切负荷控制量一体化输出。其输入特征与前述支持向量机/支持向量回归模型第一层输入特征相同，即电网扰动前后瞬间发电机电磁功率 P_{e0^-} 和 P_{e0^+}，扰动后瞬间各发电机转速 ω_{0^+}、各节点电压幅值 U_{0^+} 和相角 θ_{0^+}；但其输入不同于支持向量机/支持向量回归模型的向量输入，为三维张量输入特征图，构建方法同 7.3.1.1 节。输出为受扰电网扰动后稳态频率、直流紧急支援量和切负荷量。

基于 CNN 的频率稳定紧急控制原理如图 8-29 所示。扰动发生后，控制系统根据 WAMS 量测构建输入特征量，CNN 映射得到相应输出。输出量包括了受扰动电网稳态频率值，直流功率支援量，以及 B4、B8、B15、B16、B20 和 B24 共 6 个可切负荷点的切负荷量。当稳态频率在允许范围内时，仅仅输出预测的稳态频率值，而直流紧急支援量和切负荷量为零。否则，输出直流紧急支援量或直流紧急支援量和切负荷量。

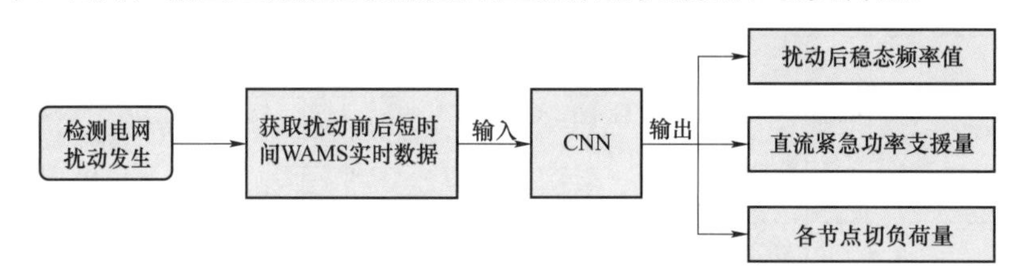

图 8-29 基于 CNN 的频率稳定紧急控制原理

8.4.4.2 算例分析

图 8-25 中受扰动电网 B 为改进的 IEEE10 机 39 节点系统，其各节点间电气距离和 CNN 二维坐标分别与第 7 章表 7-2 和图 7-5 相同。针对图 8-25 系统分别构建 5854 和 1464 个张量作为训练样本和测试样本的输入特征量，其样本标签值为稳态频率预测值和控制量。

CNN 模型包含两个卷积块，每个卷积块中包含一个卷积层和一个池化层，卷积核数量分别为 32 与 64，卷积核大小为 8 × 8，滑动步长为 4；池化层窗口大小均为 2 × 2，滑动步长为 2；全连接层神经元个数为 256；卷积层和全连接层的激活函数均为 ReLU，学习率为 10^{-6}。训练次数设置为 1000 次。

（1）稳态频率预测验证。表 8-37 给出了 CNN 与 v-SVR 模型的稳态频率预测误差比较结果，包括平均绝对误差 MAE、平均绝对百分比误差 MAPE 及均方根误差 RMSE。可见，v-SVR 和 CNN 模型均能准确预测扰动后系统稳态频率值，且 CNN 模型对扰动后稳态频率预测的各项误差均比 v-SVR 稍小，说明其预测精度略优。

表 8-37 CNN 与 v-SVR 模型稳态频率预测误差比较

预测模型	MAE（Hz）	MAPE（%）	RMSE（Hz）
CNN	2.0161×10^{-4}	2.4417×10^{-4}	3.6537×10^{-4}
v-SVR	4.2511×10^{-4}	7.1526×10^{-4}	5.3760×10^{-4}

（2）仅采用直流紧急功率支援进行频率稳定控制。如表 8－38 所示给出了 CNN 与 v-SVR 模型的直流紧急功率支援量误差比较结果，可见 v-SVR 和 CNN 模型的预测值相对于样本标签值，各项误差均较小，都能够准确预测出扰动后系统达到给定稳态频率目标值所需的直流支援量，且 CNN 模型预测精度略优于 v-SVR 模型。

表 8－38　　CNN 与 v-SVR 模型直流紧急功率支援量预测误差比较

预测模型	MAE（p.u.）	MAPE（%）	RMSE（p.u.）
CNN	3.9385×10^{-4}	1.2785×10^{-2}	4.9552×10^{-4}
v-SVR	4.4103×10^{-4}	4.6512×10^{-2}	9.2387×10^{-4}

（3）直流紧急功率支援和最优切负荷协调控制。当紧急直流功率支援量已达到上限时需要增加切负荷控制，CNN 与 v-SVR 模型的最优切负荷量误差比较如表 8－39 所示。可见两种模型得到的可切负荷节点的切负荷量与样本标签值（实际的最优控制量）的各项误差均较小。同时，CNN 模型的各项误差均略小于 v-SVR 模型，说明其精度略高。

表 8－39　　CNN 与 v-SVR 模型最优切负荷量预测误差比较

节点号	v-SVR		CNN	
	MAE（p.u.）	RMSE（p.u.）	MAE（p.u.）	RMSE（p.u.）
B4 节点	0	0	0	0
B8 节点	4.0161×10^{-4}	5.6537×10^{-4}	2.2732×10^{-4}	4.4637×10^{-4}
B15 节点	9.8462×10^{-4}	1.4482×10^{-3}	7.9491×10^{-4}	1.4059×10^{-3}
B16 节点	2.3276×10^{-3}	3.0256×10^{-3}	3.3641×10^{-4}	7.3577×10^{-4}
B20 节点	0	0	0	0
B24 节点	0	0	0	0

（4）控制方案仿真验证。从测试样本集中选取与支持向量机/支持向量回归模型测试相同的样本，在 PSS/E 仿真平台上进行控制方案仿真验证。

表 8－40 给出了针对表 8－36 中序号为 1 和 2 样本的两种扰动情况，根据 CNN 与 v-SVR 模型预测的控制量，分别实施控制后仿真的稳态频率结果。可见，实施控制后受扰电网 B 的稳态频率（扰动 1 情况下分别为 59.5169、59.5165Hz，扰动 2 情况下分别为 59.5140、59.5146Hz）均与目标值 59.5Hz 接近。虽然在扰动 1 情况下，v-SVR 模型的控制量预测精度略高，使得控制后的稳态频率 59.5165Hz 相对于 59.5169Hz 更接近目标值 59.5Hz。但根据表 8－37、表 8－38 和表 8－39，CNN 模型与 v-SVR 模型相比总体精度略高。因此，基于 CNN 的频率稳定控制与 v-SVR 模型相比，不仅预测速度更快，而且精度也更高。

表 8-40　　CNN 与 v-SVR 控制方案实施效果仿真验证

样本号	扰动	预测模型	控制前稳态频率预测结果（Hz）	无控制时稳态频率标签值（Hz）	控制量（p.u.）	稳态频率控制目标（Hz）	控制后稳态频率仿真结果（Hz）	
							受扰电网 B	支援电网 A
1	节点 B29、B20 分别增负荷 80%、95%	CNN	58.7215	58.7212	$\Delta P_{DC}=2$，$p_{LS4}=0$，$p_{LS8}=0$，$p_{LS15}=3.2$，$p_{LS16}=0.2605$，$p_{LS20}=0$，$p_{LS24}=0$	59.5	59.5169	59.6910
		v-SVR	58.7225		$\Delta P_{DC}=2$，$p_{LS4}=0$，$p_{LS8}=0$，$p_{LS15}=3.2$，$p_{LS16}=0.2575$，$p_{LS20}=0$，$p_{LS24}=0$		59.5165	59.6910
2	节点 B18、B24、B12 分别增负荷 70%、95%、80%	CNN	59.3956	59.3957	$\Delta P_{DC}=0.7457$	59.5	59.5140	59.8878
		v-SVR	59.3955		$\Delta P_{DC}=0.7495$		59.5146	59.8873

图 8-30 给出了上述两个样本出现扰动及采取 CNN 模型制定的控制方案时的仿真曲线。如图 8-30 所示，0 时刻出现的两种负荷增加的扰动，均使得受扰 B 电网出现功率缺额，B 电网频率出现下降。CNN 模型预测的稳态频率值分别为 58.7215 和 59.3956，与仿真结果 58.7212 和 59.3957 一致。由于该稳态频率低于允许的 59.5Hz，样本 1 中，CNN 模型输出标幺值为 2 的直流控制量以及在 15、16 节点的切负荷量；样本 2 中，CNN 模型输出标幺值为 0.7457 的直流控制量。实施控制后，仿真表明稳态频率分别为 59.5169 和 59.5140，如图 8-30（a）和图 8-30（b）所示，与预先设定的控制目标 59.5 一致。因此，仿真验证了 CNN 模型能准确预测扰动后稳态频率值，其给出的控制方案能够将受扰电网扰动后的稳态频率提升至目标值。证明了所提出 CNN 模型的正确性和有效性。

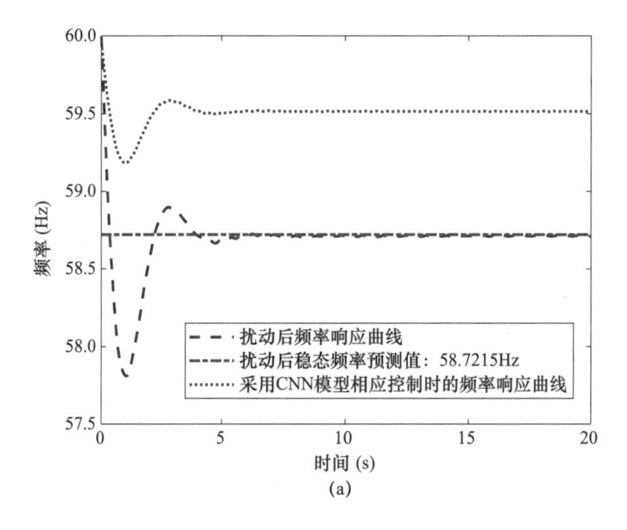

图 8-30　频率稳定控制仿真结果（一）

（a）样本 1

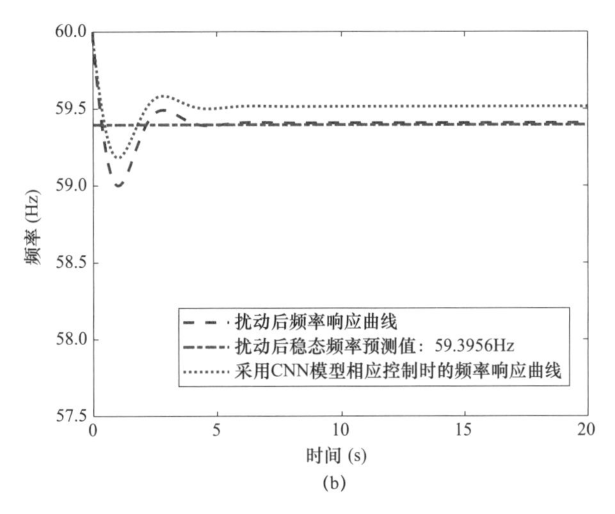

(b)

图 8－30　频率稳定控制仿真结果（二）

（b）样本 2

模型应用时的预测时间统计结果如表 8－41 所示。CNN 模型可以将稳态频率预测结果与控制方案一体化同步输出，预测总用时为 1.768ms。而 v-SVR 通常输出维数为 1，只能预测单个控制量，因此需要调用多个支持向量机预测模型。第一层 v-SVR 扰动后系统稳态频率预测所需时间为 1.3910ms；第二层 SVM 控制方式选择预测所需时间为 0.2037ms；第三层 v-SVR 在控制方式 1 中直流支援量预测所需时间为 0.4304ms，控制方式 2 中单个负荷切负荷量预测所需时间分别为 0.2466、0.2557、0.3268、0.3491、0.3181、0.1483ms。整个三层模型所需时间共计为 3.6697ms。因此，CNN 模型应用时，同步输出的方式在速度上优于分层分步的支持向量机/支持向量回归模型。时间对比测试所使用的电脑配置如下：CPU 采用英特尔酷睿 i7-6700H 2.6GHz 六核处理器，显卡采用 GeForce GTX 960m，内存 8GB，测试平台为 tensorflow-1.12，python 版本为 3.6。

表 8－41　　CNN 模型与支持向量机/支持向量回归模型预测时间对比

预测时间	CNN 模型	支持向量机/支持向量回归模型（第一、三层 v-SVR 和第二层 SVM 模型）
预测总用时（ms）	1.7680	3.6697

本节针对交直流异步互联电网的频率稳定问题，分别给出了基于支持向量机/支持向量回归模型和卷积神经网络模型 CNN 的实时频率稳定紧急控制方法。仿真表明，当扰动发生后，根据扰动前后瞬间电网量测数据，基于 CNN 的实时频率稳定紧急控制方法一次性准确地预测了扰动后稳态频率和扰动频率低于允许值时的频率稳定控制量（包括直流紧急功率支援量以及需要时的切负荷量）；实施控制后，受扰电网稳态频率达到了事先给定的控制目标值，而功率支援电网在通过直流进行功率支援后，其频率满足频率约束要求。与基于支持向量机/支持向量回归模型的实时频率稳定紧急控制方法相比，基于 CNN 的模型在算例系统中对扰动后稳态频率和频率稳定控制量的预测精度更高，且更简洁快速。

8.5 小　结

当电力系统安全运行裕度不满足要求时，需要采取预防控制调整措施来调整系统运行方式，使系统保持安全稳定。预防控制调整措施包括网络拓扑调整、开机方式调整、发电机出力调整、直流功率调整、负荷调整等。在针对暂态功角失稳问题时，一般采取调节发电机出力的措施，必要时也可采取减负荷措施。相较于传统的机理分析型预防控制方法，机器学习方法因其速度上的优势，展现出潜在的应用前景。本章以 SVM/SVR 和 CNN 方法为例，介绍了基于机器学习的暂态稳定预防控制方法。

当电力系统发生运行方式的重大变化后，新的运行点可能存在小干扰稳定的弱阻尼或负阻尼情况，此时需要采取预防控制措施以保证系统稳定运行。本章介绍了采用电网层级神经网络模型进行大电网小干扰稳定预防控制的尝试，采用灵敏度分析与仿真校核相结合的两步式预防控制方法，其中灵敏度分析通过电网层级神经网络模型的链式求导来实现。采用东北电网在线数据，分别从灵敏度分析、预防控制和断面输电功率安全稳定空间等三个方面进行了测试，验证了方法的有效性。该方法的主要优势在于灵敏度计算速度极快，从而大大缩短了整体决策时间。同时，与机理分析相比该方法也存在精确程度不足等问题，在实际应用中需要加以注意。

当系统出现严重不平衡功率扰动导致频率失稳时，可采用直流紧急功率支援和/或自动切负荷等紧急控制措施。本章提出了一种基于 CNN 模型的实时频率稳定紧急控制方法。与基于 SVM/SVR 模型的实时频率稳定紧急控制方法相比，基于 CNN 的模型在算例系统中对扰动后稳态频率和频率稳定控制量的预测精度整体更高，速度更快，预测模型更简洁，学习能力更强。

本章参考文献

[1] TIAN F，ZHOU X X，YU Z H，et al. A preventive transient stability control method based on support vector machine [J]. Electric Power Systems Research，2019（170）：286－293.

[2] 田芳，周孝信，史东宇. 基于卷积神经网络的电力系统暂态稳定预防控制方法 [J]. 电力系统保护与控制，2020，48（18）：1－8.

[3] 于之虹，施浩波，安宁，等. 暂态稳定多故障协调预防控制策略在线计算方法 [J]. 电网技术，2014，38（6）：1554－1561.

[4] CHANG C C，LIN C J. LIBSVM：a library for support vector machines [J]. ACM Transactions on Intelligent System Technology，2011，2（3）：389－396.

[5] 严剑峰，周孝信，史东宇，等. 电力系统在线动态安全监测与预警技术 [M]. 北京：中国电力出版社，2015.

[6] 于之虹，李芳，孙璐，等. 小干扰稳定调度控制策略在线计算方法 [J]. 中国电机工程学报，2014，34（34）：6191－6198.

［7］SURAT A，ROBIN P. Decision tree-based prediction model for small signal stability and generation-rescheduling preventive control［J］. Electric Power Systems Research，2021（196）：107200.
［8］史东宇，鲁广明，顾丽鸿，等. 基于数据聚类的电力系统在线小干扰稳定机组分群算法［J］. 华东电力，2013，41（11）：2223－2228.
［9］XU K，ZHANG M Z，LI J L，et al. How neural networks extrapolate：from feedforward to graph neural networks［EB/OL］.［2022-05-15］. https://arxiv.org/abs/2009.11848.
［10］国家质量监督检验检疫总局，中国国家标准化管理委员会. 电力系统安全稳定控制技术导则：GB/T 26399—2011［S］. 北京：中国标准出版社，2011.
［11］胡益，王晓茹，滕予非，等. 特高压直流闭锁后的交直流混联受端电网最优切负荷方案［J］. 电力系统自动化，2018，42（22）：98－106.
［12］胡益，滕予非，王晓茹. 基于广域量测的多直流馈入/馈出电网稳态频率控制策略研究［J］. 电网技术，2018，42（1）：25－33.
［13］ANDERSON P M，MIRHEYDAR M. A low-order system frequency response model［J］. IEEE Transactions on Power Systems，1990，5（3）：720－729.
［14］CHAN M L，DUNLOP R D，SCHWEPPE F. Dynamic equivalents for average system frequency behavior following major distribances［J］. IEEE Transactions on Power Apparatus and Systems，1972，PAS-91（4）：1637－1642.
［15］国家市场监督管理总局，国家标准化管理委员会. 电力系统自动低频减负荷技术规定：GB/T 40596—2021［S］. 北京：中国标准出版社，2021.
［16］蔡泽祥，申洪，王明秋. 评价电力系统频率稳定性的直接法［J］. 华南理工大学学报（自然科学版），1999，27（12）：84－88.
［17］张薇，王晓茹，廖国栋. 基于广域量测数据的电力系统自动切负荷紧急控制算法［J］. 电网技术，2009，33（3）：69－73.
［18］艾鹏，滕予非，王晓茹，等. 计及紧急直流功率支援的扰动后稳态频率预测算法［J］. 电力系统自动化，2017，41（13）：92－99.
［19］赵荣臻，文云峰，叶希，等. 基于改进堆栈降噪自动编码器的预想事故频率指标评估方法研究［J］. 中国电机工程学报，2019，39（14）：4081－4093.
［20］仉怡超，闻达，王晓茹，等. 基于深度置信网络的电力系统扰动后频率曲线预测［J］. 中国电机工程学报，2019，39（17）：5095－5104.
［21］胡益，王晓茹，滕予非，等. 基于多层支持向量机的交直流电网频率稳定控制方法［J］. 中国电机工程学报，2019，39（14）：4104－4118.
［22］ZHU H Y，HU Y，WANG X R. Frequency stability control method of AC/DC power system based on convolutional neural network［C］//2020 IEEE Sustainable Power and Energy Conference（iSPEC）. Chengdu，China. IEEE，2020：2609－2615.

索　　引